Basabi Khan Banerjee, Georg Stöber

Südasien

Wirtschaft, Gesellschaft und Raumentwicklung

Zweite aktualisierte und neu bearbeitete Auflage

westermann

Titelfoto: Zwei indische Frauen in roten Saris vor einem Geschäft in Kochi
(Fotograf: Martin Harvey)

Zweite aktualisierte und neu bearbeitete Auflage 2012

Druck B[1] / Jahr 2012

Alle Drucke der Serie B sind im Unterricht parallel verwendbar.

Redaktion: Thilo Girndt
Typografie und Herstellung: buchHermes, Hardegsen
Umschlaggestaltung: Thomas Schröder
Druck und Bindung: westermann druck GmbH, Braunschweig

ISBN 978-3-14-**151050**-8

Inhalt

Einführung

Südasien ist eine Region, die immer wieder in ihrer Geschichte von Invasoren heimgesucht wurde, die Gold und andere Reichtümer suchten und damit davonzogen oder sich auch auf südasiatischem Boden niederließen und der Region ihren Stempel aufdrückten. Diese Einflüsse von außen müssen bedacht werden, will man Südasien näher kommen. Die „Eroberer" von heute kommen als Touristen, die die Hochgebirge auf einer Trekkingtour erkunden, die Monumente des klassischen Indien auf einer Bildungsreise genießen oder aber an einem der Strände einen Erholungsurlaub verbringen. Oder sie kommen aus beruflichen Gründen als Geschäftsleute, Techniker und Journalisten. Alle bringen ihr eigenes Bild von Südasien mit, das die verschiedenen Medien geprägt haben, vielleicht auch die Schulbücher. Der Südasienreisende aus dem Westen bemerkt hierbei vor allem die Unterschiede, die ihm in ihrer „Exotik" auffallen. Neben den Unterschieden gibt es aber viel Gemeinsames, was man hinter dem anscheinend Trennenden entdecken kann.

Bei der Annäherung an diesen Großraum nimmt auch die Wissenschaft ganz verschiedene Perspektiven ein. Dieser Band versucht, die einzelnen Blickwinkel deutlich zu machen. In seinen Quellen verweist er nicht nur auf deutsche oder europäische Beiträge, sondern bezieht in großem Umfang auch Stimmen von Wissenschaftlern und Journalisten aus der Region selbst ein. Diese stehen den Problemen ihrer Heimat zum Teil kritischer gegenüber als die „neutralen Beobachter" aus dem Westen. Alle, auch die Einheimischen, haben aber dasselbe Problem wie die Blinden, die eine Elefanten beschreiben wollten, und von denen einer den Schwanz, einer den Rüssel, die anderen Ohr, Bein und Körper berührten. Keiner beschrieb etwas Falsches, jeder aber weniger als die halbe Wahrheit.

Einer der schwierigsten Punkte beim Abfassen des Buches ergab sich aus der unterschiedlichen Größenordnung von Indien und den anderen Ländern Südasiens. Es mag scheinen, dass Indien im Text ein weit größeres Gewicht beigemessen wird als den anderen Staaten. Aber es ist einfach nicht möglich – oder es wäre ungerechtfertigt – allen einen gleichen Stellenwert einzuräumen. Wir haben uns dennoch bemüht, keinen Band über Indien, sondern einen über ganz Südasien vorzulegen.

Ein Problem, vor allem auch, wenn man verschiedene Materialien heranzieht, ist die Schreibweise von Orts- und Eigennamen, die nicht deutschen Ursprungs sind. Oft gibt es einheimische und davon abgeleitete englische und deutsche Schreibweisen. Besonders schwierig ist es da, wo der fremde Name in einer anderen Schrift geschrieben wird. Dann gibt es unterschiedliche Umschriftssysteme selbst in ein und derselben westlichen Sprache. Wir haben uns – wie international üblich – an der im Lande gebräuchliche Schreibweise orientiert, zum Teil aber auch eingeführte deutschen Übertragungen verwendet.

Zur aktualisierten und neu bearbeiten Auflage

Die Entwicklung in Südasien ist auf politischem, wirtschaftlichem und sozialem Gebiet auch in den kleinen Ländern von großer Dynamik geprägt. Dieser aktualisierte und neu bearbeitete Band versucht, dies nicht nur mit statistischen Angaben auf dem möglichst neuesten Stand widerzuspiegeln, sondern auch sich ändernde Perspektiven in den behandelten Themen einzubringen. Wir hoffen, dass es dazu beiträgt, zu weiteren Nachforschungen anzuregen und über Klischees und Stereotype, wie unterernährte Kinder und „heilige Kühe" hinauszublicken.

1 Von Hindoostan nach Südasien

Die Staaten Südasiens, Bangladesch, Bhutan, Indien, die Malediven, Nepal, Pakistan und Sri Lanka, sind in der Südasiatischen Vereinigung für Regionale Zusammenarbeit (SAARC) verbunden. Sie kämpfen noch heute mit den Folgen ihrer kolonialen Vergangenheit und ihres Wegs in die Unabhängigkeit. Konflikte, die eine engere Zusammenarbeit erschweren, haben hier zumindest teilweise ihre Wurzeln.

1.1 Südasien als Konzept

In diesem Buch soll Südasien als eine Großregion verstanden werden, zu dem die Staaten Bangladesch, Bhutan, Indien, Nepal, Pakistan und Sri Lanka sowie die Inselgruppe der Malediven zählen.

Eingeschlossen von einem Gebirgsrahmen, an dem alle südasiatischen Länder bis auf die Inselstaaten einen Anteil haben, unterliegt die Großregion klimatisch dem Monsunregime, anders als seine Nachbarn Iran und Afghanistan. Geologisch ist die Region, im Gegensatz zu allen Nachbarstaaten, Teil der indisch-australischen Platte. Diese Platte, die sich nach Norden zwischen die iranische und chinesische Platte schiebt, ist damit Auslöser eines andauernden Gebirgsbildungsprozesses. Die Gebirge wiederum bilden eine Klimascheide und begrenzen das Vordringen des Monsuns. So kann man den Raum als naturräumliche Großregion verstehen.

Aber Staatengrenzen folgen selten den Grenzen naturräumlicher Regionalisierungen, selbst wenn die südasiatischen Staaten zum Teil „natürliche" Elemente wie Flussläufe oder Gebirgskämme für die Grenzziehung untereinander nutzen. Zum Verständnis der Lebensbedingungen der Menschen sind zudem politische, ökonomische und soziale Strukturen in ihrer Geschichte mindestens von ähnlichem Gewicht wie die physische Umwelt – mögen sich daraus Abgrenzungskriterien ableiten lassen oder nicht. So waren alle Staaten der Region außer Nepal Teil des britischen Kolonialimperiums. Von ihnen ist Indien der weitaus größte und gilt als regionale Hegemonialmacht. Die anderen Staaten sind in ihrer Politik stark auf Indien fokussiert, sei es, dass sie indischen Einfluss akzeptieren, sei es, dass sie Indien als Gegner begreifen. Heute sind die Länder Südasiens in der Südasiatischen Vereinigung für Regionale Zusammenarbeit (SAARC) zusammengeschlossen, der seit kurzem auch Afghanistan angehört (vgl. 1.4).

Auch der Auslandsdienst der BBC bezieht Afghanistan in sein Südasienprogramm ein. Die UN rechnet selbst Iran zu ihrer Region „Südasien", andere auch Myanmar, was gemeinhin Südostasien zugeschlagen wird. Iran, Afghanistan und aufgrund seiner Orientierung am Islam auch Pakistan werden nach Definition der G8-Staaten der Region „Greater Middle East" zugeordnet. Diese unterschiedlichen Zuordnungen zeigen deutlich, dass Regionalisierungen nicht „naturgegeben" sind, sondern vom Blickwinkel des Betrachters und den zugrunde gelegten Kriterien abhängen, die dafür ausschlaggebend sein mögen, einen Staat dem einen oder anderen Großraum zuzurechnen.

Auch wenn sich heute der Begriff „Südasien" weitgehend durchgesetzt hat, gab es in der Vergangenheit für die Region ganz unterschiedliche Bezeichnungen. Die Perser des Altertums und die Araber nannten das Gebiet jenseits des Sindhu-Flusses (Indus) Hindustan oder al-Hind. Die Griechen, Römer und später die englischen Kolonialherren schlossen sich dieser Bezeichnung an: Das Gebiet wurde als Hindoostan, Hindustan oder Indien bekannt und schließlich der gesamte Großraum als indischer Subkontinent. Hierzulande war lange Zeit der kolonialzeitliche Begriff Vorderindien gebräuchlich. In Abgrenzung zu Naher und Ferner Osten existiert auch heute noch die Bezeichnung **Mittlerer Osten**. In Indien selbst wird das Land auch Bharat genannt, abgeleitet von Bharatavarsha, „Land, das vom König Bharata regiert" wurde, einem legendären König. Dieser soll über Großindien geherrscht haben, was mit dem modernen Südasien gleichgesetzt wird.

Ob die Bewohner Südasiens die Region selbst als einheitlich verstehen oder eher die Unterschiede hervorheben, wie sie innere und äußere Grenzen ziehen, hängt auch von politischen Aspekten ab. Regionalisierungen haben in der politischen Arena häufig auch eine legitimatorische Funktion.

„In der Mitte (der drei großen Halbinseln) liegt Vorderindien, gleichsam das Italien des Orients, der universal-historische Durchgangspunkt aller wie Radien hin- und zurückwirkenden Kräfte, der Ansiedlungen und Bewegungen der Völker, das Ziel der Eroberer, der Sammelplatz der Weltschiffer, der Ausgangspunkt einer Weltindustrie, der universellsten und reichsten Produktenspende, der Edelsteine und Gewürze, des Verkehrs der mannigfaltigsten Art, nach allen Regionen der Erde, durch alle Zeiten, für alle Nationen."

Carl Ritter (1779 – 1859), *deutscher Geograph*

In der deutschen Geographie verstand man lange Zeit unter Südasien einen weit größeren Raum als heute, zu dem auch Südostasien zählte. Nach dem „Großen Seydlitz" von 1908 umfasst Südasien „die indisch-malaiische Welt des Erdteils, seine beiden mit dem Namen Indien bezeichneten Halbinseln [Vorderindien und Hinterindien] *und die bunte hinterindische Inselflur, die über den Gleicher* [Äquator]*, ja über den 10. °S ihre Ausläufer sendet."*

Mittlerer Osten

Aus kontinentaleuropäischer Perspektive wird im Deutschen der Begriff Mittlerer Osten verwendet. In der englischsprachigen Literatur bezeichnet Middle East allerdings den Raum, der im Deutschen meist Naher Osten genannt wird (arabische Staaten Vorderasiens, Israel, Ägypten, Türkei und Iran).

M1: Südasien im Satellitenbild

M2: Quellentext über Südasien als heterogener Raum
Ahsan, A.: The Indus Saga. From Pataliputra to Partition (1996)

Aitzaz Ahsan ist pakistanischer Rechtsanwalt, Menschenrechtsaktivist und Autor.

»

Der Subkontinent bestand immer aus mindestens zwei unterschiedlichen Welten: zum einen aus dem wirklich „indischen Gebiet", das aus der Gangesebene und der indischen Halbinsel besteht, zum anderen aus der „Indus-Region", dem Tiefland des Indus und seiner Nebenflüsse. (...) Der heutige Glaube an die Einheit des gesamten Subkontinents wurde eingeimpft durch berechnende Interpretationen der Mythologie und, in neuerer Zeit, durch den vereinheitlichenden Zugriff der Pax Britannica. Das Konzept der Einheit des Subkontinents, das durch die feste und vereinigte Macht des Raj [der britischen Oberherrschaft] *in Umlauf gesetzt wurde, wurde von indischen Historikern und Politikwissenschaftlern begierig angenommen und von ihren Gegenübern aus der Indus-Region nicht infrage gestellt. Für den Inder schien es eine natürliche und unausweichliche Schlussfolgerung. (...) In den hundert Jahren, die der Teilung des Subkontinents vorausgingen, schienen Indus und Indien verschmolzen zu sein, sich in ein einziges Wesen aufgelöst zu haben. Nicht ganz. Alle ursprünglichen Impulse, die eine Kultur, eine Politik und eine Gesellschaft formen, blieben unterschiedlich. Die beiden haben zweifellos viele gemeinsame Wesenszüge erworben. Einige davon hatten Substanz, während andere nur den äußeren Anstrich von Gemeinsamkeit aufwiesen. Aber im Kern war jeder* [Teil] *unbarmherzigen und auf natürliche Weise in entgegengesetzte Richtungen wirkenden Zugkräften ausgesetzt.*

«

1 Vergleichen Sie die verschiedenen Konzepte, die Großregion Südasien zu definieren.

1.2 Die Staaten Südasiens

Indien, Pakistan und Bangladesch sind als politische Einheiten kaum älter als ein halbes Jahrhundert. Bhutan, Nepal, die Malediven und Sri Lanka dagegen reichen in ähnlicher territorialer Form bis vor die Kolonialzeit zurück.

M1: Südasien zum Ende der Kolonialzeit

Megacity
Städtischer Ballungsraum mit mehr als zehn Mio. Einwohnern

Pakistan

Im Nordwesten des Subkontinents bildet Pakistan eine Brücke zum Nahen Osten. Es umfasst das Industiefland mit seinem Gebirgsrahmen im Norden und Westen. Pakistan versteht sich als islamischer Staat. Die Bevölkerung gliedert sich in unterschiedliche Volks- und Sprachgruppen. Mit Islamabad-Rawalpindi und Lahore im Punjab und der Megacity Karachi im Sindh besitzt das Land zwei um politischen und wirtschaftlichen Einfluss konkurrierende Kerngebiete. Das Land exportiert überwiegend Textilerzeugnisse.

Bangladesch

Der jüngste, nach äußerst blutigem Unabhängigkeitskrieg von Pakistan abgespaltene Staat nimmt das Tiefland an Unterlauf und Delta von Ganges und Brahmaputra ein. Auch das dichtbevölkerte Bangladesch ist mehrheitlich muslimisch, bis auf kleinere Minderheiten spricht die Bevölkerung aber eine Sprache: Bengali. Die Hauptstadt Dhaka ist die am stärksten wachsende Megacity der Welt. Das Land exportiert vor allem Textilien und Kleidung.

Bhutan und Nepal

Die beiden Himalayastaaten grenzen im Norden an China, im Süden an Indien. Ihre Gebiete waren nicht Teil Britisch-Indiens, wenngleich Bhutan, bis dahin ein selbständiges Fürstentum, erst 1971 völkerrechtlich als souveräner Staat anerkannt wurde. In beiden Ländern besteht die Bevölkerung aus zahlreichen Volksgruppen, die verschiedene Sprachen sprechen. Nepal ist mehrheitlich hinduistisch. Politisches und ökonomisches Zentrum ist die Hauptstadt Kathmandu. Das Land exportiert unter anderem Teppiche und Textilien, zu einem

Länder	Gebiet (km²)	Bevölkerung (in Mio., 2011)	souverän seit	Staatsform	Amtssprachen	Währung / Kurs (Stand 31.12.2011)
Bangladesch	143 998	150,7	1971	Republik	Bangla (Bengalisch)	Taka / 10 BDT = 0,09 €
Bhutan	47 000	0,7	1971	Königreich	Dzongkha	Ngultrum / 10 BTN = 0,15 €
Indien	3 287 263	1 241,3	1947	Bundesrepublik	Hindi, Englisch, Assamesisch, Bengali, Gujarati, Kannada, Kashmiri, Konkani, Malayalam, Manipuri, Marathi, Nepali, Oriya, Panjabi, Sanskrit, Sindhi, Tamil, Telugu, Urdu	indische Rupie / 10 INR = 0,14 €
Malediven	298	0,3	1965	Präsidialrepublik	Maledivisch (Dhivehi)	Rufiyaa / 10 MVR = 0,49 €
Nepal	147 181	30,5		Republik (seit 2008) vorher Monarchie	Nepalesisch	Nepalesische Rupie / 10 NPR = 0,09 €
Pakistan	803 940	176,9	1947	Islamische Präsidialrepublik	Urdu	pakistanische Rupie / 10 PKR = 0,09 €
Sri Lanka (–1972 Ceylon)	65 610	20,9	1948	Präsidialrepublik	Singhalesisch (Sinhala), Tamil	Sri-Lanka-Rupie / 10 LKR = 0,07 €
Zum Vergleich:						
Deutschland	357 868	81,8		Bundesrepublik	Deutsch	Euro (€)
China	9 560 900	1 345,9		Volksrepublik	Chinesisch	Renminbi Yuan / 10 CNY = 1,21 €

M2: Die Länder Südasiens

beträchtlichen Teil nach Indien. In Bhutan ist der Buddhismus Staatsreligion. Die Hauptstadt Thimphu ist die kleinste der südasiatischen Hauptstädte. Bhutan exportiert in erster Linie Strom und Holz nach Indien.

Indien

Die Bundesrepublik mit 28 Bundesstaaten ist nach Fläche, Bevölkerungszahl und Wirtschaftskraft der bei weitem größte Staat Südasiens. Bekannt als „größte Demokratie der Welt", versteht er sich als säkular, wenn auch der Hinduismus Religion der Mehrheit der Bevölkerung ist. Zudem findet sich eine große Sprachenvielfalt. Neben New Delhi, der nationalen Hauptstadt, verfügt Indien mit Mumbai und Kolkata über weitere Megacities. Indien weist eine differenzierte Exportstruktur auf, wobei Dienstleistungen (IT, Gesundheit etc.) einen hohen Stellenwert einnehmen. Dem noch stark binnenwirtschaftlich orientierten, demnächst bevölkerungsstärksten Land der Welt wird in Zukunft eine ähnliche Rolle in der globalisierten Weltwirtschaft zugetraut wie China.

Sri Lanka

Die Insel im Südosten von Indien war vor 10000 Jahren noch mit dem Subkontinent verbunden. Mit der Ausrufung der Republik im Jahr 1972 nannte sich das frühere Ceylon in Sri Lanka um. Der Inselstaat (Hauptstadt Colombo) ist in den vergangenen Jahrzehnten vor allem aufgrund des Konflikts zwischen der singhalesischen, überwiegend buddhistischen Bevölkerungsmehr- und der tamilischen, überwiegend hinduistischen Minderheit in die Schlagzeilen geraten. Wichtigste Exportprodukte sind traditionell Agrarprodukte (v.a. Tee) und Edelsteine sowie seit jüngerer Zeit Textilien und Bekleidung.

Malediven

Der aus 26 Atollen mit über 1000 Inseln bestehende Inselstaat der Malediven (220 Inseln bewohnt) mit der Hauptstadt Malé greift knapp auf die Südhalbkugel über. Der Islam ist Staatsreligion. Die Malediven exportieren vor allem Fischprodukte. Besonders bedeutsam ist aber der Tourismussektor, der fast ein Drittel des Bruttoinlandsprodukt erzeugt.

Neue Städtenamen

Seit Mitte der 1990er-Jahre haben sich zahlreiche indische Städte umbenannt. Neben Mumbai, Kolkata und Chennai auch zum Beispiel Bangalore in Bengaluru und Poona in Pune. Der Grund für diese Umbenennung ist häufig der Versuch regionaler Regierungen, mit der kolonialen Vergangenheit abzuschließen und den regionalen Patriotismus durch einen Namen in der regionalen Sprache zu stärken. Auch in Indien und in den Städten selbst sind die neuen Namen keineswegs unumstritten. Dabei ist der Umbenennungsprozess wohl noch lange nicht abgeschlossen.

	BIP (in Mrd. PPP-$)	BIP / Kopf (in Mrd. PPP-$)	Human Development Index	HDI-Rang
Bangladesch	282,9	1697	0,500	146
Bhutan	4,3	6019	0,522	141
Indien	4469,8	3703	0,547	134
Malediven	2,7	8403	0,661	109
Nepal	37,7	1328	0,458	157
Pakistan	489,4	2792	0,504	145
Sri Lanka	115,2	5609	0,691	97
Deutschland	3089,5	37936	0,905	9
China	11316,2	8394	0,687	101
Norwegen	264,9	53376	0,943	1
DR Kongo	25,2	312	0,286	187

Human Development Index

Der Human Development Index (HDI) vermittelt ein Durchschnittsbild der Lebenschancen einer Bevölkerung auf der Basis von drei Indikatoren: der Lebensdauer (gemessen an der Lebenserwartung bei Geburt), dem Bildungsstand (voraussichtliche Schulbesuchsdauer und durchschnittliche Schulbesuchsdauer) sowie dem Lebensstandard (Bruttonationaleinkommen pro Kopf der Bevölkerung).

M3: Wirtschafts- und Entwicklungsindikatoren der südasiatischen Länder, 2011

1 **Erörtern Sie die Unterschiede und Gemeinsamkeiten der Länder Südasiens** (auch Atlas).
2 **Diskutieren Sie den Stellenwert Südasiens in der Welt** (1.1, 1.2).

D1-164
www.diercke.de

1.3 Die historische Entwicklung Südasiens

In der langen Geschichte Südasiens spielten Invasionen von außen eine bedeutende Rolle. Als letzter Fremdherrscher verließ die Kolonialmacht Großbritannien Südasien Ende der 1940er-Jahre.

Arier
Im 18. / 19. Jahrhundert wurde die sprachliche Verwandtschaft zwischen indischen und europäischen Sprachen deutlich. Die indo-arischen erwiesen sich als Zweig der indo-iranischen Sprachen, die wiederum zur indo-europäischen oder indogermanischen Sprachfamilie gezählt werden. Man nahm an, dass die Sprecher dieses ‚Indo-Arisch', die mit der Sanskrit-Bezeichnung Arya („Arier") belegt wurden, in einer großen Wanderungswelle von Iran aus nach Nordindien einwanderten.

Die Indus-Zivilisation (6500 – 1750 v. Chr.), deren Ursprünge und Ende noch im Dunkeln liegen, stand in Handelsbeziehungen mit dem Zweistromland. Die Einwanderung der **Arier** um 1500 bis 1000 v. Chr. ist historisch-archäolgisch umstritten. Quellenmäßig gesichert ist der Einfall Alexander des Großen nach Nordindien im Jahre 326 v. Chr., der den Indus überschritt, im heutigen Punjab aber seinen Eroberungszug nach Osten beendete. Weitere Eroberer waren Hunnen (im 5. Jh.), Araber, die 712 den Sindh eroberten, und später verschiedene muslimische Eroberer aus Zentralasien. Unter diesen war Zahiruddin Babur, der Urenkel Timurs. Er ist der Begründer des Mogul-Reiches, das von 1526 bis ins 19. Jahrhundert überdauerte.

All die Eroberer, aber auch große einheimische Dynastien beschränkten sich weitgehend auf den Norden Südasiens südlich der Himalayakönigreiche (Nepal, Bhutan, Sikkim). In Südindien und auf Ceylon (heute Sri Lanka) gab es eigene Reiche. Dieses änderte sich mit der Kolonialzeit. Seit Anfang des 16. Jahrhunderts hatten Portugiesen an der Küste Handelsniederlassungen gegründet. Holländer, Franzosen, Dänen, vor allem aber die Briten folgten. 1619 erhielt die British East India Company im Mogulreich Handelsprivilegien und eroberte 1757 Bengalen und anschließend weitere Teile Südasiens Seit 1877 war Britisch-Indien Teil des Empire und galt als „Juwel in der britischen Krone".

Die britische Besetzung ging von drei Zentren aus: Bombay (seit 1995 Mumbai), das im 17. Jahrhundert von den Portugiesen übernommen worden war (Bom Bahia = portug. „gute Bucht"), Madras (seit 1996 Chennai), wo die Briten

Hinweis zur Schreibweise: Historische und aktuelle „administrative Einheiten" in Text und Karten in englischer Schreibweise (Kashmir, Bengal), als geographische Raumbezeichnung in deutscher Schreibweise (Kaschmir, Bengalen)

M1: Südasien zum Ende der Kolonialzeit

1649 ein Fort errichteten und über dessen Hafen sie ihren Südindienhandel abwickelten, sowie Kalkutta (seit 2001 Kolkata), das Anfang des 18. Jahrhunderts aus dem Zusammenlegen mehrerer Dörfer und eines britischen Forts entstand. Kalkutta war bis 1911 Hauptstadt Britisch-Indiens. Dann wurde der Regierungssitz ins Zentrum des Landes nach New Delhi verlegt, das dafür ausgebaut wurde.

Nicht das ganze Land wurde direkt durch den britischen Vizekönig verwaltet; einheimische Fürsten, **Maharajas**, herrschten weiterhin über weite Teile des Landes, hatten aber die britische Oberhoheit zu akzeptieren und Steuern zu zahlen. Schließlich gab es im Nordwesten Stammesgebiete, die keinem Fürsten unterstanden, sondern zwar von britischen Beamten beaufsichtigt wurden, in internen Fragen aber große Autonomie besaßen.

Das Fürstentum Kashmir im Norden Britisch-Indiens ist ein Beispiel für die indirekte Herrschaft (Indirect Rule). Nachdem der Sikh-Herrscher von Kashmir in einem Krieg unterlegen war, verkauften die Briten 1846 das Fürstentum an den Raja von Jammu, einen Hindu. Am Hofe des Herrschers unterhielt die Kolonialregierung einen Vertreter, der die Politik des Raja durch „Ratschläge" im britischen Sinne zu beeinflussen suchte. Das Fürstentum drang durch die Eroberung weiterer Gebiete – Ladakh, Baltistan und Gilgit – nach Nordosten und Nordwesten vor und verwaltete diese direkt oder durch Statthalter (vgl. 1.4).

Im Nordwesten war sein Einfluss aber eher nominell, da hier lokale Fürsten oder sogenannte Stammesrepubliken nur lose Tributbeziehungen zum kaschmirischen Hof pflegten. Außerdem traf der Statthalter von Kashmir seit Ende des 19. Jahrhunderts auf einen britischen Vertreter, der im Grenzgebiet Britisch-Indiens Kontrolle über den Grenzverkehr und die Bevölkerung ausüben sollte. Da sich die Schwierigkeiten zwischen beiden Vertretern, aber auch zwischen der kaschmirischen Besatzung und der muslimischen Bevölkerung häuften, pachtete schließlich Britisch-Indien das Gebiet um die Garnisonstadt Gilgit von Kashmir und ging zu einer direkteren Administration über, die wie schon zuvor über lokale Gouverneure und Fürsten in die einzelnen Täler des Hochgebirgsraums vermittelt wurde.

Seit Mitte des 19. Jahrhunderts wuchs der regionale Widerstand gegen die Kolonialherren und nahm unter dem 1885 gegründeten **Indian National Congress** nationale Formen an. 1906 wurde die All India Muslim League gegründet, die später auf einen eigenen Staat für Muslime auf indischem Boden hinarbeitete. Mit Agitation, Mitteln des gewaltfreien Widerstandes und zivilen Ungehorsams führte Gandhi, genannt Mahatma, „Große Seele", seit den 1920er-Jahren die Unabhängigkeitsbewegung. Nach dem Zweiten Weltkrieg akzeptierten die Briten schließlich die Unabhängigkeit, und 1947 wurde Britisch-Indien, 1948 Ceylon (heute Sri Lanka) selbständig.

Mit der Unabhängigkeit wurde British-Indien aufgeteilt in Pakistan als Staat indischer Muslime und Indien/Bharat, das sich als säkularer Staat versteht. Mit der Unabhängigkeit einher ging ein enormer Bevölkerungsaustausch zwischen Indien und Pakistan (damals noch West- und Ostpakistan, seit 1971 Bangladesch), den Millionen Menschen nicht überlebten (vgl. 1.3.1). So entstand das heutige Südasien in einem Meer von Gewalt: eine mächtige Landmasse mit sieben souveränen Staaten, arm, mit großen Kulturunterschieden, religiösen und ethnischen Konflikten.

M2: Britisches Ehepaar in Indien mit einheimischen Dienern beim Frühstück, 1842

Maharaja
„Großer Herrscher", indischer Fürst oder Prinz, der in der Regel über ein größeres Gebiet herrschte als ein einfacher Raja. Der Begriff Raja wurde auch als Ehrentitel für Großgrundbesitzer und lokale Fürsten verwendet. Die Gattin eines Maharaja wurde Maharani genannt.

Indian National Congress
Der Indische Nationalkongress (auch Kongresspartei) mit Politikern wie Jawaharlal Nehru und Mahatma Gandhi stand an der Spitze der indischen Freiheitsbewegung. Er war säkular ausgerichtet und kämpfte für eine vollständige Unabhängigkeit und ein ungeteiltes Indien.

1 **Skizzieren Sie die Stadien der südasiatischen Geschichte.**
2 **Kennzeichnen Sie die Praxis der „Indirect Rule" in Britisch-Indien.**

1.3.1 Teilung und Bevölkerungstransfer

Die Teilung Indiens auf der Grundlage von Religionszugehörigkeit führte zu erheblichen Bevölkerungsbewegungen, die bis in die Gegenwart hinein erhebliche Auswirkungen auf die Politik haben.

Muslim-Liga
1906 in Dhaka gegründete Partei um den Politiker Ali Jinnah, heute eine der wichtigsten Parteien in Pakistan

Im Rahmen der indischen Freiheitsbewegung forderte die **Muslim-Liga** seit 1940 einen eigenen Staat für indische Muslime und damit eine Teilung Britisch-Indiens im Falle der Unabhängigkeit. Die britischen Kolonialherren hatten, nachdem die Dekolonisation feststand, für diese Forderungen ein offenes Ohr, obwohl indische Politiker, auch muslimische, dieser Idee großteils ablehnend gegenüberstanden. Die Teilung Indiens im Zuge der Unabhängigkeit folgte verschiedenen Kriterien:

- Britsch-Indien im eigentlichen Sinne – das von den Briten direkt verwaltete Gebiet –, aber auch die Stammesgebiete, wurden in zwei Staaten, Indien und Pakistan, geteilt. Der Grenzverlauf orientierte sich an der Mehrheitsreligion der durchschnittenen Gebiete.
- Herrschern der Fürstenstaaten (Princely States) wurde nahegelegt, sich an Indien oder Pakistan anzuschließen – ohne auf die Religion ihrer Untertanen Rücksicht nehmen zu müssen. Nicht alle Fürsten traten jedoch direkt einem der beiden Staaten bei.
- Die Kolonien anderer europäischer Staaten, wie Goa, Mahé oder Pondicherry, aber auch die britische Kronkolonie Ceylon oder die Protektorate Sikkim und Bhutan waren in die Teilung nicht einbezogen. Die portugiesischen und französischen Niederlassungen traten bei ihrer späteren Unabhängigkeit der Indischen Union bei.

M1: „Bevölkerungstransfer" als Folge der Teilung Südasiens

	Bevölkerung[1] 1945	Auswanderung[2]	Einwanderung[2]
Indien	336,56 Mio.	8,5 Mio.	7,3 Mio.
Westpakistan	32,74 Mio.	5,4 Mio.	6,5 Mio.
Ostpakistan[3]	40,29 Mio.	2,9 Mio.	0,7 Mio.

[1] Bezogen auf das Gebiet des heutigen Staates
[2] Bevölkerungstransfer in direkter Folge der Teilung (1951)
[3] Seit 1971 Bangladesch

Die Entscheidung, durch eine Teilung Indiens einen Staat auf religiöser Grundlage zu schaffen, setzte 1947 den größten und schnellsten Bevölkerungsaustausch innerhalb einer Region in Gang, den die Welt jemals gesehen hat. Von vielen, vor allem in Indien, wird diese Entscheidung als britisches „Abschiedsgeschenk" betrachtet mit der Absicht: „Teile und Zerstöre!". In den Distrikten, die Teil des indischen Punjab wurden, fiel der Prozentsatz der Muslime von 32 Prozent (1931) auf 1,8 Prozent (1951). In gleicher Weise fielen in den Distrikten, die Teil des pakistanischen Punjab wurden, der Anteil der Hindus und Sikhs von 22 auf 0,16 Prozent.

Im indischen Zensus (Volkszählung) werden diese Migranten als „displaced persons" bezeichnet, während der pakistanische Zensus die Bezeichnung „muhajir" verwendet.

M2: Quellentext zu Muhajirs in Pakistan
Talbot, I.: Pakistan. A Modern History. 1998

Ian Talbot ist britischer Historiker für die Geschichte Südasiens.

»

Die unterschiedlichen Erfahrungen der Muhajirs aus UP [Uttar Pradesh] *und derjenigen aus Ost-Punjab und Gujarat sind von entscheidender Bedeutung für ein Verständnis der politischen Entwicklungen seit der Unabhängigkeit. In Zusammenhang hiermit steht ihr Selbstbild, dass sie sie sich für Pakistan aufgeopfert und eine wirkliche Hijra auf sich genommen hätten (…) Drei Viertel aller Muhajirs waren Punjabis (4,7 Mio.). Sie waren in der Lage, schnell in Pakistan heimisch zu werden, und legten rasch das Muhajir-Etikett ab. (…)*

M3: Teilung auf der Basis von Religion

Sie sprachen die Sprache der Bevölkerung des West-Punjab und kamen in eine Umgebung, die (...) ihren Herkunftsdörfern sehr ähnelte. Sie ließen sich auf Land nieder, das von Sikh Jats [Bauern] verlassen worden war und konnten so ihre traditionelle landwirtschaftliche Lebensweise fortsetzen. In gleicher Weise kamen Khoja- und Memon-Migranten aus Bombay in eine familiäre Umgebung. Karachi war Teil des Gujarati-sprachigen Küstensaums gewesen (...). Einige der Migranten hatten schon zuvor geschäftliche oder familiäre Verbindungen aufgebaut. Auch wo dies nicht der Fall war, konnten sie in die Schuhe der früheren Hindu-Unternehmer schlüpfen. (...)

Muhajirs aus UP teilten nicht die Vorteile der Punjabis und Gujaratis. Kein Kulturraum in Pakistan ähnelte ihrer nordindischen Heimat. Circa 60 Prozent der 464 000 Muhajirs aus UP siedelte sich im Sindh an. Die größte Konzentration war in Karachi und Hyderabad (...). Karachi (...) war Pakistans führendes kommerzielles Zentrum und anfangs Sitz der pakistanischen Regierung. Es bot daher den überwiegend der Mittelklasse zuzurechnenden nordindischen Muhajirs bessere Beschäftigungsaussichten als der ländliche West-Punjab. (...) Die nordindischen Flüchtlinge, die (...) sich im Sindh niederließen, haben die lokale „Kultur" dramatisch beeinflusst. (...) Die Transformation der entscheidenden städtischen Zentren in Urdu-sprachige Enklaven im Sindh hat akute Spannungen hervorgerufen.

«

Hijra (arab.) = Auswanderung Muhammads aus Mekka nach Medina, Beginn der islamischen Zeitrechnung (622 n. Chr.)

Muhajir = Bezeichnung der Gefährten, die mit Muhammad die Hijra vollzogen

Khoja, Memon = indisch-muslimische Abstammungsgruppen ismailitischer bzw. sunnitischer Zugehörigkeit, oft Geschäftsleute

1 **Erläutern Sie Kriterien und Praxis der Teilung Indiens.**

2 **Erörtern Sie die Auswirkungen der Teilung (M 1, 2, 3, Atlas).**

D1-166
www.diercke.de

1.4 Vom Konflikt zur Zusammenarbeit?

In vielen Regionen Südasiens finden bis heute gewaltsame innere oder zwischenstaatliche Konflikte statt, die ihre Wurzeln in der kolonialen Vergangenheit, aber auch in nachkolonialen Entwicklungen haben. Doch es gibt auch Bemühungen, die regionale Zusammenarbeit zu stärken.

M1: Quellentext zur indischen Außenpolitik
Betz, J.: Außenpolitik. Informationen zur Politischen Bildung 3/2007

Joachim Betz ist Politikwissenschaftler am Hamburger Institut für Asien-Studien.

»

Um Indiens Politik gegenüber seinen Nachbarn zu verstehen, muss man sich zunächst das übermäßige wirtschaftliche, geographische und demographische Gewicht Indiens in Südasien vor Augen führen. Das Land hat einen Anteil von jeweils etwa drei Viertel der Landfläche, der Bevölkerung und der Wirtschaftskraft Südasiens, woraus sich Dominanzängste der Nachbarn ergaben. Umgekehrt befürchtete Indien, diese könnten sich untereinander zusammenschließen oder auswärtige Unterstützung suchen, um das indische Übergewicht zu kompensieren. (...) Dazu kam, dass Indien aufgrund seiner zentralen Lage und grenzübergreifenden Minderheitenprobleme zwangsläufig in alle internen Konflikte seiner Nachbarn hineingeriet. Zuletzt betrachtete Indien ganz Südasien als seine natürliche Sicherheitszone und pflegte auch bescheidene, auf außen- und sicherheitspolitische Autonomie zielende Bestrebungen seiner Nachbarn oft harsch zu beantworten.

«

Jahr	Konflikt
1947 – 1949	Erster indisch-pakistanischer Krieg um Kaschmir
1962	Indisch-chinesischer Krieg – Grenzkonflikt
1965	Indisch-pakistanischer Krieg – 2. Kaschmir-Krieg
1971	Konflikt in Ostpakistan – Bangladesch wird selbständig
1999	Kargil-Krieg zwischen Pakistan und Indien (Kaschmir)

M2: Bewaffnete Auseinandersetzungen zwischen Staaten Südasiens

Seit der Unabhängigkeit kam es in Südasien zu verschiedenen militärischen Auseinandersetzungen. Ein Hauptstreitpunkt, vor allem zwischen Indien und Pakistan, ist dabei die Kaschmirregion. Fast alle Staaten sind auch von gewaltsamen inneren Konflikten betroffen, bei denen es oftmals um größere Autonomie oder Separatismus einzelner Regionen oder Bevölkerungsgruppen geht. Ausgehend von Protesten gehen das Eindringen illegaler Siedler aus Bangladesch in den 1970er-Jahren sowie dem Vorwurf einer Vernachlässigung durch die indische Regierung, bildeten sich beispielsweise in Nordost-Indien (Assam) verschiedene autochthone bewaffnete separatistische Gruppen, deren Aktivitäten hohe Opferzahlen forderten. Nach Einschränkung der Rückzugsmöglichkeiten auf dem Gebiet Bangladeschs kam es in der jüngeren Vergangenheit zu Verhandlungen mit Hoffnung auf eine friedliche Lösung.

Ein mit Tausenden von zivilen Opfern verbundenes militärisches Ende hat 2009 der Konflikt zwischen der Regierung Sri Lankas und der separatistischen LTTE (Liberation Tigers of Tamil Eelam) gefunden. Der zugrunde liegende Konflikt zwischen singhalesischer Bevölkerungsmehr- und tamilischer Minderheit, die sich als Bürger zweiter Klasse fühlen, ist damit jedoch nicht gelöst und politische Maßnahmen, die auf einen Ausgleich hinarbeiten, stehen weiterhin aus.

In solchen Konfliktlagen scheint das Militär von besonderer Bedeutung. Es bindet umfangreiche Mittel, die der zivilen Entwicklung nicht zur Verfügung stehen. Eine solche Militarisierung wirkt sich aber auch auf das Zusammenleben der Gesellschaft, (Problem-)Wahrnehmungen und Umgangsformen aus.

	Militärausgaben			Aktive Soldaten	
	(in Mio US-$)	Anteil am BIP	pro Ew.	(in1000)	pro 1000 Ew.
Bangladesch	1 137	1,0 %	7,55 US-$	157	1,0
Indien	34 816	2,8 %	28,04 US-$	1 325	1,1
Nepal	207	2,0 %	6,79 US-$	96	3,4
Pakistan	5 160	2,8 %	29,20 US-$	617	3,5
Sri Lanka	1 280	3,5 %	60,84 US-$	161	7,5

M3: Militär der Staaten Südasiens (2010)

Der Kaschmir-Konflikt

Seit der Unabhängigkeit brennt zwischen Indien und Pakistan der Dauerkonflikt um die territoriale Zugehörigkeit Kaschmirs und belastet auch das Verhältnis Indiens zu China. Zur Kolonialzeit war Jammu and Kashmir ein halb-autonomes Fürstentum (vgl. 1.2). Der hinduistische Maharaja herrschte nicht nur über die überwiegend hinduistische Bevölkerung von Jammu und seit 1846 über das weitgehend muslimische Kashmir, sondern hatte auch weitere Gebiete erobert: 1834 das buddhistische Ladakh, 1840 Baltistan. Zudem hatte er eine Garnison in Gilgit errichtet. All diese Gebiete waren überwiegend von Muslimen bewohnt, ebenso das Gebiet von Punch (Poonch), dass 1936 unter vollständige kaschmirische Kontrolle kam. Hohe Abgabenforderungen und ein Verbot, Rinder zu schlachten, brachte die muslimische Bevölkerung gegen den Hinduherrscher auf.

Während der Teilung Britisch-Indiens versuchte der Maharaja von Kashmir, unabhängig zu bleiben und sich weder Indien noch Pakistan anzuschließen. In den muslimischen Gebieten kam es aber mit dem Unabhängigkeitstag zu Aufständen mit dem Ziel, die kaschmirische Fremdherrschaft abzuschütteln und den Anschluss an Pakistan zu erreichen. Unterstützt wurden die Aufständischen von pakistanischen Kräften, aber auch von muslimischen kaschmirischen Truppen. Unter starkem militärischem Druck suchte der Maharaja um Unterstützung der indischen Regierung nach. Diese wurde ihm nur unter der Bedingung des Beitritts zur Indischen Union gewährt. Nach diesem Beitritt eroberten indische Truppen beträchtliche Teile des „befreiten" Kashmir zurück. Indien rief die UN an, die eine Volksbefragung verlangten, die Indien später jedoch ablehnte. Der Krieg endete erst 1949 mit einem Waffenstillstand. Die Waffenstillstandslinie (Line of Conrol, LoC) wurde zur vorläufigen, 1972 auch vertraglich fixierten Grenze zwischen Indien und Pakistan. Verhandlungen zwischen den Konfliktparteien blieben ergebnislos und es kam immer wieder zu kleineren, aber auch größeren militärischen Auseinandersetzungen.

Von Pakistan unterstützte Rebellenaktivitäten verstärkten sich mit dem Ende der sowjetischen Besetzung Afghanistans, da zahlreiche Kämpfer ein neues Betätigungsfeld suchten. Der Siachen Gletscher wurde bekannt als höchster Kriegsschauplatz der Welt. Hier forderten nicht nur Kampfhandlungen, sondern auch Wetter und Lawinen beträchtliche Verluste auf beiden Seiten. Zuletzt kam es 1999 zu schweren Kämpfen in der Region von Kargil, als pakistanische Streitkräfte und Rebellenverbände versuchten, indisches Gebiet zu besetzen. Neben Gruppen, die von Pakistan aus operieren, gibt es auch Widerstand im indischen Teil. Militante Aktionen islamistischer Gruppen und gewaltsame Gegenmaßnahmen des indischen Militärs haben ein Klima der Unsicherheit und Gewalt geschaffen. Beide Seiten werden schwerer Menschenrechtsverletzungen beschuldigt und der Kaschmirkonflikt strahlt mit terroristischen Aktionen nach ganz Indien aus. Ein allgemeiner Waffenstillstand 2004, um den Feueraustausch über die Waffenstillstandsgrenze hinweg zu beenden, die Einrichtung einer grenzüberschreitenden Busverbindung, die indische Unterstützung bei dem schweren Erdbeben, das 2005 vor allem den pakistanischen Teil heimsuchte, sowie andauernde bilaterale Gesprächen auf höchster Ebene führten zu einer gewissen Entspannung zwischen Indien und Pakistan in den letzten Jahren. Dennoch bleibt der Konflikt weiterhin ungelöst.

In Pakistan gelten Azad Kashmir und Gilgit-Baltistan als „umstrittene Gebiete", nicht als Teile Pakistans. Ihre Verwaltung wird aber von der Zentralregierung kontrolliert. In Indien sind Jammu and Kashmir ein Bundesstaat, der einzige mit einer muslimischen Bevölkerungsmehrheit. Dort wird von den Sezessionisten teilwei-

M4: Die Kaschmir-Region zur Kolonialzeit

M5: Die Kaschmir-Region heute

1.4 Vom Konflikt zur Zusammenarbeit?

M1: Demonstration vor der indischen Botschaft in Toronto, 2011

SAARC

M2: Logo der SAARC
www.saarc-sec.org

se ein Anschluss an Pakistan, teilweise auch die Unabhängigkeit angestrebt. Pakistan unterstützt einen Volksentscheid in Kaschmir, der die Zugehörigkeit entscheiden soll, aber nicht die Unabhängigkeit. Nach pakistanischer Auffassung beansprucht Indien zudem Gebiete, die nicht als Teil Kaschmirs gelten können.

Indien lehnt eine Internationalisierung des Konflikts und ein Referendum ab. Entsprechend seines säkularen Staatsverständnisses spielt die Religionszugehörigkeit für die Zugehörigkeit zur Union keine Rolle. Infolge der Teilungskriterien lag die Entscheidung zum Beitritt allein beim Herrscher des jeweiligen Fürstenstaates. Im Grenzgebiet zwischen Kaschmir und China war es schon in der Kolonialzeit zu Territorialkonflikten gekommen. Pakistan verzichtete in seiner strategischen Partnerschaft mit China auf diese Gebiete und trat sie an China ab. Indien erkennt diese Abtretungen wie auch die chinesische Besetzung des Aksai Chin an der Grenze zu Tibet nicht an.

SAARC

Trotz der traumatischen Staatsentstehung und andauernder Konflikte, haben sich die Staaten Südasiens unter dem Namen South Asian Association for Regional Cooperation, kurz SAARC, am 8.12.1985 in Dhaka (Bangladesch) zu einer regionalen Kooperationsgemeinschaft zusammengeschlossen. Sitz der SAARC ist die nepalesische Hauptstadt Kathmandu. Jährlich wird ein Gipfeltreffen abgehalten. Die SAARC-Charta formuliert hehre Ziele: Frieden, Freiheit, soziale Gerechtigkeit und wirtschaftlichen Wohlstand durch gegenseitige Verständigung und Zusammenarbeit. Wie erfolgreich die SAARC aber als Organisation ist, ist strittig. Außer den südasiatischen Staaten ist seit 2005 auch Afghanistan Mitglied. Zahlreiche andere Staaten wie China, Japan, Südkorea, Myanmar, die EU, Australien und die USA sowie Iran besitzen einen Beobachterstatus. China, Myanmar und der Iran haben ihr Interesse bekundet, Vollmitglied zu werden.

In den ersten Jahren musste die SAARC Streitpunkte vermeiden, um erst einmal Vertrauen zwischen den Mitgliedern zu entwickeln und zu einer stabilen Arbeitsweise zu finden. Felder, auf denen zu Anfang Zusammenarbei gesucht wurde, waren Landwirtschaft, ländliche Entwicklung, das Fernmelde- und Gesundheitswesen sowie Meteorologie. In den letzten Jahren waren Armutsbekämpfung, Gender-Fragen, Kinderschutz oder Klimawandel Schwerpunktthemen, die allen Staaten mehr oder weniger unter den Nägeln brennen, aber auch sicherheitspolitische Themen. So werden auf den Treffen aktuelle Themen behandelt, aber sensible Fragen immer wieder ausgeklammert.

Allerdings wurden auch durchaus konkrete Maßnahmen beschlossen, beispielsweise die Durchführung grenzüberschreitender regionaler Projekte in den Bereichen Wasser, Energie, Nahrung und Umwelt mithilfe internationaler Agenturen, die Einrichtung eines SAARC-Entwicklungsfonds und eines Zentrums für Nahrungsmittelreserven. Die Reduzierung von interregionalen Zöllen ging aber im Vergleich zu Organisationen in Südamerika (Mercosur) und Südostasien (ASEAN) eher schleppend voran. Seit 2006 besteht die Südasiatische Freihandelszone (SAFTA). Von einem gemeinsamen Markt ist man aber weiterhin weit entfernt (vgl 8.1.1).

1 **Kennzeichnen Sie die politisch-militärische Position Indiens im südasiatischen Kontext.**
2 **Erläutern Sie Hintergründe und Verlauf des Kaschmir-Konflikts.**
3 **„Die Vormachtstellung Indiens in Südasien behindert eine intensivere regionale Integration." Diskutieren Sie diese Aussage.**

Differenzierungen: Einheit in Vielfalt?

2

Schon seine Größe ist ein Anhaltspunkt dafür, dass Südasien nicht als homogen aufgefasst werden darf. Verständlich werden viele Probleme nur, wenn man sich der naturräumlichen und kulturellen Unterschiede innerhalb des Großraums bewusst wird. Und dennoch: in der Vielfalt werden durchaus gewisse gemeinsame Züge sichtbar und Indien erhebt „Einheit in Vielfalt“ zum Wahlspruch nationalen Selbstverständnisses. Das erfolgreiche indische Cricket-Team, dessen Mitglieder aus allen Regionen Indiens stammen, symbolisiert dieses Motto auf das Beste.

Der Naturraum – ein Überblick

Seit Jahrtausenden haben Menschen in Südasien in den Naturhaushalt eingegriffen und den Raum umgestaltet. Topographie und Hydrologie, Klima, Boden und Vegetation differenzieren aber auch weiterhin die Lebensumwelt und die Voraussetzungen wirtschaftlicher Nutzung.

M1: Himalaya

M2: Tharr-Wüste

M3: Faafu-Atoll, Malediven

Oberflächengestalt

Der südasiatische Subkontinent wird durch drei grundlegende geologisch-topographische Strukturelemente aufgebaut: den nördlichen Gebirgsrahmen, das südlich anschließende Tiefland sowie den alten Sockel der indischen Halbinsel. Gebirgsketten umschließen Südasien im Norden: von den Bergen Belutschistans im Westen über die Ausläufer des Hindukusch, dem Karakorum und Himalaya bis zu den Hügelländern im Nordosten, die Indien von Myanmar (Burma) trennen. Diese Gebirge sind jung. Die noch andauernde Gebirgsbildung ist eine Folge der Kollision der nach Norden driftenden Indisch-Australischen mit der Iranischen, der Eurasiatischen und der Chinesischen Platte. Im Hochgebirge entspringen die großen Flüsse Indus, Ganges und Brahmaputra und ihre Nebenflüsse, die nach ihrem Gebirgsaustritt in die alluviale, nördliche Ebene durch ihre Flusstiefländer ins Arabische Meer beziehungsweise den Golf von Bengalen entwässern.

Nach Süden zu wird das Industiefland durch die Tharr-Wüste und die präkambrischen Aravalli-Berge von den Central Highlands und den Plateaus und Becken Südindiens getrennt. Auf den kreidezeitlichen, mächtigen Lava-Decken des Deccan, die den Nordwesten dieser Halbinsel-Zone einnehmen, haben sich schwarze, tonige Regur-Böden ausgebildet. Ansonsten herrschen auf Gneisen und Graniten aus dem Archaikum lateritische Böden vor. Diese Plateau- und Beckenlandschaften werden durch Gebirgszüge umschlossen: die Westghats und die niedrigeren Ostghats. Ein alluvialer Küstensaum rahmt das Binnenland ein, der vor allem an der Ostküste in den Deltas der hier mündenden Flüsse verbreitert ist. Da aufgrund des Gefälles die größeren Flusssysteme in Südindien von den westlichen Ghats nach Osten entwässern, finden sich an der Westküste keine Deltas.

Sri Lanka, nur durch ein flaches Seegebiet vom Festland getrennt und diesem landschaftlich ähnlich, gliedert sich in ein Tiefland und ein Hochland im Süden, das Höhen von etwa 2500 m erreicht. Die zu Indien gehörenden Andamanen und Nikobaren sind Teil des tertiären Faltengürtels und zum Teil vulkanischen Ursprungs, während die Malediven und die Lakkadiven Koralleninseln sind.

Klima

Infolge der Nord-Süd-Ausdehnung Südasiens (0°–37° 30'N) reicht die Klimazonierung von tropischen Feucht- zu subtropischen Trockenklimaten. Der Jahresgang von Niederschlag und Temperatur wird entscheidend durch das Monsunregime geprägt (vgl. 4.1). Die jahreszeitliche Konstanz des Luftmassentransports hat ausgeprägte Luv-Lee- und West-Ostküsteneffekte zur Folge. Monsunale Steigungsregen führen an den südlichen Westghats und vor allem im Osthimalaya zu äußerst hohen Niederschlagsmengen mit erhöhter Erosionsgefahr und Überflutungen in Tälern und Vorländern. Diese Gebiete sind fast ganzjährig humid, während ansonsten die Zahl der humiden Monate von Südost

1 **Charakterisieren Sie die naturräumlichen Verhältnisse im Himalaya, den Stromtiefländern und im Hochland von Dekkan (Atlas).**

2 **Beschreiben Sie die mit den Hebungsvorgängen des Himalayaraumes verbundenen Naturrisiken.**

3 **Analysieren Sie die klimatischen Verhältnisse anhand der Klimadiagramme (M5).**

nach Nordwesten zu abnimmt. Die Ostküste weist noch acht bis neun humide Monate auf. Die Wüstengebiete im Nordwesten sind dagegen ganzjährig arid. Aber auch die Bergregionen im Regenschatten des Himalaya sind zumindest in den Talbereichen durch hohe Aridität gekennzeichnet.

Vegetation

Die klimatischen Bedingungen spiegeln sich in den natürlichen Pflanzengesellschaften, die allerdings in beträchtlichem Umfang anthropogen überprägt sind. Immergrüne tropische Feuchtwälder mit wertvollen Hölzern sind auf die südlichen Westghats und den Nordosten Indiens sowie die Andamanen und Nikobaren beschränkt, den Gebieten mit den höchsten Niederschlägen. Ansonsten bilden Monsunwälder die natürliche Vegetation, die mit abnehmender Niederschlagsmenge von Laub abwerfenden Feucht- in Trockenwälder übergeht. Wichtige Nutzhölzer sind Teak im Deccan und Sandelholz im Süden. Noch trockenere Lagen, so im Lee der Westghats, werden von Dornwäldern eingenommen und im Nordwesten finden sich Halbwüsten und Wüsten.

Im Gebirgsrahmen ist eine Höhenstufung von Klima und Vegetation ausgeprägt. An der Südflanke von Himalaya und Karakorum wachsen oberhalb der Regen- und tropischen Laubwälder Bergwälder mit Nadelhölzern wie der Himalaya-Zeder, darüber Wacholder und alpine Matten gefolgt von Gesteinsschutt bis in die vergletscherten Höhenlagen. An den Küsten sind an verschiedenen Flussdeltas in der Gezeitenzone Mangroven zu finden. Besonders die Sunderbans im Ganges-Delta, dem größten Delta der Welt, sind aufgrund ihrer Tigerpopulation bekannt und als Naturreservat geschützt.

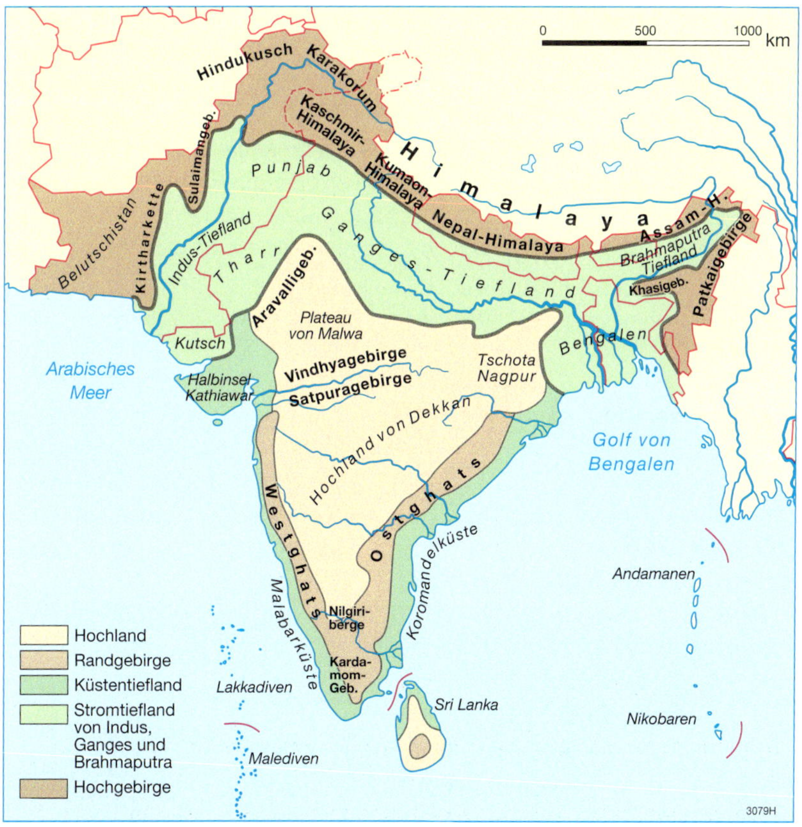

M4: Großlandschaften Südasiens

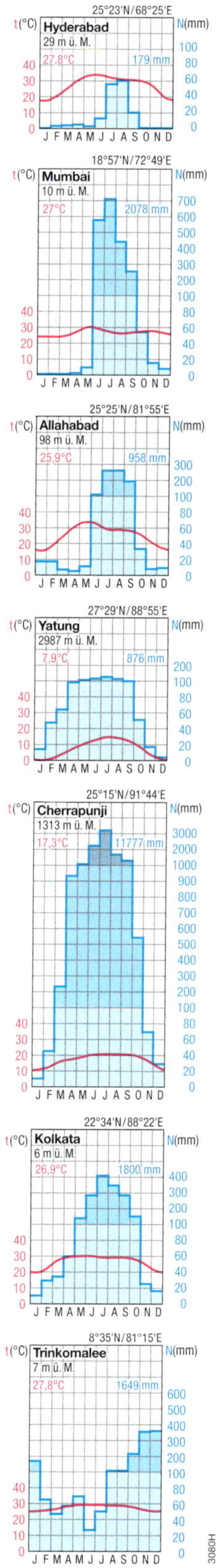

M5: Klimadiagramme

2.2 Bevölkerungsstruktur und -entwicklung

Südasien beherbergt mit 1,4 Milliarden Menschen etwa ein Viertel der Weltbevölkerung. Ein Drittel der schnell wachsenden Bevölkerung ist jünger als 15 Jahre. Dies stellt die Gesellschaften Südasiens vor große Herausforderungen.

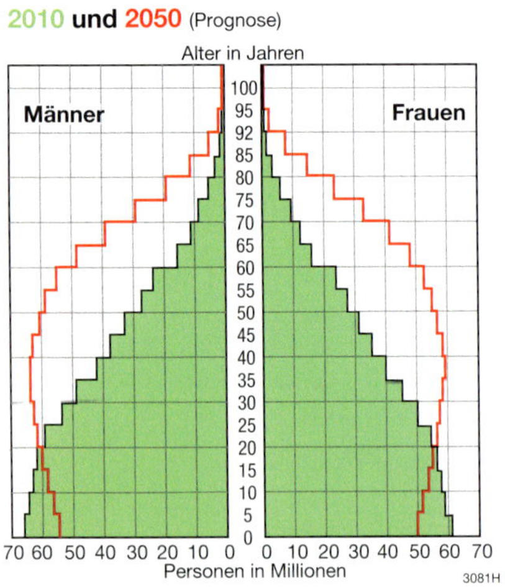

M1: Bevölkerungspyramide Indiens

Korrelation
Beziehung zwischen zwei oder mehr statistischen Variablen. Der statistische Zusammenhang sagt nichts über ein kausales Verhältnis aus, das zwischen den Variablen bestehen oder über nicht erfasste zusätzliche Faktoren begründet werden kann.

Die Bevölkerung Südasiens wächst in alarmierendem Ausmaß. In den nächsten Jahren wird die Bevölkerungszahl Indiens diejenige Chinas übersteigen. Als natürliche Komponenten bestimmen Geburten und Sterbefälle das Bevölkerungswachstum. Sinkende Sterblichkeit – vor allem im Kindesalter – etwa aufgrund verbesserter Ernährung, Hygiene und medizinischer Versorgung führt in Verbindung mit hohen Geburtenzahlen zu hohen Wachstumsraten der Bevölkerung. In Europa sind mit einem zeitlichen Verzug nach dem Rückgang der Sterberaten auch die Geburtenraten gesunken. China hat es mit seiner vor 40 Jahren begonnenen rigiden Bevölkerungspolitik („Ein Kind-Politik") geschafft, das Bevölkerungswachstum deutlich zu bremsen. In Südasien hat sich das Wachstum in den letzten Jahrzehnten trotz diverser Regierungsmaßnahmen hingegen nur wenig abgeschwächt. Zwar gehen die Geburtenraten der südasiatischen Länder mittlerweile auch zurück, dies schwächt bislang aber lediglich das Wachstum ab, das sich besonders auch in der Altersstruktur der Bevölkerungen widerspiegelt (M 1).

Mittelwerte über die Geburtenhäufigkeit in einer Bevölkerung verschleiern allerdings die zum Teil beträchtlichen Unterschiede zwischen verschiedenen Bevölkerungsgruppen. Die ausgebildete Mittelschicht in Indien, die mehr und mehr zu einem Leben in der Kleinfamilie tendiert, reduziert die Zahl ihres Nachwuchses bereits beträchtlich, während große Teile der armen Bevölkerung weiterhin hohe Kinderzahlen aufweisen. Auch politische Maßnahmen zur Geburtenkontrolle zeigen in dieser Gruppe kaum Wirkung.

Diese Unterschiede lassen sich damit begründen, dass Bildung und Gesundheitsversorgung einen großen Einfluss auf die Fruchtbarkeit (Fertilität) besitzen: Ein wachsender Bildungsstand der Frauen **korreliert** mit einer geringeren Zahl von Geburten pro Frau. Mit Zeitverzug hat auch eine höhere Überlebenschance

	Gesamtbevölkerung (in Mio)		Jährl. Wachstumsrate (in %)	Allgemeine Fruchtbarkeitsrate (Geburten pro Frau)	Lebenserwartung bei Geburt (in Jahren)		Anteil der Bevölkerung (in %, 2010)		Säuglingssterblichkeit (in %)	Zahl der Männer auf 100 Frauen	Lebenserwartung bei Geburt (in Jahren, 2010)		Frauen im Parlament (in %)	Alphabetisierungsrate (in %)
	1980	2011	2005–2010	2005–2010	1970–1975	2005–2010	unter 15	65 u. älter	2010	2010	Frau	Mann	2011	2010
Bangladesch	88,9	150,7	1,5	2,4	45,2	67,8	31,3	4,6	3,8	102,6	68,3	67,4	18,6	55,9
Bhutan	0,4	0,7	1,4	2,6	41,5	65,8	29,4	4,8	4,4	112,5	67,8	64,1	13,9	52,8
Indien	687,3	1241,3	1,5	2,6	50,3	64,1	30,6	4,9	4,8	106,8	65,7	62,8	10,7	62,8
Malediven	0,2	0,3	2,0	2,4	51,4	75,6	26,6	4,2	1,3	101,7	76,5	74,6	6,5	98,4
Nepal	15,2	30,5	1,9	2,9	44,0	67,4	36,2	4,2	4,1	98,4	68,0	66,7	33,2	59,1
Pakistan	82,7	176,9	2,1	3,6	51,9	64,6	35,4	4,3	7,0	103,4	65,4	63,8	21,0	55,5
Sri Lanka	14,7	20,9	1,3	2,3	63,1	74,3	24,9	8,2	1,4	97,5	77,4	71,2	5,3	90,6
China	981,2	1345,9	0,5	1,5	63,2	72,7	19,5	8,2	1,6	108,0	74,5	71,1	21,3	94,0
Deutschland	78,3	81,8	-0,2	1,4	71,0	79,9	13,5	20,4	0,3	96,1	82,4	77,2	31,7	k. A.

M2: Demographische Daten südasiatischer Staaten im Vergleich mit China und Deutschland

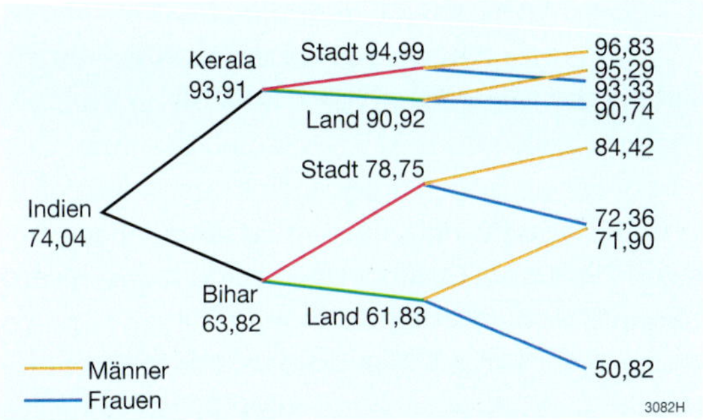

M3: Differenzierungen der Alphabetisierungsrate in Indien (in %)

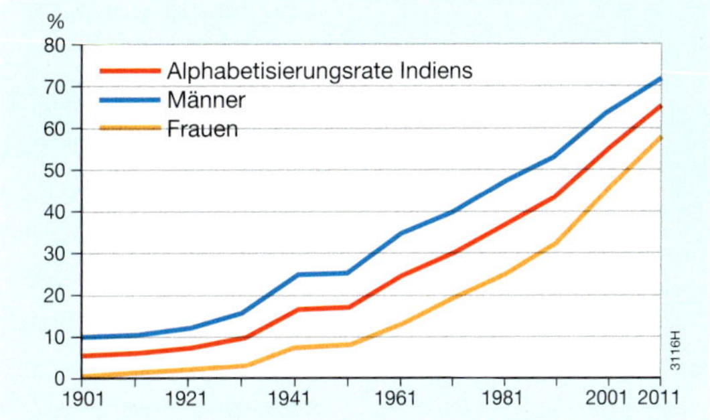

M4: Entwicklung der Alphabetisierungsrate in Indien 1901 – 2011 (Anteil in % der Gesamtbevölkerung)

der Kinder einen ähnlichen Effekt. In Indien ist im Bundesstaat Kerala, der beim letzten Zensus eine Alphabetisierung von über 90 Prozent erreichte, die Zahl der Geburten pro Frau auf 1,9 gefallen (2011). Das ist weniger als erforderlich wäre, um die Bevölkerungszahl auf gleichem Niveau zu halten, also die Sterbefälle durch Geburten zu kompensieren. Allgemein sind in Südasien bislang aber weder Bildung noch flächendeckende Gesundheitsvorsorge gewährleistet. So findet sich in Bangladesch, Nepal, Bhutan, Pakistan, aber auch in weiten Teilen Indiens nur eine relativ geringe Alphabetisierung, vor allem der Frauen; nur auf Sri Lanka und den Malediven ist sie höher.

Bildung und Gesundheitsversorgung sind noch aus einem weiteren Grund bedeutsam. Menschen sind auch Arbeitskräfte, die Werte schaffen. Hier ist eine gute Ausbildung vonnöten, sollen die Menschen in den modernen Wirtschaftsprozess integriert werden und am Wachstum teilhaben können statt Armut zu reproduzieren. Gleichzeitig ist die Bereitstellung der nötigen Infrastruktur mit hohen Kosten für die öffentliche Hand verbunden (vgl. 7.3).

	Gesundheitsaufwendungen pro Ew.* (in PPP-$)	Ärztedichte (pro 1000 Ew.)**	Krankenhausbetten (pro 1000 Ew.)**
Bangladesch	48	0,30	0,4
Bhutan	274	0,02	1,7
Indien	132	0,60	0,9
Malediven	412	1,60	2,6
Nepal	69	0,21	5,0
Pakistan	63	0,81	0,6
Sri Lanka	193	0,49	3,1
China	308	1,42	4,1
Deutschland	4129	3,53	8,2

M5: Gesundheitsversorgung in Südasien (*2009, **2005 – 2009)

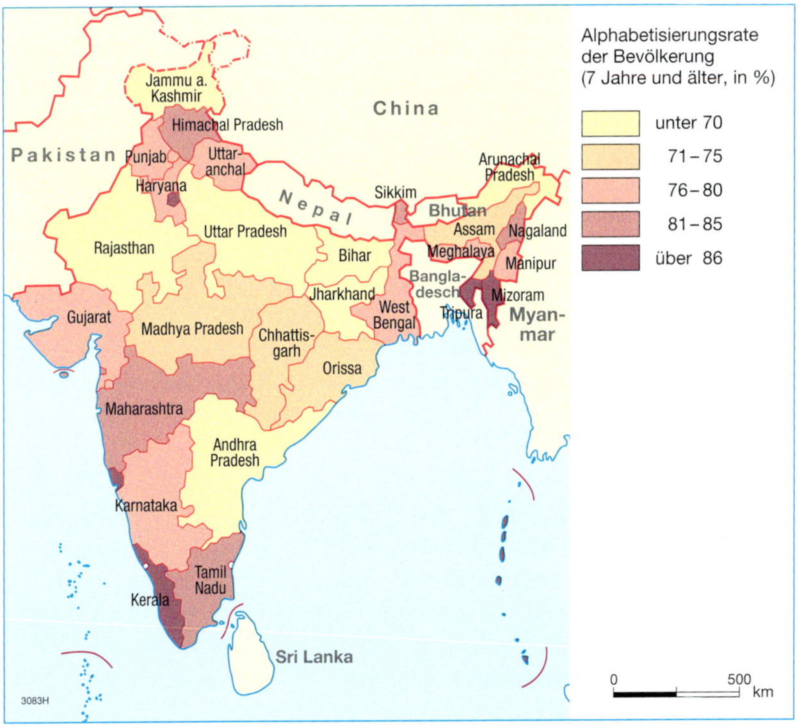

M6: Alphabetierungsrate in den indischen Bundesstaaten (2011)

Nicht nur das Alter, auch das Geschlecht ist eine demographische Variable. So lassen sich demographische Kennzahlen wie die Lebenserwartung nach Geschlecht differenzieren (M2, S.21). Die demographische Struktur und Entwicklung werden dabei in hohem Maße von sozialen Faktoren bestimmt. Das Verhältnis der Geschlechter ist durch vielfache Ungleichgewichte gekennzeichnet, die auch mit traditionellen Rollenzuschreibungen in Zusammenhang stehen. Noch oft werden Mädchen in Bezug auf Gesundheitsfürsorge, Krankenhausbehandlung und sogar Ernährung vernachlässigt. Aber auch Frauen nehmen gegenüber Männern aufgrund ihrer Sozialisation oftmals eine schlechtere Versorgung in Kauf. Solche traditionellen Rollenerwartungen, obwohl durchaus noch verbreitet, werden heute jedoch zunehmend aufgebrochen, besonders im städtischen Umfeld.

M1: Quellentext zur Stellung der Frau in Südasien
Sen, A.: The Argumentative Indian: Writings on Indian History, Culture and Identity (2005)

Amartya Sen ist indischer Wirtschaftswissenschaftler und Nobelpreisträger, der auch in den USA und Großbritannien lehrte.

» *Die Länder Südasiens weisen einen schrecklichen Rekord in Bezug auf die Unterschiede der Geschlechter auf. Dieser wird deutlich in der ungewöhnlich hohen Sterblichkeit und den Sterblichkeitsraten der Frauen. (...) Gleichzeitig sind Frauen der Oberschichten in Südasien häufig prominenter als anderswo. Tatsächlich hatten Indien, Pakistan, Bangladesch und Sri Lanka – oder haben zurzeit – weibliche Premierminister – etwas, das die Vereinigten Staaten (wie auch Frankreich, Italien, Deutschland* [zur Zeit der Abfassung des Buches] *und Japan niemals hatten. Zu einer privilegierten Klasse zu gehören, kann einer Frau helfen, die Barrieren zu überwinden, die Frauen von weniger blühenden Klassen behindern. Das Geschlecht trägt sicherlich zur Ungleichheit bei, aber es wirkt nicht unabhängig von der Klasse.* «

M2: Werbeaktion für Familienplanung in Indien im Jahr 1969. Der Elefant transportiert Verhütungsmittel und Werbematerial.

Das hohe Wachstum der Bevölkerung und die Frage, wie diese Menschen zu ernähren seien, weckt seit langem bei Wissenschaftlern und Politikern Besorgnis. Schon vor Jahrzehnten wurden von staatlichen und internationalen Organisationen Maßnahmen der Familienplanung propagiert, um das Wachstum zu stoppen oder wenigstens zu verlangsamen. In diesem Zusammenhang hat China die Ein-Kind-Politik eingeführt, wobei chinesische Familien mit harten Sanktionen zu rechnen haben, die mehr als ein Kind bekommen. In Südasien finden sich solch strikte Regelungen nicht, wenn auch in Indien von der Regierung Indira Gandhis in den 1970er-Jahren während eines Ausnahmezustandes Zwangsmaßnahmen zur Geburtenkontrolle durchführt wurden. Seit den 1960er-Jahren werden Maßnahmen zur Familienplanung auf freiwilliger Basis propagiert. Die Anwendung von Mitteln zur Geburtenkontrolle wurde jedoch vor allem in muslimischen Gesellschaften in starkem Maße abgelehnt. Heute denken aber auch muslimische Religionsgelehrte über Familienplanung nach. Sind Zwangsmaßnahmen gerechtfertigt und führen sie zum Ziel?

M3: Quellentext zur Familienplanung
Sen, A.: Development as Freedom (2006)

» *Trotz früherer Skepsis ist es jetzt relativ klar, dass sich Wissen und Verfügbarkeit* [von Mitteln zur Geburtenkontrolle] *auf das Fruchtbarkeitsverhalten der Familien in Ländern mit hoher Geburtenrate und knappen Mitteln zur Kontrolle auswirken. Zum Beispiel wird der deutliche Rückgang der Fruchtbarkeit in Bangladesch mit der Familienplanungsbewegung in Beziehung gebracht und besonders mit der größeren Verfügbarkeit von Wissen und Möglichkeiten.*

Es ist sicherlich von Bedeutung, dass Bangladesch seine Fruchtbarkeitsrate in nur eineinhalb Jahrzehnten (zwischen 1980 und 1996) von 6,1 auf 3,4 zurückfahren konnte. Dies zerstört den Glauben, dass Menschen in weniger entwickelten Ländern nicht freiwillig zur Familienplanung greifen. (...) Um in die Nähe des Reproduktionsniveaus (Fruchtbarkeitsraten um 2,0 oder 2,1) zu gelangen, wird allerdings mehr benötigt als die einfache Verfügbarkeit von Mitteln der Geburtenkontrolle. (...)
Der indische Staat Tamil Nadu senkte seine Fruchtbarkeitsrate von 3,5 im Jahre 1979 auf 2,2 1991. Tamil Nadu hatte ein aktives, aber kooperatives Familienplanungsprogramm und konnte seine vergleichsweise gute Position in Indien in Bezug auf soziale Errungenschaften nutzbar machen: eine der höchsten Alphabetisierungsraten der großen indischen Staaten, eine hohe Erwerbsbeschäftigung der Frauen und eine relativ geringe Kindersterblichkeit. Ohne Zwangsmaßnahmen wie in China haben Tamil Nadu, aber auch Kerala, einen größeren Rückgang der Fruchtbarkeit erreicht als China mit seiner Ein-Kind-Politik und den damit verbundenen Maßnahmen. (...)
Andere Staaten im so genannten indischen Kernland (wie Uttar Pradesh, Bihar, Madhya Pradesh, Rajasthan) besitzen viel geringere Niveaus im Bereich der Bildung, vor allem der weiblichen, und der allgemeinen Gesundheitsversorgung. Diese Staaten haben alle hohe Fruchtbarkeitsraten – zwischen 4,4 und 5,1. Und dies trotz der Beharrlichkeit, mit der in diesen Staaten harte Methoden der Familienplanung durchgeführt werden, einschließlich einigen Zwangs (...). Der regionale Kontrast in Indien ist ein kräftiges Argument für Freiwilligkeit (gegründet u.a. auf der aktiven und gebildeten Teilnahme von Frauen) im Gegensatz zu Zwang. (...)
Wie indische Familienplanungsspezialisten festgestellt haben, erfuhren freiwillige Programme zur Geburtenkontrolle in Indien einen starken Rückschlag durch das kurzzeitige Zwangssterilisationsprogramm. Die Menschen hatten ein tiefes Misstrauen gegenüber der gesamten Familienplanungsbewegung entwickelt. Abgesehen davon, dass die Zwangsmaßnahmen, die während des Ausnahmezustandes in einigen Regionen Indiens durchgeführt wurden, kaum direkte Auswirkungen auf die Fruchtbarkeitsraten hatten, folgte ihnen eine lange Phase der Stagnation der Geburtenrate, die erst um 1985 endete. «

Geburtenplanung trifft vielerorts nicht nur auf moralischen Widerstand. Es wird beispielsweise auf die Bedeutung verwiesen, die Kindern, vor allem Söhnen, als Arbeitskräften im Rahmen der Familienwirtschaft und als Alterssicherung zukommt. Eine größere Zahl von Söhnen vergrößert die Chance auf Einkommen und darauf, dass die Eltern im Alter Unterstützung finden. Töchter werden hingegen häufig als Belastung empfunden, unter anderem wegen der zu erwartenden hohen Mitgift im Falle der Hochzeit. Wo moderne medizinische Technik zur Verfügung steht, erfolgt Geburtenplanung daher nicht selten selektiv, was zu einem höheren Jungen-Mädchen-Verhältnis in manchen Regionen führt.

Fruchtbarkeitsrate
auch Zusammengefasste Geburtenrate (engl.: Total Fertility Rate, TFR)
Die Fruchtbarkeitsrate gibt an, wie viele Kinder eine Frau im Laufe ihres Lebens durchschnittlich bekommen würde, wenn die für den gegebenen Zeitpunkt maßgeblichen altersspezifischen Fruchtbarkeitsverhältnisse der betrachteten Population als konstant angenommen werden. Die Fruchtbarkeitsrate, die so die Fertilität aller Frauen im Alter von 15 bis 45 Jahren zusammenfasst, errechnet sich als Summe der altersspezifischen Fertilitätsraten (Zahl der Lebendgeborenen von Frauen in einem bestimmten Alter).

	1955–1960	1975–1980	1985–1995	1995–2010	2005–2010
Bangladesch	6,6	6,6	5,0	3,4	2,4
Bhutan	6,7	6,7	6,1	4,1	2,6
Indien	5,9	4,9	4,1	3,3	2,7
Malediven	6,8	6,9	6,8	3,5	1,9
Nepal	6,1	5,9	5,4	4,4	2,9
Pakistan	6,6	6,6	6,3	5,0	3,7
Sri Lanka	5,8	3,6	2,6	2,2	2,4
Welt	4,9	3,8	3,4	2,8	2,5
China	5,5	2,9	2,6	1,8	1,6
Deutschland	2,3	1,5	1,4	1,3	1,4

M4: Entwicklung der Fruchtbarkeitsrate

1 **Vergleichen Sie die südasiatischen Staaten anhand ihrer demographischen Daten (M2, S. 20).**
2 **Erklären Sie den Einfluss der Alphabetisierung auf die Bevölkerungsentwicklung.**
3 **Beschreiben Sie die Entwicklung der Fruchtbarkeitsrate in den südasiatischen Staaten (M4).**
4 **Erörtern Sie die Rolle von Maßnahmen zur Geburtenplanung im südasiatischen Kontext.**

2.3 Kulturelle, ethnische und religiöse Vielfalt

Die Menschen in Südasien gehören unterschiedlichen ethnischen Gruppen an, sprechen unterschiedliche Sprachen, praktizieren unterschiedliche Religionen und besitzen unterschiedliche kulturelle Traditionen. Dies mag als Stärke begriffen werden oder als Gefährdung der nationalen Einheit.

Ethnie
Als „ethnisch" wird eine Gruppe von Menschen bezeichnet, die durch die Idee einer gemeinsamen Abstammung/Herkunft und durch kulturelle und sprachliche Zusammengehörigkeit gekennzeichnet ist. Beispielsweise kann man darunter Bengalen und Tamilen verstehen, die neben der eigenen Sprache und Literatur auch eigene Essgewohnheiten, Tänze und ein Zusammengehörigkeitsgefühl haben, aber auch die einzelnen, zum Teil kleinen Stammesgruppen der Adivasi, wie die Santals und die Nagas in Nordostindien.

Südasien wird im Westen, Süden und Osten von Meeren umschlossen. Im Norden wird es durch Hochgebirgsketten wie Hindukusch, Karakorum und Himalaja begrenzt, die einen Zugang nur über wenige Pässe erlauben. Über den Khyber-, den Khunjerab- oder den Nathula-Pass oder per Schiff über See kamen zu unterschiedlichen Zeiten Händler, Eroberer und Einwanderer, die sich in Südasien niederließen. So ist es kein Wunder, dass sich die Bevölkerung in verschiedenen Teilen der Großregion auch in äußerlichen Merkmalen unterscheidet. Auf der einen Seite brachten die Einwanderer eigene kulturelle Traditionen mit, die sich oft noch heute verfolgen lassen, auf der anderen Seite vermischten sich die Traditionen und es entstand etwas Neues. Dies gilt sowohl für Sprache und Religion, als auch für andere kulturelle Aspekte.

Die Menschen Südasiens sprechen mehr als zwanzig Hauptsprachen, die verschiedenen Sprachfamilien angehören (M 1). Hinzu kommen Hunderte von Sprachen und Dialekten, die von kleineren Bevölkerungsgruppen gesprochen werden. Zur Sprachenvielfalt treten Unterschiede in den Essgewohnheiten, der Kleidung und anderen Formen der täglichen Lebensführung (vgl. 2.3.1).

Jede der großen Weltreligionen hat Anhänger in Südasien (M 2). Der Hinduismus mit seinen uralten Wurzeln (seit dem 3. Jt. v. Chr.) und in modernen Abwandlungen oder Interpretationen spielt eine entscheidende Rolle in der Kultur und Politik Südasiens. Auf indischem Boden entstanden zudem der Buddhismus (im 6. Jh. v. Chr.), der Jainismus (im 5. Jh. v. Chr.) und der Sikhismus

M 1: Sprachgebiete Südasiens

(seit dem 16. Jh.). Letzterer ist eine synkretistische Religion, das heißt sie greift Impulse aus anderen Religionen – hier dem Hinduismus und dem Islam – auf und verschmelzt diese zu einer neuen Religion. Von außen kamen Zoroastrier / Parsen (im 9. Jh.), das Christentum (im 1. Jh.) und der Islam (seit dem 8. Jh.). Kunst und Ritus, die mit der Religion verbunden sind, weisen innerhalb der Religionsgruppen durchaus regionale Unterschiede auf (vgl. 2.3.2).

Nach dem Prinzip „Teile und Herrsche" machten sich die britischen Kolonialherren die Unterschiede zunutze, spielten die einzelnen Bevölkerungsgruppen gegeneinander aus und vertieften so die Bedeutung der Unterschiede im gesellschaftlichen Leben. Sie kodifizierten beispielsweise für die einzelnen Religionsgruppen eigenes Recht, indem sie deren Rechtspraxis systematisch erfassten und verschriftlichten.

In der Kolonialzeit wurde die Bevölkerung zu Zensuszwecken nach Sprachen, Religion und hohen und niederen Kasten klassifiziert. Zudem wurden **Scheduled Castes und Scheduled Tribes** in Listen erfasst, zu denen die Kastenlosen (heute Dalits) und die indigene Stammesbevölkerung (Adivasi) gehörten. 354 Stammesgruppen leben auch heute noch als Jäger und Sammler, Wanderfeldbauern oder Viehhalter vor allem in landwirtschaftlich nicht erschlossenen Gebieten. Die Adivasi, die keine homogene Gruppe bilden, werden als Nachkommen der autochthonen (ursprünglichen) Bevölkerung Indiens betrachtet und oftmals als „zurückgeblieben" eingestuft. Sie machen etwa acht Prozent der indischen Bevölkerung aus und stellen in einigen Bundesstaaten die Bevölkerungsmehrheit, vor allem im Nordosten und in Zentralindien.

Vor dem Hintergrund der kolonialen Politik, religiöse und sprachliche Differenzierungen zu betonen, entstand eine Verhaltensweise, die als Kommunalismus bezeichnet wird: Man fühlt sich der eigenen ethnischen oder religiösen Gruppe verpflichtet, nicht aber der Gesellschaft als ganzer. Man versucht, die eigene Gruppe auf Kosten anderer zu stärken, und grenzt sich ab, statt gemeinsame Ziele zu verfolgen. Kommunalistische Politik führt zu einem Gegeneinander und letztlich zu einem Auseinanderbrechen der Gesellschaft.

Dem Kommunalismus setzten schon die Führer im Unabhängigkeitskampf Indiens wie Gandhi und Nehru den Slogan „Einheit in Vielfalt" entgegen, der nach der Unabhängigkeit zur Staatsphilosophie Indiens erhoben wurde. Man kann diese Vielfalt als Stärke und Vorteil begreifen. Mitglieder aus allen Religionsgruppen, allen Sprachgruppen, allen Regionen Indiens partizipierten beispielsweise am Kampf um die Unabhängigkeit und erlangten diese schließlich gemeinsam – als Inder, nicht als Muslime oder Hindus, Tamilen oder Bengalen. In heutiger Argumentationsweise kann man betonen, dass niemand nur eine einzelne Identität besitzt. Man kann gleichzeitig einer Sprachgruppe und Religionsgruppe angehören, Bürger eines Bundesstaates sein und sich als solcher auch – vielleicht sogar in erster Linie – als Bürger des übergeordneten Gemeinwesens begreifen. Dennoch: ein Slogan beschreibt nicht die Realität. Er deutet vielmehr auf die Existenz eines Problems hin. Bei einer landesweiten Befragung identifizierte sich die Hälfte der Befragten an erster Stelle mit Indien und 16 Prozent sowohl mit Indien als auch dem Bundesstaat. Für 20 Prozent spielte nur der Bundesstaat eine Rolle und drei Prozent bezog die Identität nicht auf staatliche sondern andere Kategorien wie Religion.

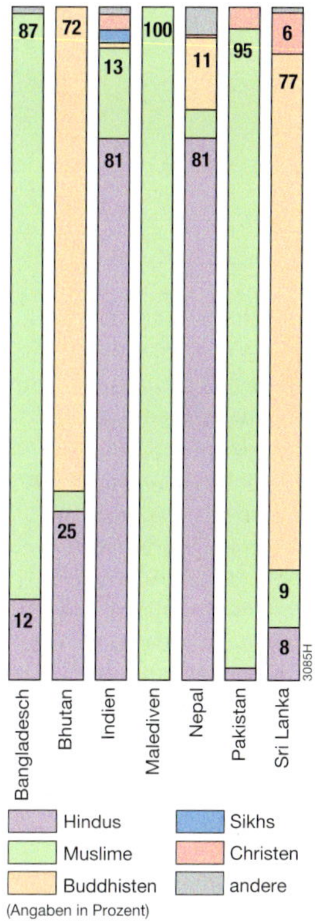

M2: Religionen in den Staaten Südasiens

Scheduled Castes und Scheduled Tribes

Die Briten erfassten alle nicht zu den Hauptkasten (vgl. 2.4) gehörenden Gruppen in einer Liste der Scheduled Casts and Scheduled Tribes („scheduled" = aufgelistet). Den Angehörigen wird ein geringerer sozialer Status als den Kastenhindus zugemessen. Die indische Verfassung behielt die Auflistung bei, führte dabei aber Maßnahmen ein, die soziale Position zu verbessern.

1 Kennzeichnen Sie die Verteilung der Religionsgemeinschaften in Südasien (M 2 und Atlas).

2 „Einheit in Vielfalt"? – Nehmen Sie Stellung zu diesem Slogan im südasiatischen Kontext.

2.3.1 Sprachen

Sprachen sind Mittel der Kommunikation, aber auch ein Merkmal, das die eigene Identität bestimmt. Sprachenvielfalt wirft daher Probleme auf und kann zu Konflikten beitragen.

*Eine **Amtssprache** ist eine Sprache, in der staatlicher Stellen untereinander und mit ihren Bürgern kommunizieren und in der offizielle Dokumente verfasst werden. Bei mehreren offiziellen Amtssprachen kann eine spezifische **Arbeitssprache** die Verständigung vereinfachen. Von Amtssprachen sind **Verkehrssprachen** zu unterscheiden, die der Kommunikation von Menschen unterschiedlicher Sprachzugehörigkeit untereinander dienen. **Schulsprachen** sind Sprachen, in denen der Unterricht stattfindet.*

In fast allen Staaten Südasiens werden mehrere Sprachen gesprochen, manche grenzüberschreitend in verschiedenen Staaten. Zudem gibt es verschiedene Schriften. Nach der Unabhängigkeit stellte sich in den neuen Staaten das Problem, diese Vielfalt zu handhaben. Sollte es eine **Amtssprache** geben, und wenn ja, welche? Oder kann ein Staat mit einer Vielzahl von Sprachen leben, denen der Status von Amtssprachen zugemessen wird? Wie stellt man dann die reibungslose Kommunikation sicher?

In den meisten Staaten Südasiens spielt Englisch auch nach dem Ende der Kolonialzeit eine wichtige Rolle. Es behielt eine Funktion als **Verkehrssprache** innerhalb und zwischen den einzelnen Staaten. In den letzten Jahren half die weite Verbreitung des Englischen beim wirtschaftlichen Aufschwung der südasiatischen Volkswirtschaften im Zuge der Liberalisierung und Globalisierung. Aber eine Sprache ist nicht nur ein Mittel der Kommunikation. Sie ist ein bedeutendes Merkmal, über das Menschen ihr Selbstverständnis definieren: die Zugehörigkeit zu einer Gruppe oder Nation. Die politische Entscheidung darüber, ob die eine oder andere Sprache zur Amtssprache erhoben wird oder verschiedene Sprachen diesen Status erhalten, besitzt daher eine weitreichende Bedeutung.

M1: Quellentext über Sprache und politische Identität in Pakistan
Talbot, I.: Pakistan. A Modern History (1998)

»

Sprache spielte in Südasien eine Rolle als wichtiger Identitätsmarker und Quelle politischer Mobilisierung. Dies wird zum Beispiel deutlich an der Telugu-Bewegung und dem Aufstieg der [Partei] *Dravida Munnetra Kazhagam in Tamil Nadu. Sowohl in Indien wie in Pakistan beruht Sprachpolitik zum einen auf kulturellen Reaktionen auf die Zentralisierungsversuche, eine Nationalsprache einem Babel von Zungen aufzuzwingen, zum anderen auf der Furcht von Eliten, im Wettbewerb um staatliche Anstellungen in Nachteil zu geraten, wenn die Muttersprache im Status absteigt. (…) Seit (…) 1900 entwickelte sich Urdu zu einem Hauptsymbol muslimischer politischer Identität. Aus diesem Grunde wies Premierminister Liaquat Ali Khan im Februar 1948 in der Verfassungsgebenden Versammlung einen Antrag zurück, Bengali neben Urdu zu verwenden. Er vertrat die Meinung: ‚Pakistan ist aufgrund der Forderungen von hundert Millionen Muslimen dieses Subkontinents gegründet worden und die Sprache von hundert Millionen Muslimen ist Urdu. (...) Für eine Nation ist es notwendig, eine* [einzige] *Sprache zu haben, und diese Sprache kann nur Urdu sein und keine andere.' (…) Versuche, Urdu als Teil des Nation-building-Unternehmens zu stärken, erwiesen sich als kontraproduktiv, wie besonders in Ost-Bengalen deutlich wurde.*

«

M2: Quellentext zum Tag der Muttersprache in Bangladesch
21. Februar, Tag der Muttersprache: Tote und Verletzte vor 50 Jahren in Ostbengalen. Banglanews 21.2.2002

»

Mehrere Tote forderte am 21. Februar 1952 eine Demonstration in Dhaka, der Hauptstadt des damaligen Ost-Pakistan, weil die pakistanische Polizei in die Menge schoss. Ursache der Proteste war der Beschluss des pakistanischen Regimes, Urdu zur alleinigen Amtssprache des Landes zu erklären. (...) Für die

Menschen im mehr als 1500 km entfernten Ost-Pakistan war Urdu jedoch eine völlig fremde Sprache, die nichts mit der eigenen Kultur zu tun hatte. Die führenden bengalischen Intellektuellen und Politiker schlugen deshalb vor, neben Urdu auch Bengali zur offiziellen Landessprache zu erklären. Dieser Kompromissvorschlag wurde brüsk zurückgewiesen. (...)
Die pakistanischen Behörden versuchten in den Folgejahren sogar, die bengalische Schrift zu verdrängen, indem sie zunächst durch arabische und dann durch lateinische Zeichen ersetzt wurde. Dies scheiterte jedoch am breiten Widerstand der Bevölkerung, die sich ihre Muttersprache und ihr Alphabet nicht nehmen lassen wollte. Die brachialen Maßnahmen zur Unterdrückung der bengalischen Sprache und Kultur waren letztendlich vergebens. 1971 konnte Ost-Bengalen nach neunmonatigem Bürgerkrieg seine Unabhängigkeit von Pakistan erklären. (...) In Bangladesch ist der 21. Februar offizieller Feiertag und wird als „Tag der Märtyrer" begangen. Im November 1999 beschloss die UNESCO auf Antrag Bangladeschs, den 21. Februar zum „Internationalen Tag der Muttersprache" zu erklären. Im Jahr 2000 wurde er zum ersten Mal begangen. «

Bengali wird nicht nur in **Bangladesch**, sondern auch im indischen Bundesstaat West Bengal gesprochen. Mit der Teilung Britisch-Indiens und dem Ende der Kolonialzeit zerschneidet eine Staatsgrenze diesen Sprachraum, aber auch den Sprachraum des Punjabi im Westen. Auch wenn sich die Sprachen diesseits und jenseits der Grenze seither auseinander entwickeln und heute beispielsweise Migranten aus Bangladesch in West Bengal an ihrer Sprechweise erkennbar sind, sehen sich jedoch beide Seiten als Erben des Dichters und Literaturnobelpreisträgers Rabindranath Tagore und beanspruchen ihn für sich.

In **Indien** wurden Bundesstaaten auf der Basis von Sprachen gebildet und abgegrenzt. Bis heute umfassen zahlreiche Staaten jedoch mehrere Sprachgebiete. Weitere Teilungen werden diskutiert. Es entstehen jedoch niemals völlig einsprachige Staatsgebiete. Immer sind sprachliche Minderheiten zu berücksichtigen. Die Akzeptanz zahlreicher Amtssprachen half, separatistische Bestrebungen klein zu halten. Mit der „Drei-Sprachen-Formel" sollte das Kommunikationsproblem beherrschbar gemacht werden, das sich aus der Sprachenvielfalt ergibt. Sie besagt, dass in den Sekundarstufen der Schulen und der Universitäten/Colleges der Bundesstaaten die Schüler jeweils drei Sprachen lernen sollen. In den Hindi-sprachigen Gebieten kommt zu Hindi und Englisch das Studium einer anderen modernen indischen Sprache, vorzugsweise einer südindischen. In den anderen Staaten soll Hindi neben der Regionalsprache und Englisch gelehrt werden.

In **Sri Lanka** ist der Konflikt zwischen Singhalesen und Tamilen auch mit dem Sprachproblem verbunden. Die tamilische Minderheit kämpfte lange Zeit darum, dass Tamil als gleichwertige Amtssprache anerkannt werde. Mitte der 1950er-Jahre wurde eine Politik eingeschlagen, die nur Sinhala als Amtssprache akzeptierte. Tamil wurde einige Jahre später in den Gebieten der Tamilen zwar als Schulsprache und für Verwaltungszwecke zugelassen, aber erst 1987 im Zuge eines Verfassungszusatzes mit Sinhala als Amts- und Nationalsprache gleichgestellt.

Schrift	„Bharat" (= Indien)
Hindi	भारत
Bengali	ভারত
Gujarati	ભારત
Marathi	भारत
Punjabi	ਭਾਰਤ
Tamil	கூெந்தெ·ா
Kannada	ಬಾರ೦
Telegu	భారఠద
Urdu (Arabisch)	بھارت

M3: **Schriften Südasiens**

1 **Erläutern Sie die mit der Sprachenvielfalt in Südasien einhergehende Problematik.**
2 **Diskutieren Sie die Bedeutung von Sprache als Mittel der Politik (M 1, M 2).**

2.3.2 Religionen

Für den einzelnen Gläubigen wie für die Gesellschaft kann Religion ganz unterschiedliche Rollen spielen. Ihre Instrumentalisierung zu politischen Zwecken setzt auf die Mobilisierungskraft des Glaubens unter den Anhängern, verschärft aber gleichzeitig die Gegensätze zu anderen Religionsgemeinschaften.

M1: Pilger am Heiligen Fluss in Varanasi

In Südasien ist der Hinduismus die Religion mit den meisten Gläubigen. Bis 2008 war Nepal ein Hindu-Königreich und in Indien stellen Hindus die große Mehrheit der Bevölkerung. In verschiedenen Regionen nimmt der Hinduismus jedoch unterschiedliche Formen an. Er geht nicht auf einen Stifter zurück und hat keine verbindlichen Lehren. Er ist so vielgestaltig, das manche Beobachter ihn gar nicht als einheitliche Religion begreifen, sondern als Schirm, der diverse regionale Glaubensformen und philosophische Traditionen unter sich vereinigt. Auch veränderte er sich mit der Zeit. Erst im 18. und 19. Jahrhundert entstand die Vorstellung von einer religiösen Einheit dieser diversen Traditionen. Hindus kennen eine Reihe heiliger Flüsse – an erster Stelle der Ganges – und heilige Orte. Varanasi (früher Benares) ist eine ihrer bedeutendsten heiligen Städte, die schon im Mahabharata, dem indischen Epos aus vorchristlicher Zeit, erwähnt wird und dem Gott Shiva geweiht ist.

M2: Quellentext zu Varanasi
Gutschow, N.: Varanasi/Benares: The Centre of Hinduism? Erdkunde 48/1994

Niels Gutschow ist Bauhistoriker an der Universität Heidelberg.

»

Benares markiert den Ort am Ganges, der im goldenen Zeitalter verharrt. (...) Und weil der Ort von Shiva niemals verlassen ist, verheißt er Erlösung. Zahlreiche Umgehungen und Pilgerreisen umkreisen ein wechselndes Zentrum am Hochufer, unweit des Ganges oder führen in spiralförmiger Bewegung darauf zu. Solche rituellen Reisen verschaffen dem Pilger Verdienst und wer in Benares stirbt, ist am Ziel, er wird niemals wiedergeboren.

«

Der Gläubige ganz gleich welcher Religion erwartet von ihr in erster Linie individuelles Heil und Erlösung. Sie verbindet ihn aber auch mit seiner Glaubensgemeinschaft und stärkt den sozialen Zusammenhalt. Dieser Zusammenhalt und der Glaube kann jedoch eingesetzt werden, um politische Positionen zu legitimieren und die Anhänger zu mobilisieren. Die Briten nutzten in ihrer Politik des Teilens und Herrschens auch religiöse Unterschiede in ihrer Kolonie aus. Gegen Ende der Kolonialzeit war es eine muslimische Gruppierung, die eine Teilung Britisch-Indiens auf der Grundlage der Religion verlangte.

Doch auch im Hinduismus gibt es durchaus eine solche Politisierung der Religion. In Indien berufen sich nationalistische Kräfte auf den Hinduismus als eigentliche, ursprüngliche Religion und Tradition Indiens. Extremisten schrecken auch vor Ausschreitungen gegen andere Religionsgruppen nicht zurück. Und auch muslimische Extremisten legitimieren heute Terrorakte mit religiösen Gegensätzen. Das Beispiel, in dem die Instrumentalisierung von Religion eine ganze Gesellschaft ergreift, ist aber Pakistan. Von der Zeit der Staatsgründung unter Muhammad Ali Jinnah (gest. 1948) bis zur Islamisierungspolitik des Generals Zia ul-Haq, der Pakistan von 1977 bis 1988 regierte, veränderte sich die Rolle, die der Islam in der Politik Pakistans spielte. Weder demokratisch gewählte noch Militärregierungen unter Musharraf (1999 – 2008) haben diese Entwicklung gestoppt, die Problematik hat sich eher noch verstärkt.

Hindutva
(Hindu-tva = Weg der Hindus) Das Bestreben hindu-nationalistischer Kräfte in Indien, auf der Grundlage eines fundamentalistisch verstandenen Hinduismus eine „indische Identität" zu definieren, die der säkularen, in der indischen Verfassung festgeschriebenen Staatstradition des Landes entgegensteht. Hierdurch werden nicht nur koloniale Traditionen, sondern auch die muslimischen Einflüsse auf die indische Kultur als „fremd" und nicht-indisch eingestuft. Hindu-nationalistische Parteien tragen in verschiedenen Bundesstaaten, von 1977 bis 1979 und von 1998 bis 2004 auch in der Zentralregierung, Regierungsverantwortung.

M3: Quellentext zum Islam in Pakistan
Alavi, H.: Pakistan and Islam: Ethnicity and Ideology. 1988

Hamza Alavi war pakistanisch-britischer Sozialwissenschaftler (1921 – 2003)

» *Zu Beginn wurde in Pakistan die säkulare Tradition Jinnahs aufrecht erhalten. (...) Sobald der regionale Protest gegen die [Vor-]Herrschaft der Punjabis aufkam, änderte sich die ideologische Melodie. Plötzlich war der Islam und die Vorstellung einer islamischen Brüderlichkeit das Gebot der Stunde. Es war unpatriotisch von den Bengalen, Sindhis, Pathanen und Baluchen, Forderungen im Namen ihrer regionalen ethnischen Identitäten zu erheben, da alle Pakistanis Brüder im Islam seien. (...) Mit der Machtübernahme durch das Zia-Regime kam ein anderer Faktor ins Spiel, nämlich die Legitimität der Macht (oder, richtiger, das Fehlen jeglicher Legitimität). Aus Furcht vor einer freien Wahl und ohne Regierungsmandat wandte sich der General Allah zu. Hierbei war er gezwungen, weit über die abgedroschene islamische Rhetorik früherer Zeit hinauszugehen.* «

M4: Quellentext zu Spannungen unterschiedlicher muslimischer Richtungen in Pakistan
Esposito, J. L.: Islam: Ideology and Politics. 1987

John L. Esposito ist US-amerikanischer Religionswissenschaftler.

» *Das laufende Islamisierungsprogramm hat auch die Probleme religiösen Sektierertums verschärft – sowohl zwischen Sunniten und Schiiten, als auch unter Sunniten selbst – und ihre Fähigkeit, die Gesellschaft zu spalten. (...) In der Geschichte haben religiöse Differenzen zu Zusammenstößen zwischen den Gemeinschaften geführt. Zias Einführung islamischer Maßnahmen (...) brachte die schiitische Gemeinschaft auf (...). Für die Schiiten bedeutete Islamisierung nicht einfach die Anwendung islamischen Rechts in ihrem Leben, sondern speziell des Rechts in der Auslegung der sunnitischen hanafitischen Rechtsschule. (...) Spannungen zwischen Sunniten und Schiiten über verschiedene Probleme dauern an. (...) Gleichermaßen von Bedeutung sind die oft übersehenen Unterschiede unter sunnitischen Muslimen. Pakistanische Sunniten unterscheiden Sekten nach ihrer Schule: Deobandi, Brelevi, Wahabiten, Ahl al-Hadith usw. Das Wiederaufleben des Islam in Pakistan und die Betonung seines islamischen Charakters hat zu einer Vermehrung religiöser Literatur geführt, die oftmals die Unterschiede zwischen den verschiedenen Richtungen in Glaubensinhalten und Praxis besonders heraushebt.* «

Nach dem Einmarsch der Sowjetunion in Afghanistan 1979 unterstützten die USA im Geist des Kalten Krieges über den pakistanischen Geheimdienst vor allem extremistische Gruppen, Mujahedin, in deren Kampf gegen die Sowjetunion mit Geld und modernen Waffen. Sie förderten die Propagierung des Dschihad („heiliger Krieg") unter den afghanischen Flüchtlingen. Auch aus anderen muslimischen Ländern wurden Kämpfer rekrutiert, die extreme Richtungen des Islam vertraten. Diese Politik trug viel dazu bei, radikale Kräfte zu stärken, die nach dem Sturz der Taliban in Afghanistan 2001 auch verstärkt in Pakistan selbst und in anderen Konfliktherden aktiv wurden.
Auch in Sri Lanka wird Religion politisiert. Hier werden neben sprachlichen auch religiöse Unterschiede im Konflikt zwischen Singhalesen und Tamilen ausgespielt. Da die Singhalesen meist Buddhisten, die Tamilen aber Hindus (und Christen) sind, sehen sich selbst buddhistische Mönche berufen, nationalistische, anti-tamilische Positionen zu vertreten.

1 Erörtern Sie die Politisierung von Religion in Südasien.

D1-166
www.diercke.de

2.4 Gesellschaftliche Differenzierungen

Nicht nur ethnisch-religiöse Differenzierungen gliedern die Gesellschaften Südasiens. Gesellschaftliche Hierarchien werden in traditionellen Kastenstrukturen wie in modernen sozio-ökonomischen Schichten deutlich und politisch aktiviert.

Das Kasten-Konzept gilt als typisch indisches Phänomen - und vielen als bedeutendes Hemmnis für Modernisierung und Entwicklung des Landes. Dennoch ist der Begriff Kaste keineswegs indisch. Er stammt vom portugiesischen Wort „casta", was „(Abstammungs-)Geschlecht" oder „Rasse" bedeutet. Von europäischen Beobachtern wurden hier verschiedene Aspekte zusammengeworfen, die Inder in der Regel auseinander halten.

In indischen Sprachen gibt es keinen Terminus für Kaste. Vielmehr gibt es zwei, oder auch drei, unterschiedliche Klassifikationssysteme, die im Begriff Kaste zusammengefasst werden. Die in ganz Indien übliche Unterteilung in **Varnas** („Farben") unterscheidet Brahmanen, Kshatriya, Vaishya, Shudra. Dies sind Gruppen mit unterschiedlichem rituellen Status und eigenen rituellen Praktiken. Außerhalb dieser Varnas stehen die Asprishya, die als Unberührbare bezeichnet wurden. Diese vier Varnas haben eine rituelle Bedeutung und sind mit Konzepten von Reinheit und Unreinheit verbunden. Sie beziehen sich auf Hindus. Angehörige anderer Religionen stehen wie die Unberührbaren, heute Dalits genannt, außerhalb des Systems. Die Varnas werden als hierarchische Ordnung angesehen, in die man hineingeboren wird, wobei Brahmanen an der Spitze stehen. Ehen werden in der Regel zwischen Angehörigen desselben Varna geschlossen (Endogamie). Frauen können allerdings auch in ein höheres Varna einheiraten (Hypergamie) Die Varnas werden oft mit bestimmten Tätigkeitsfeldern assoziiert, die dadurch auch in eine Hierarchie gebracht werden: „Priester", „Krieger", „Händler" und „Bauern/Arbeiter", obwohl dies mit der tatsächlichen Tätigkeit der Angehörigen nicht übereinstimmen musste.

Zudem wird die traditionelle Gesellschaft in **Jatis** gegliedert. Dies sind Berufsgruppen, die von manchen Wissenschaftlern mit europäischen Gilden verglichen werden. Sie umfassen auch Berufsgruppen von Angehörigen anderer Religionen. Auch die Jatis sind meist endogam, das heißt Ehen werden zwischen Männern und Frauen der gleichen Berufsgruppe geschlossen. Der Beruf wurde in der traditionellen Gesellschaft von Generation zu Generation innerhalb des Jati weitergegeben. Die Jatis haben oftmals eigene Bräuche und befolgen spezifische Riten.

Jatis und Varnas stehen zwar in einem Zusammenhang, indem meist ein Jati einem bestimmten Varna zugeordnet ist. Somit stehen auch die Jatis in einer Hierarchie zueinander. Allerdings erfolgt diese Zuordnung nicht immer in derselben Art und Weise. Zum einen sind die Jatis regional spezifisch – dieselbe Tätigkeit wird in verschiedenen Gebieten von Gruppen mit unterschiedlichem Jati-Namen ausgeübt. Zum anderen erfolgt auch die Zuordnung zum Varna nicht gleichmäßig. Das gleiche Tätigkeitsfeld kann in der einen Region diesem, in einer anderen jenem Varna zugeordnet sein. Während Varnas an den Hinduismus gebunden sind, gibt es Jatis auch unter Angehörigen anderer Religionen und in nicht-hinduistisch geprägten Regionen.

Schließlich sind gesellschaftlich noch Abstammungsgruppen, **Gotras**, von Bedeutung. Diese Abstammungsgruppen, die die Abstammung patrilinear, das heißt von einem gemeinsamen Vorfahren der väterlichen Seite, ableiten, sind exogam. Bei einer Heirat muss die Frau einer anderen Gotra entstammen. Deshalb ist es wichtig zu wissen, aus welcher Gotra der ins Auge gefasste Ehepartner stammt.

Ritus	Tätigkeit/ Beruf
Varna	**Jati**
Brahmana	Priester, Gelehrte
Ksatriya	„Krieger", Grundeigentümer
Vaisya	Händler, Handwerker
Sudra	Arbeiter, Bauern, Dienstpersonal
Asprishya „Unberührbare"	Straßenkehrer, Leichenwäscher, Tagelöhner

M1: „Kasten" – Unterscheidungen und Hierarchien

Industriellenfamilie mit Reputation (Garg Gotra) sucht Verbindung für ihre kluge, schlanke, elegante, intelligente Tochter, an prestigeträchtigen Instituten ausgebildet, in Rechtswissenschaften graduiert, Post-Graduation in Public Relations. 26 / 165. Gesucht: ein schlanker, kluger, unternehmungstüchtiger jungen Mann mit guter Ausbildung aus geachteter Top-Unternehmerfamilie. Kaste kein Hindernis.

Gaur Brahmin / 28 / US-Bürger / 175 cm / hellhäutig / Business-Management, Harvard Business School, sucht schönes Brahmin-Mädchen Medizin / Zahnmedizin / Rechtswissenschaft.

Heiratsanzeigen aus der Hindistan Times

»

Trauriger Weise wurde die Hindu-Misere des Kastensystems sogar in den Islam transferiert und Kastenhierarchien lassen sich heute [auch] *in Pakistan finden. Sicherlich sind die Bezeichnungen, die in den beiden* [dem pakistanischen und dem indischen] *Punjabs für Dalits, die zum Sikhismus und Islam übergetreten waren – mazhabi, jemand, der eine Religion hat, (...) bzw. musalli, jemand, der Gebete darbietet (...) – im technischen Sinne positiv, werden aber im allgemeinen verletzend verwendet. Das beinhaltet, dass eine Änderung des Namens nicht notwendiger Weise mit einem Wandel der Einstellung einhergeht. (...) Autoren in Pakistan geben zu, dass Kastenvorurteile äußerst lebendig sind, am Leben erhalten von Regeln, die* [unter anderem] *das Heiraten zwischen Gruppen verhindern. Das Wort chura (Straßenfeger) beispielsweise gehört zu den meist verwendeten Beleidigungen.*

«

M2: Quellentext zu Kastenstrukturen in Pakistan
Dutt, N.: Waiting for Spring. Himal 23/2010

Nirupama Dutt ist eine indische Schriftstellerin.

Nicht nur eine rituelle Hierarchie und traditionelle Berufsgruppen strukturieren die Gesellschaften Südasiens. Auch andere Aspekte bilden die Grundlage für soziale Ungleichheit, beispielsweise Einkommenshöhe oder der Besitz von Ressourcen wie Land, Finanzkapital aber auch Bildung. Auf der Verfügung über Produktionsmittel (Kapital, Boden, Arbeitskraft) beruhen **Klassenmodelle** von Gesellschaft. An Einkommenshöhe und Tätigkeitsfeldern, darunter in zahlreichen neuen Berufen, die in den Jatis keine Entsprechung finden, sind **Schichtmodelle** orientiert. Diese haben einen Bezug zu unterschiedlichen Lebensweisen, die darüber hinaus aber auch durch verschiedene Wertvorstellungen geprägt werden. Anders als Varnas und Jatis sind Klassen und Schichten analytische sozialwissenschaftliche Kategorien und entstammen nicht dem Selbstverständnis der Gesellschaften Südasiens.

Klasse / Schicht
Während im Deutschen Klassen und Schichten begrifflich unterschieden werden (und damit eher marxistische von eher bürgerlichen Ansätzen), findet diese Differenzierung im Englischen keine Entsprechung, und südasiatische Soziologen sprechen in jedem Fall von „class".

»

Insbesondere die „Klasse" übt eine ganz spezifische Rolle bei der Ausbildung sozialer Ungleichheit aus und kann den Einfluss anderer Quellen von Unterschieden (so die Ungleichheit der Geschlechter) verschärfen. (...) Dass bedeutende nicht klassenbestimmte Quellen von Ungleichheit existieren, ist eine wichtige Erkenntnis. Wir haben aber auch anzuerkennen, dass es kaum einen Aspekt in unserem Leben gibt, der von unserem Platz in der Klassenhierarchie nicht berührt wird. Klasse wirkt nicht allein bei der Herausbildung und Verstärkung von Ungleichheit, und doch ist keine andere Ungleichheit völlig unabhängig von „Klasse".

«

M3: Quellentext: Klassen in Indien
Sen, A.: The Argumentative Indian. 2005

Mit der Kastenzuordnung sind traditionell die Verfügung über Produktionsmittel wie Boden (und Wasser) verbunden. Höhere Kasten treten als Großgrundeigentümer in Erscheinung, Bauernkasten als kleine und mittlere Eigentümer. Aber auch hier gilt, dass nicht überall dieselbe Kaste die entsprechende Position einnimmt, sondern diese regional variiert. Die am unteren Ende der Kastenhierarchie Stehenden waren dagegen landlos und mussten sich etwa als Landarbeiter verdingen. Dies gilt oft auch heute noch. Auf diese Weise ist die Kastenhierarchie auch mit Klassenaspekten verbunden.

1 Analysieren Sie die Heiratsanzeigen in Hinblick auf Gesellschaftsstrukturen in Indien.

2.4.1 Kastenstrukturen im Wandel?

Die Kastenhierarchie hat noch immer Auswirkungen auf das Leben der Menschen, obgleich der Staat bestrebt ist, den Folgen von Diskriminierung entgegenzuwirken. Dennoch ist sie nicht stabil und bestimmt bei weitem nicht mehr allein die Position des Einzelnen in der Gesellschaft.

Mit der religiösen Überhöhung der gesellschaftlichen Unterschiede und der Zuschreibung der Attribute „rein" und „unrein" zu Verhaltensweisen, Tätigkeiten und Personen erhält das System der Kasten ein repressives Element gegenüber denjenigen, die am unteren Ende der Hierarchie stehen. Dies sind vor allem diejenigen, die früher als „Unberührbare" bezeichnet wurden, weil eine körperliche Berührung, ja selbst ein Schattenfall, den Angehörigen einer höheren Kaste im rituellen Sinn verunreinige. Mahatma Gandhi nannte diese „Unberührbaren", Harijan („Kinder Gottes"). Heute werden sie meist als Dalits bezeichnet.

M 1: Quellentext zu Auswirkungen der Kastenhierarchie
Mosse, D.: The Rule of Water (2005)

David Mosse ist britischer Sozialanthropologe am Centre of South Asian Studies an der Universität London.

»

Trinkwasserquellen sind auch Räume, um dem Kasten-Status Ausdruck zu verleihen. Bis in die 1920er-Jahre war es Dalit-Kasten untersagt, ihre Tontöpfe (kutam) in den Trinkwasserteich zu tauchen. Stattdessen mussten sie Wasser mit Körben aus Palmblättern in die Töpfe schöpfen. 1923 unterstützte ein Priester römisch-katholische Pallars [eine niedrigstehende Jati] *in einer Auseinandersetzung über ihr gleiches Recht, Wasser zu schöpfen, die vor Gericht kam. Charakteristischer Weise lehnte der britische Unter-Magistrat es ab, eine Änderung der etablierten Bräuche des Kasten-Respekts zu sanktionieren.*

«

Gegenüber solcher Diskriminierung erhoben im Laufe der Geschichte immer wieder Reformer ihre Stimme, die eine religiöse Legitimation solcher Praktiken nicht akzeptierten. Gautama Buddha ist einer der ersten und bekanntesten. Heute ist laut indischer Verfassung eine Benachteiligung der „Unberührbaren" verboten. Trotz – oder wegen – der negativen Bewertung des Kastensystems in der offiziellen indischen Politik werden diese wie schon zur Kolonialzeit weiterhin statistisch erfasst (vgl. 2.3). Neben den Scheduled Castes (SC), den Dalits, und den Scheduled Tribes (ST), den Adivasis, machen indische Wissenschaftler und Politiker jedoch noch weitere Kasten / Jatis am unteren Ende der Sozialhierarchie aus, die als Other Backward Classes (OBC) zusammengefasst werden. Der Begriff „Kaste" wird hier bewusst vermieden. Diesen stehen die Forward Classes gegenüber, der obere Teil der Kastenkriterien zugrunde legenden Sozialhierarchie. Während aber für die SC und ST Zensusdaten erhoben werden (2001: 16,2 bzw. 8,2 % der Bevölkerung Indiens), liegen diese für die OBC nicht vor. Die Schätzungen variieren zwischen 52 und 30 Prozent. Eine Erhebung kam 2004 zu etwas abweichenden Daten (M 2).

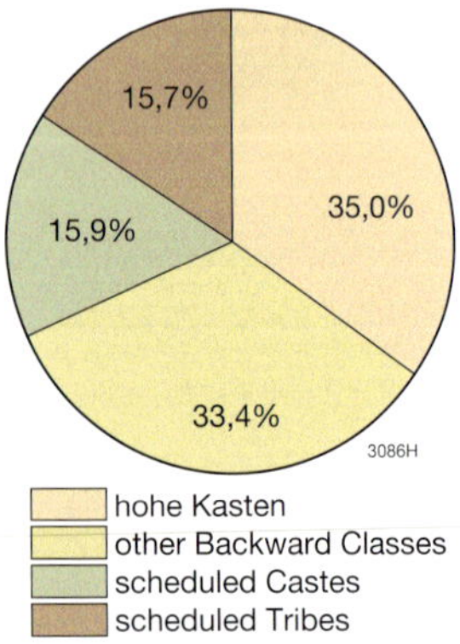

M 2: Kastenstruktur laut indischer Studie 2004

Diese Zahlen tragen zu einer Kontroverse bei, da sich an ihnen ein Quotensystem orientiert, mit der ein bestimmter Anteil an Studienplätzen und Arbeitsplätzen im Öffentlichen Dienst reserviert wird. Diese Quotenregelung wurde eingeführt, um die Benachteiligung der unteren Kasten zu beheben. Dies stößt aber bei höhergestellten auf heftigen Widerstand, die zum Beispiel, möglicherweise trotz besserer Leistungen, ihre Chance auf einen Studienplatz schwinden sehen. Dennoch, trotz aller Quoten, wurde bislang eine gleichgewichtige Teilhabe des unteren Teils der Hierarchie am gesellschaftlichen Leben nicht erreicht.

Untersuchungen im ländlichen Raum haben gezeigt, dass die Kastenzugehörigkeit und die damit einhergehenden Diskriminierungen der unteren Kasten und Kastenlosen nicht verschwunden sind. Beispielsweise spiegeln die Siedlungsstrukturen in den Dörfern noch immer Kastenzuordnungen, und auch der Grundbesitz ist, allen Reformmaßnahmen zum Trotz, weiterhin in den Händen der traditionell Land besitzenden Kasten konzentriert (vgl 3.1.2).

Trotzdem gibt es Änderungen. Besonders in den Städten haben Industrieproduktion und neue beziehungsweise überflüssig gewordene Tätigkeitsfelder die traditionelle jatibasierte Arbeitsteilung aufgebrochen. Vielfach streben die unteren Kasten jedoch gar nicht die Überwindung des Systems an, sondern möchten in ihm aufsteigen (**Sanskritisierung**).

Sanskritisierung
Prozess, der darauf hinausläuft, dass einzelne Kasten ihren Status dadurch zu verbessern trachten, dass sie sich an Riten und Praktiken höherer Kasten orientieren, „unreine" Lebensweisen aufgeben (z. B. Vegetarier werden) und „unreine" Berufe wie die Lederverarbeitung aufgeben. Auch den Jati-Namen legen sie dabei oft ab.

»

Das Kastensystem ist nicht länger einfach mit der Beschäftigung verbunden, obwohl diese Verbindung nicht gänzlich verschwunden ist. Das System (...) hat sich als höchst flexibel erwiesen, was ihm half sich anzupassen, Kompromisse zu schließen, zu überleben und zu blühen. Zur Illustration: (...) Die Jats, die heute in Indien den Status einer Other Backward Class einfordern, wurden bis ins achte Jahrhundert als Unberührbare angesehen (...). Im 11. Jahrhundert hatten sie Shudra-Status erlangt; nach der Jat-Rebellion im 17. Jahrhundert strebte ein Segment von ihnen als Grundbesitzer Rajput-(Kashtriya-)Status an. (...)
In solch einem Zusammenhang kann die einfache Forderung das Kastensystem abzuschaffen und das Bemühen jeden als gleich zu betrachten als brahminische List verstanden werden sicherzustellen, dass die ererbten materiellen und intellektuellen Privilegien der Elite aufrecht erhalten bleiben. Solch eine künstliche Zerstörung von Kaste würde bedeuten, dass die marginalisierten Kasten auf ihre Gruppenidentität verzichten und sich selbst in ein liberaldemokratisches Universum [versetzen], *in dem nur noch Individuen zählen. In einer solchen Welt werden sich die brahminischen Kasten als Individuen mit Verdiensten darstellen und die Dalits und andere marginalisierten Gruppen draußen halten.*

«

M3: Quellentext: Wandlungen des Kastensystems
Anand, S.: Equalisation to annihilation – and beyond (2010)

S. Anand ist indischer Journalist.

Jat
Volksgruppe, ursprünglich Viehhalter am unteren Indus, heute mit diversen Tätigkeiten in Pakistan und Indien verbreitet.

Ursprüngliche Name des Jatis	Traditionelle Beschäftigung	Neue Berufstätigkeit	Heutiger Name des Jatis
Gop	Viehhaltung	Landwirtschaft/Handel	Sadgop
Teli	Speiseölherstellung	Handel und Anbau	Tili
Sunri	Alkoholherstellung	Handel und Anbau	Saha
Chasi	Kleinstbauern	Bauern	Mahisya
Jugi	Weber	Bauern	Jogi
Dhoba	Wäscher	Bauern	Chasadhoba
Pod	Fischer, Bootsleute	Bauern	Padmaraj
Candal	Jäger	Bauern	Namasudra
Subarnabanik	Goldschmiede	Händler/Geldverleiher	Subarnabanik
Karmakar	Schmiede	Dienstleistungen	Karmakar

M4: Soziale und berufliche Veränderungen der Shudra in Bengalen zwischen 1881 und heute

1 **Kennzeichnen sie Kastenstruktur Indiens und ihre Implikationen (M 1, M 2).**
2 **Erläutern Sie die soziale Mobilität im Rahmen der Kastenstrukturen (M3, M4).**

2.4.2 Klassen und Schichten

Außer Kastenstrukturen spielen in den heutigen Gesellschaften Südasiens auch an Bildung und Einkommen orientierte Differenzierungen eine Rolle und überlagern sich zum Teil mit traditionellen Mustern.

Klassen und Statusgruppen sind wirtschaftliche und soziale Untergliederungen der Gesellschaft neben der Kastenstruktur. Die Kategorien und Abgrenzungen sind dabei nicht gegeben, sondern abhängig von den Kriterien, die Soziologen jeweils zugrunde legen. So unterscheidet eine indische Studie an Berufsgruppen und Einkommen orientierte Gruppen: höhere freie Berufe und Manager, Großindustrielle, Großbauern, untere freie Berufe und Manager, höhere Angestellte, kleine Geschäftsleute, Facharbeiter, Kleinbauern, kleine Angestellte, an- und ungelernte Arbeiter, einfache landwirtschaftliche Arbeiter. Einige davon sind auf dem Land, andere in der Stadt konzentriert, einige finden sich aber sowohl in der Stadt wie auf dem Land, wenn auch in unterschiedlichen Anteilen. Auch der Umfang der Bildung kann eine Rolle spielen. Manche Gruppen definieren sich selbst als Bhadralok („wohlerzogen", „zivilisiert") und grenzen sich von der Schicht der Chhotolok („unzivilisiert") ab.

An marxistischen Kategorien orientiert unterscheidet der pakistanisch-britische Sozialwissenschaftler Hamza Alavi für Pakistan: Großgrundeigentümer, einheimische Bourgeoisie (Kaufleute und Industrielle), religiöse Funktionäre, Bürokratie, Militär, Arbeiter und Bauern. Einzelne Gruppen in der Bevölkerung sind kategorienübergreifend, zum Beispiel gleichzeitig Großgrundeigentümer, Händler oder Militärs.

M 1: Quellentext zum Herausbilden einer Schicht von Gehaltsbeziehern
Alavi, H.: Authoritanism and legitimation of state power in Pakistan. 1990

»

Man kann sagen, dass es eine Klasse gibt, die in kolonialen Gesellschaften, in denen die Produktionsbasis in erster Linie auf der Landwirtschaft beruht, von besonderer Bedeutung ist. Sie wird von denjenigen gebildet, deren formale Bildungsabschlüsse sie in die Lage versetzen, im kolonialen Staatsapparat entlohnte Tätigkeiten auszuüben und die die dortige städtische Gesellschaft dominieren. In Indien wurde eine neue Bildungspolitik geformt, um Funktionäre für den Kolonialstaat und das koloniale Rechtssystem auszubilden. Diese neue Klasse haben wir „Salariat" genannt, die in zwei Schichten untergliedert ist, die Bürokratie an der Spitze, die Macht ausübt, und die gewöhnlichen Bürokräfte unter ihnen. (...) Es mag zu schmeichelhaft sein, sie die „Intellektuellen" zu nennen, obwohl auch Mitglieder der Intellektuellen, nämlich Akademiker, Schriftsteller, Journalisten usw. mit dieser Klasse verbunden sind. Der Terminus „Mittelklasse" ist zu weit und „Kleinbürgertum" unpassend, da dieses in marxistischer Terminologie eine besondere Bedeutung besitzt und kleine Händler und Gewerbetreibende bezeichnet.
In Pakistan steht diese Klasse im Zentrum ethnischer und regionaler Politik. Das Salariat unterprivilegierter Regionen Pakistans (geführt von Studenten, angehenden Mitgliedern des Salariats) artikuliert deren Beschwerden und Forderungen gegenüber den Punjabis, die die Beamtenschaft und das Militär dominieren. Die von Punjabis dominierte Beamtenschaft und das Militär stehen solchen ethnischen Bewegungen meist feindlich gegenüber, wohingegen die regionale politische Führung, außer der des Punjabs, positiv auf solche Forderungen reagiert.

«

Salariat
abgeleitet von engl. salery = „Gehalt"

Diese auf die Kolonialzeit zurückgehende Klasse von Gehaltsempfängern ist dabei, sich zu verändern. Indische Soziologen sprechen von einer „New Middle Class", die unter dem Vorzeichen von Liberalisierung und Globalisierung nicht mehr in der staatlichen Bürokratie, sondern in der Privatwirtschaft ihr Auskommen finden. Das Bild des gut bezahlten IT-Spezialisten darf dabei nicht verallgemeinert werden. Am unteren Ende versuchen beispielsweise – um im selben Wirtschaftsbereich zu bleiben – junge Frauen in schlecht bezahlten Callcenterjobs ihr Auskommen zu finden. Diese neue Mittelschicht verändert ihre Verhaltensweisen. Arbeit, Erziehung, Gesundheitsvorsorge sind nicht mehr kollektiv eingebunden, sondern liegen in individueller Verantwortung.

Middle Class = Mittelschicht, Mittelklasse; im englischen Sprachgebrauch wird zwischen Klasse und Schicht nicht unterschieden

Gerade auch die neue Mittelschicht ist ein Beispiel sozialer Mobilität, dem Aufstieg oder Abstieg in der Sozialhierarchie. Der Einzelne kann im Zuge seiner Karriere von einer sozialen Schicht in eine andere auf- oder absteigen (Intragenerationenmobilität). Der Sohn kann seine soziale Position im Vergleich zu der seines Vaters verändern (Intergenerationenmobilität) oder aber ganze Schichten können ihren Platz innerhalb der Sozialhierarchie verlagern. Zudem verändert sich deren relativer und absoluter Umfang im Zuge der gesellschaftlichen Entwicklung. So zeigen Untersuchungen einen Rückgang des Anteils von Bauern und Landarbeitern sowie eine Zunahme bei freien Berufen, Geschäftsleuten und Handarbeitern. Die Berufe mit niedrigem Status nehmen zugunsten solcher mit höherem Status ab. Dennoch ist in Indien die Mobilität zwischen den Klassen / Schichten vergleichsweise gering. Die soziale Position des Einzelnen ist weiterhin in starkem Maße von seiner Herkunft geprägt.

M2: Beim Einkauf in einer Shopping-Mall in Gurgaon

M3: Quellentexte zur Bedeutung von Klassen und Kasten in Indien
Vaid, D.: Cast and Class in India – An analysis (2007)

Divya Vaid ist indischstämmige Sozialwissenschaftlerin.

»

Zusammengenommen weist „Kaste" oder Religionsgemeinschaft einen relativ großen Zusammenhang mit „Klasse" auf. Wenn jedoch Kaste und Klasse gemeinsam untersucht werden, ist der Einfluss der Kastenzugehörigkeit (...) viel schwächer als der der klassenmäßigen Herkunft, obwohl er nicht verschwindet und wir einen durchgängigen Einfluss von Kaste sehen. Vielleicht ist der wichtigste Schluss, dass die klassenmäßige Herkunft, mehr als die kastenmäßige, seit langem der Hauptfaktor war, der die Klassenzugehörigkeit beeinflusst. (...) In Indien hat die Modernisierung nicht den erwarteten Effekt gehabt, insoweit der Einfluss der Kaste weder verschwunden ist noch merklich zurückging. Jedoch beobachten wir, dass die Bedeutung der klassenmäßigen Herkunft (...) zu wenig betont worden ist. In Indien ist die Familie, besonders für Mitglieder des öffentlichen Dienstes oder der oberen handarbeitenden Klassen, eine bedeutende Ressourcenquelle um sicherzustellen, dass ihre Mitglieder beim Zugang zu knappen Ressourcen wie Jobs „ihren Schnitt machen". Bezeichnenderweise aber gehen die Ressourcen, die die Familie einsetzt, über die Kaste hinaus und schließt besonders Klassenaspekte wie Reichtum ein. So können privilegierte Familien auf Feldern, auf denen Kaste nicht eingesetzt werden kann, um Zugang zu diesen Ressourcen zu erhalten, stattdessen auf ihre Klasse zurückgreifen. (...) Selbst in einer traditionell scheinenden Gesellschaft ist die klassenmäßige Herkunft wichtiger als die Kaste. Indien passt daher nicht in das Stereotyp einer Kastengesellschaft. Oder besser, es mag sein, dass wir die Rolle von Kaste in einer traditionellen Gesellschaft übertrieben haben.

«

1 Kasten und Klassen – erläutern Sie mögliche Zusammenhänge.

2.4.3 Familienstrukturen

Vor dem Hintergrund der Kasten- und Klassenstrukturen ist in ganz Südasien die Familie sehr bedeutend und Familienbindungen sind sehr stark.

M1: Quellentext zur indischen Großfamilie
Kakar, S. und K.: Die Inder. Porträt einer Gesellschaft (2006)

Katharina Kakar ist Religionswissenschaftlerin und Sudhir Kakar ist Psychoanalytiker in New Delhi.

»

Die indische Großfamilie ist zahlreich und laut, mit Eltern und Kindern, Onkeln, Tanten, Vettern und Kusinen an der Seite von wohlwollenden Großeltern, die alle unter einem einzigen Dach zusammenleben. Es gibt Intrigen und geheime Liaisons, heftige Liebe und eifersüchtige Tobsuchtsanfälle. Es gibt viel Zank untereinander, aber genauso eine starke Loyalität – man tritt der Außenwelt stets als vereinte Front entgegen. (...) Trotz der demographischen Veränderungen und des steigenden Bedürfnisses vieler aufsteigender Haushalte der Mittelschicht, in Kernfamilien zu leben, um Alltagsspannungen zu vermeiden, bleibt die indische Großfamilie die am meisten gewünschte Form des Zusammenlebens. (...)
In einer kürzlich veröffentlichten Studie über junge Menschen im Alter von 18–35 Jahren aus 14 Großstädten Indiens bevorzugten 68 Pozent der Befragten, in Großfamilien zu leben, wobei etwas mehr Männer als Frauen diesen Wunsch äußerten. (...) Die Familie ist die einzige Lebensversicherung, die die meisten Inder besitzen, sieht man einmal von der ökonomisch aufsteigenden Mittelschicht und der prozentual kleinen sehr reichen Oberschicht ab.

«

In einigen Gebieten Südasiens gibt es Volksgruppen, in denen Matrilinearität besteht, das heißt die Abstammung durch die mütterliche Seite bestimmt ist. Dies ist in Teilen Bhutans der Fall, aber auch bei einzelnen Gruppen in Nordostindien und in Südindien.

In Indien heiraten jedes Jahr schätzungsweise 20 Mio. Menschen. Die Hochzeitsindustrie setzt umgerechnet pro Jahr 29,5 Mrd. Euro um. Nach Schätzungen gibt ein Inder in seinem Leben im Durchschnitt 20 Prozent seiner Ersparnisse für Hochzeiten aus.

In der Regel bestimmt die väterliche Linie die Abstammung (Patrilinearität), und in den meisten Fällen ziehen Frauen nach der Hochzeit zur Familie ihres Ehemannes, sofern sie nicht als Kleinfamilie einen eigenen Hausstand gründen. Innerhalb der Großfamilie gibt es von alters her eine Arbeitsteilung zwischen Mann und Frau und zwischen den verschiedenen Familienmitgliedern unterschiedlichen Alters. Sie wirtschaften gemeinsam und teilen ihr Einkommen. Idealtypisch sind die Männer für Geldangelegenheiten sowie für alle körperlich schwere Arbeit verantwortlich, die Frauen für Haushalt, Kinderbetreuung und das Wohlergehen der Familie. Aber in der Landwirtschaft teilen Frauen die Arbeit der Männer und in wirtschaftlich schwächeren Familien verdienen Frauen als Fabrikarbeiterinnen oder Haushaltshilfen Geld hinzu.

Seit dem späten 19. Jahrhundert konnten Frauen Bildung erwerben und nahmen qualifizierte Berufe an. In Südasien wird jedoch von den Frauen erwartet, dass sie sich auch weiterhin für den Haushalt verantwortlich fühlen und es schaffen, beruflichen und familiären Verpflichtungen in Übereinstimmung zu bringen, das heißt im Zweifelsfall auf den Beruf zu verzichten. Auch geht die Bedeutung der Großfamilie vor allem im städtischen Bereich zurück. In einer Kleinfamilie fehlt aber beispielsweise die tägliche Unterstützung der Großeltern bei der Kinderbetreuung.

Die Emanzipation der Frauen, ökonomische Freiheit, eine offenere Gesellschaft mit weniger Tabus und Stigmatisierungen ermöglichen der Frau heute auch ein Leben unabhängig von einem Ehemann. Die Zahl der Scheidungen nimmt in Städten aller Größen zu, ein Zeichen, dass der gesellschaftliche Strukturwandel sich nicht auf wenige Zentren beschränkt. Geschiedene Frauen heiraten nicht selten erneut, was früher kaum denkbar war.

1 Bewerten Sie den Wunsch vieler Inder, in Großfamilien zu leben (M 1).

Die Rolle der Landwirtschaft in Südasien

3

In ganz Südasien ist die Landwirtschaft von großer Bedeutung. Sie bietet die Einkommensquelle für den überwiegenden Teil der Bevölkerung, sichert weitgehend die Ernährung des Subkontinents und ist mit dem Anbau von Marktfrüchten wichtiger Devisenbringer. Die Grüne Revolution hat zu Ertragssteigerungen und Modernisierung geführt. Für die vorherrschenden Kleinst- und Kleinbetriebe ist jedoch die Integration in den globalen Agrarmarkt mit besonderen Problemen verbunden.

Strukturen südasiatischer Landwirtschaft

Ein Großteil der Bevölkerung Südasiens lebt von der Landwirtschaft. Was und wie produziert wird, hängt dabei sowohl vom Markt, als auch von den naturräumlichen Vorrausetzungen ab.

M1: Weizenernte in Pakistan

Marktfruchtanbau
Anbau, dessen Ernteerträge für den Verkauf, nicht für den eigenen Bedarf (Subsistenz) bestimmt sind. Die Ertragslage ist daher nicht nur von der Erntemenge der Marktfrüchte, sondern auch von den erzielten Preisen abhängig.

In den meisten südasiatischen Staaten ist der überwiegende Teil der Arbeitskräfte in der Landwirtschaft beschäftigt. Zwar im- und exportieren die Länder landwirtschaftliche Produkte. Im Bereich der Grundnahrungsmittel streben sie aber meist Selbstversorgung an. Das Ziel, die eigene Bevölkerung versorgen zu können, ist in Indien erreicht. Bangladesch und Pakistan kommen ihm vor allem in guten Jahren sehr nahe.

Neben Getreide (v.a. Weizen und Reis) werden Hülsen- und Ölfrüchte (darunter die Kokospalme) angebaut, Gemüse hingegen in eher geringem Umfang. **Marktfrüchte** für den einheimischen Markt und den Export, deren Anbau meist auf die Kolonialzeit zurückgeht, sind vor allem Baumwolle, Tee, Jute, Zuckerrohr und Kautschuk. Die Anbaupalette wird weitgehend von der Nachfrage bestimmt. Die Eignung der Räume für den Anbau der einzelnen Nutzpflanzen wie für die Landwirtschaft insgesamt differenziert sich jedoch in Abhängigkeit von Klima und Böden. Angebaut werden Produkte der Tropenzone und der Subtropen; in den Bergländern im Norden erlaubt die Höhenstufung der Vegetation zudem den Anbau von Früchten, die auch aus den gemäßigten Breiten bekannt sind.

Kerngebiete der Landwirtschaft Südasiens sind die Stromtiefländer des Nordens, des Indus und des Ganges, sowie die Deltagebiete an der Ostküste. Auf Flächen, die regelmäßig überflutet werden, erhalten die frischen Sedimente die Fruchtbarkeit. Alte Alluvialböden verarmen jedoch im Laufe der Zeit. Im Nordwesten, in Pakistan und Nordwest-Indien, wird als Grundnahrungsmittel besonders Weizen angebaut. Sonst herrscht Reis vor, der im Nordosten (Gangesebene und -delta), Osten und im Küstensaum die Agrarlandschaft prägt. Der berühmte Basmati-Reis, der aufgrund seines Aromas ein wichtiges Exportprodukt ist, stammt aber aus der Himalaya-Region westlich Nepals und wird bevorzugt im indischen Punjab und in Pakistan angebaut.

Agrarsaison	Jahreszeit	Hauptfrüchte
Kharif	Monsunzeit	Reis / Zuckerrohr / Jute
Ravi	Winter	Weizen / Hirse / Ölsaat
Boro	Herbst	Reis und / oder Gemüse

M2: Der Fruchtkalender

	Anteil der Landwirtschaft am BIP (in %, 2010)	Beschäftigung in der Landwirtschaft (in %, 2011)	Landwirtschaftliche Nutzfläche (in % der Landfläche, 2009)	Ackerland (in % der Landfläche, 2009)	Bewässerungsland (in % der Anbaufläche, 2006–9)	Traktoren (pro 100 km² Ackerland, 2003–7)	Düngereinsatz (kg/h Ackerland, 2003–7)
Bangladesch	19	45	70	58	53	4	165
Bhutan	19	93	13	2	7	19	9
Indien	19	54	61	53	35	158	154
Malediven	3	15	27	13	–	-	5
Nepal	36	93	30	17	28	123	8
Pakistan	21	39	34	27	74	205	163
Sri Lanka	13	43	42	19	-	-	284
China	10	61	56	12	10	277	468
Deutschland	1	2	48	37	–	646	160

M3: Kenndaten der Landwirtschaft in Südasien

M4: Agrarzonen in Südasien

Im nordwestlichen Dekkan haben sich über großflächigen Lavadecken schwere, lehmige Schwarzerdeböden entwickelt, die besonders für den Baumwollanbau geeignet sind. Sonst finden sich in Zentral-Indien eher ärmere Böden. Hier und in den trockeneren Gebieten im Nordwesten und in Südindien, im Regenschatten der Westghats, überwiegt der Anbau von Hirse, die weniger anspruchsvoll ist als Weizen und Reis. Auf den besonders fruchtbaren Schwemmlandböden der Flussebenen und östlichen Küsten sind drei Reisernten im Jahr möglich.

Eine besondere Situation herrscht auf den Malediven. Hier ist Reis Hauptnahrungsmittel, kann aber nicht angebaut und muss daher importiert werden. Auf den Inseln werden aber Mais, Süßkartoffeln und Hirse produziert. Die Nutzung der Trockenräume Pakistans, Nordwest- und Südindiens wird seit Jahrtausenden durch Bewässerung über Kanäle, aus Brunnen und Speichertanks möglich gemacht. Eine Ausweitung der Bewässerungsgebiete erfolgte jedoch seit Mitte des 19. Jahrhunderts. Unter ariden Bedingungen kann Bewässerung aber zur Versalzung führen. Ein beträchtlicher Anteil der Böden in den Gebieten unter Kanalbewässerung ist hiervon betroffen.

Neben dem Ackerbau spielt auch die Viehhaltung eine Rolle in der südasiatischen Landwirtschaft. Die Bauern halten zur Milchversorgung und als Arbeitstiere Rinder und Büffel. Als Schlachttiere werde sie in weiten Teilen des Raums aus religiösen Gründen nicht genutzt. Im Gebirge und in den Trockenregionen finden sich neben bäuerlicher Viehhaltung spezialisierte mobile Formen (**Transhumanz, Nomadismus**) mit Ziegen und Schafen oder Kamelen.

Transhumanz
Mobile Form der Viehhaltung, bei der das Vieh Sesshaften gehört und mit Hirten auf verschiedene Sommer- und Winterweiden in unterschiedlichen Höhenlagen geschickt wird

Nomadismus
Mobile Form der Viehhaltung in Trockenräumen, bei der nichtsesshafte Viehhalter jahreszeitlich oder periodisch unterschiedliche Weiden aufsuchen

1 Nennen Sie die Hauptanbaugebiete der wichtigen Marktfrüchte (M 4, Atlas).
2 Vergleichen Sie die wirtschaftliche Bedeutung der Landwirtschaft in den Ländern Südasiens (M 3).

D1-164
www.diercke.de

3.1.1 Produktionsziele und Anbauformen

Die Produktionsziele landwirtschaftlicher Betriebe reichen vom Anbau von Nahrungsmitteln für den eigenen Bedarf bis zur hochmodernen Kultivierung von Marktfrüchten für den Weltmarkt.

Im Nordosten Indiens und im Chittagong-Bergland Bangladeschs war unter der Stammesbevölkerung Jhum-Feldbau verbreitet. Bei dieser Form des Brandrodungsfeldbaus werden Felder im Waldland gerodet, für einige Zeit bestellt und nach einigen Jahren aufgegeben, wenn sie ihre Fruchtbarkeit verlieren. Dann ergreift Sekundärwald von den Feldern Besitz. Nach einigen Jahren der Regeneration kann das Land wieder unter Kultur genommen werden. Das System setzt große Landreserven voraus. Heute ist der Brandrodungsfeldbau illegal.

Weite Teile des kleinbäuerlichen Anbaus erfolgen bis heute in Form eines Subsistenzanbaus von Nahrungsmitteln für den eigenen Bedarf. Verkauft werden Überschüsse, wenn solche nach Abzug von Abgaben (Steuern, Pacht) übrig bleiben. Die Felder gehören entweder den Bauern oder sind von Großgrundeigentümern gepachtet. Der Anbau von Früchten für den Verkauf statt für den eigenen Verbrauch geht auf die Kolonialzeit zurück. Die Briten stimulierten den Marktfruchtanbau, indem sie begannen, die Steuern in Geld einzutreiben, statt einen Ernteanteil zu akzeptieren. Die Bauern mussten also verkaufbare Produkte pflanzen. Zudem zwangen Großgrundeigentümer ihre Pächter oftmals, **Cash Crops** für den Export anzubauen. So wurden neben Weizen und Reis vor allem Indigo, **Opium**, Baumwolle und Jute exportiert. Diese Exportorientierung des kolonialen Anbaus verschärfte verschiedentlich Hungersnöte mit Millionen von Opfern.

Die Cash Crops Kautschuk, Tee und Kaffee werden bis heute zumeist auf Plantagen produziert. Dies sind Großbetriebe, die mehrjährige oder Dauerkulturen meist in Monokultur überwiegend für den Weltmarkt produzieren. Anbau und Aufbereitung der Produkte werden von Lohnarbeitern erledigt. Auch die Plantagenwirtschaft geht auf die Kolonialzeit zurück. Im frühen 19. Jahrhundert führten Briten in Assam und etwas später in Darjeeling den Teeanbau ein. In Sri Lanka wurden zunächst Kaffee-, später auch Teeplantagen eingerichtet, nachdem eine Pilzkrankheit Ende des 19. Jahrhunderts Kaffeeplantagen befallen und vernichtet hatte. Zu Beginn des 20. Jahrhunderts wurde auch der Kautschukanbau wichtig.

Während in Bhutan und Nepal Landwirtschaft weiterhin auf traditionelle Weise betrieben wird, hat in Indien, Sri Lanka, Pakistan und Bangladesch vor allem beim Marktfruchtanbau eine umfangreiche Modernisierung stattgefunden, mit der die Erntemenge und die Produktivität gesteigert werden konnte. Mechanisierung, die Aussaat neuer Hochertragssorten, der Einsatz von Pflanzenschutzmitteln und künstlicher Düngung sowie die Ausweitung der Bewässerung, die zusätzliche Ernten außerhalb der Monsunzeit möglich macht, spielen hierbei eine Rolle (vgl. 3.2).

Unter dem Einfluss der Globalisierung hielt auch in Südasien die Vertragslandwirtschaft Einzug. Multinationale, aber auch einheimische Unternehmen schließen hierbei mit den Bauern Verträge. Die Bauern müssen bestimmte Produkte anbauen, ernten und abliefern, die die Unternehmen als Rohstoffe benötigen, wobei Menge oder Anbaufläche sowie der Preis im Voraus festgesetzt werden. In einem typischen Vertrag stellt das Unternehmen alle materiellen Inputs (Saatgut, Düngemittel etc.) und technische Beratung, während der Bauer Land und Arbeitskraft einbringt. Neben einer Vertragslandwirtschaft, in der der bäuerliche Betrieb **vertikal integriert** ist, aber als eigenständiger Betrieb bestehen bleibt, gibt es Ansätze, dem internationalen Agribusiness Corporate Farming

Opium
Opium wurde nach China exportiert und machte einen beträchtlichen Teil der chinesischen Bevölkerung süchtig. Als der chinesische Kaiser den Import von Opium verbot, um das Volk zu schützen, begannen die Briten die sogenannten Opiumkriege (1839 – 1842 und 1856 – 1860), mit denen sie China zwangen, die Opiumeinfuhr wieder zuzulassen. Heute bauen indische Bauern mit staatlicher Lizenz und unter Kontrolle Opium für die pharmazeutische Industrie an.

Cash Crops
(„Geld-Früchte") im Englischen Früchte, die nicht für den eigenen Bedarf, sondern für den Verkauf angebaut werden (Marktfrüchte). Im Deutschen hingegen unterscheiden einige Fachautoren zwischen Marktfrüchten für den inländischen Markt und Cash Crops für den Export als Teil der kolonialen Wirtschaft. Allerdings gibt es in Südasien heute kaum Produkte, die rein für den Export angebaut werden. Die meisten für den Verkauf produzierten Früchte werden sowohl auf dem in- ländischen Markt abgesetzt und weiterverarbeitet als auch exportiert.

M1: Ernte in Darjeeling

Charakteristika	Anbautyp			
	Jhum-Landwirtschaft	**Flächenintensiver Subsistenzanbau**	**Flächenextensiver kommerzieller Anbau**	**Plantagen**
Art und Verbreitung	Brandrodungsfeldbau, v.a. der Stammesbevölkerung im Hügelland, Gefahr der Bodenerosion	Traditioneller Pflugbau, weitest verbreiteter Anbautyp in Südasien	Moderner Pflugbau, beschränkt auf einzelne Gebiete Südasiens	Monokulturen unter optimalen natürlichen Bedingungen, koloniale Genese der Güter
Anbaufläche	temporäre Parzellen	kleine Felder	größere Flächen	Großflächige Güter
Erträge	geringe Erträge	geringe Pro-Kopf-Erträge, ggf. hohe Erträge pro Fläche	hoher Pro-Kopf-Ertrag	hoher Pro-Kopf-Ertrag
Input	physische Arbeit	geringer Kapitaleinsatz für künstliche Düngung, Pestizide, Mechanisierung	hoher Kapitaleinsatz (Düngung, Pestizide, Mechanisierung, Hochertragssorten)	hoher Kapitaleinsatz, sehr arbeitsintensiv
Bewässerung	keine	traditionelle Methoden	moderne Methoden (Pumpen etc.)	traditionelle u./o. moderne Methoden
Produktionsziel	Subsistenz	Anbau für eigenen Bedarf, u.U. Verkauf von Überschüssen	Marktanbau	kommerzieller Cash-Crop-Anbau, Pflanzungen für externe Märkte
Vermarktung	keine	lokaler u./o. regionaler Verkauf	organisierte Lagerung und Vermarktung	sehr organisierte Vermarktung international
Hauptfrucht	Reis	Reis, Weizen	Weizen, Baumwolle, Zuckerrohr	Tee, Kaffee & Gummi

M2: Formen der Landwirtschaft in Südasien

zu ermöglichen, bei dem der Bauer nur als Angestellter des Großunternehmens fungiert, das auch den Boden kauft oder least. Auch wenn nationale und bundesstaatliche Regierungen Vertragslandwirtschaft und Corporate Farming teilweise fördern, sind diese Vorgehensweisen auch Gegenstand heftiger Diskussion.

In jüngster Zeit beteiligen sich auch indische Investoren in großem Stil am Landerwerb (Land Grabbing) in Afrika, Südamerika und anderen Regionen, um unter anderem Zuckerrohr, Soja und Mais anzubauen. Andererseits hat Saudi-Arabien in Pakistan Land zum Weizen-, Obst- und Gemüseanbau erworben.

Vertikale Integration
Zusammenschluss von Unternehmen unterschiedlicher Produktionsstufen einer Produktkette

»

Vertragslandwirtschaft beinhaltet zahlreiche Probleme für die Landwirtschaft in Entwicklungsländern wie Indien. Sie tendiert dazu, Arbeit in beträchtlichem Umfang zu verdrängen, marginalisiert die direkten Landwirte, die die Kontrolle über den Produktionsprozess und oftmals auch über ihr Land verlieren, fördert kapitalintensivere und oft weniger nachhaltige Anbauweisen, kann für die Bauern in größerer Unsicherheit und niedrigeren Einkommen münden, da Qualitätsmaßstäbe benutzt werden, um den von den Vertragsgebern gezahlten effektiven Preis zu drücken, (...) propagiert Monokulturen, die die Nahrungssicherheit und die Möglichkeit einer Diversifizierung des Lebensunterhalts durch Viehhaltung verringern, greift in hohem Maße auf den Einsatz niedriger bezahlter weiblicher Arbeitskräfte und Kinder zurück und verstärkt und beschleunigt die Tendenz zur Gelegenheitsarbeit.

«

M3: Quellentext zum Vertragsanbau in der indischen Landwirtschaft
Ghosh, J.: Is Contract Farming Really the Solution for Indian Agriculture? Macro Scan 15.5.2007

Jayati Ghosh ist Ökonom an der Jawaharlal-Nehru-University in New Delhi.

1 Erörtern Sie Vor- und Nachteile der verschiedenen Anbautypen (M2)
2 Beurteilen Sie Chancen und Risiken der Vertragslandwirtschaft (M3).

3.1.2 Betriebsgrößen und Eigentumsstruktur

Die südasiatische Landwirtschaft steht vor Problemen, zu denen auch die Betriebsgrößen und Eigentumsstrukturen maßgeblich beitragen und die auch durch Landreformmaßnahmen nicht gelöst werden konnten.

Charakteristika von Klein- und Kleinstbetrieben:
- *hoher Flächenanteil genutzt für Nahrungsmittelproduktion für den eigenen Bedarf*
- *geringe Vermarktung*
- *breite Anbaupalette*
- *wenig Risikobereitschaft*
- *Geldknappheit*
- *kaum Zugang zu Bankkrediten*
- *verbreitete Unterernährung*
- *manuelle Arbeit*

In allen Ländern Südasiens dominieren Klein- und Kleinstbetriebe, auch wenn sie nicht den Großteil des Bodens bewirtschaften. Nur zum Teil sind die Bauern auch Eigentümer des Landes. Landlose bebauen ausschließlich Pachtland, andere pachten zum Eigenland Felder hinzu. Zur den Bauern, die eigenes und/oder Pachtland bestellen, kommt eine große Zahl landloser Arbeiter hinzu. Diese arbeiten teils als Tagelöhner, teils als Arbeitskräfte in größeren landwirtschaftlichen Betrieben. Im Jahre 2001 waren in Indien mehr als 107 Mio. Menschen als Landarbeiter tätig, ein großer Teil von ihnen Dalits (Kastenlose). Fast die Hälfte dieser sozialen Gruppe verdient ihren Lebensunterhalt auf diese Weise.

In der Vergangenheit gehörte der größte Teil des Landes Großgrundeigentümern, die es häufig nicht selbst bewirtschaften und oft gar nicht auf dem Lande wohnten (Absentismus), sondern es verpachteten und dafür einen Ernteanteil erhielten (Teilpacht). Oft standen Ketten von Zwischenpächtern zwischen Grundeigentümer und Bauern und beanspruchten Ernteanteile. Auch die Existenz von Großgrundeigentum ist ein Erbe der Kolonialzeit. Die Briten hatten Grundbesitzern, die ursprünglich für das Abführen von Steuern eines Gebiets verantwortlich waren und hiervon einen Anteil einbehalten konnten, als Eigentümer dieses Gebiets eingestuft und so zu Großgrundbesitzern gemacht. Die Steuern der normalen Bauern wurden zur Grundpacht, die Bauern zu Pächtern. Landreformen nach der Unabhängigkeit haben die rechtliche Stellung der Pächter verbessert.

Die Bodenbesitzreformen in Südasien haben sich auf die Bodenbesitz- und Eigentumsstrukturen jedoch in regional unterschiedlichem Maße ausgewirkt. Großgrundbesitzer, beispielsweise in Sindh oder Baluchistan, konnten in vielen Fällen eine Aufteilung umgehen, zum Beispiel dadurch, dass sie die einzelnen Familienmitglieder als Eigentümer eines Teils ihres Landes eintragen ließen und so unter dem Schwellenwert der Besitzgröße blieben, über dem das jeweilige Reformgesetz Aufteilungsmaßnahmen vorsah. So kam nur ein Teil der Pächter und Landlosen in den Genuss von Landzuteilungen. Aufgrund des sozialen Drucks und von Gewalt gaben etliche von ihnen nach einiger Zeit auf, und das Land gelangte wieder in die Hände der früheren Besitzer.

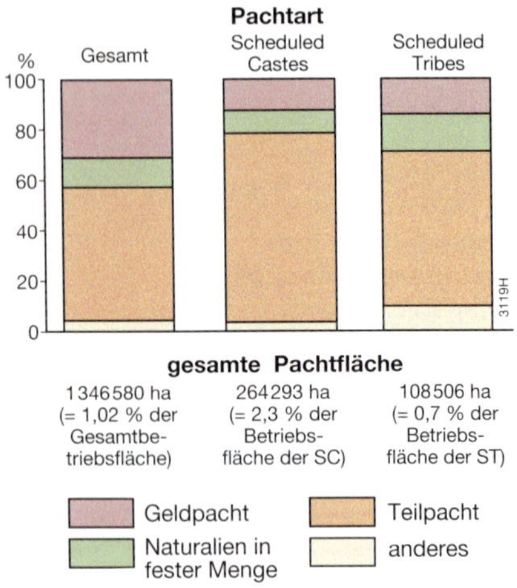

M1: Art der Pachtzahlung für Pachtland in Indien (2005/2006)

M2: Kleinbauerntum in Südasien (2010)

Staaten	Durchschnittliche Betriebsgröße (in ha)	Anteil der Betriebe unter 1 ha (in %)
Bangladesch	0,3	–
Indien	1,3	62,9
Pakistan	3,1	36,1
Nepal	0,8	74,2

M3: Betriebsgrößenstruktur landwirtschaftlicher Betriebe in Indien (1990/91 und 2005/06)

		<1 ha	1 – 2 ha	2 – 10 ha	>10 ha
Anteil der Betriebe (in %)	1990/91	59,4	18,8	20,2	1,6
	2005/06	63,9	18,6	16,5	1,0
Anteil der Fläche (in %)	1990/91	15,1	17,4	50,2	17,3
	2005/06	16,6	20,2	46,8	13,4

Inhalt der Gesetzgebung	Land und Jahr von Gesetzgebungen (z. B.)	
Rechtliche Regelung von Besitz- und (Teil-) Pachtverhältnissen	Pakistan:	1887 „Punjab Tenancy Act" 1950–1952 Gesetze in Punjab und Sindh, 1952–1959 in NWFP (Pakistan), 1958 und 1972 Teil umfassender Landreformgesetzgebung
	Indien:	in den 1950er-Jahren in zahlreichen Bundesstaaten
	Bangladesch:	1984 "Land Reform Ordinance"
	Nepal:	1957 „Lands Act"
	Sri Lanka:	1935 „Land Development Ordinance; 1958 „Paddy Lands Bill"
Ausschaltung von Zwischengliedern (Zwischenpächtern) zwischen Grundeigentümer und Landwirt	Indien:	In 1950er-Jahren in zahlreichen indischen Bundesstaaten
Umverteilung von Anteilen des Besitzes von Großeigentümern an Pächter, Kleineigentümer und Landlose (Bodenbesitzreform)	Pakistan:	1959, 1972 umfassende Landreformgesetze mit Begrenzung des zulässigen Eigentums und Umverteilungen
	Indien:	Begrenzung des Eigentums in diversen indischen Bundesstaaten, meist in den 1960er- und 1970er-Jahren, West Bengal 1981, 1986
	Sri Lanka:	1972 „Land Reform Law"
Zusammenlegung von Streubesitz (Bodenarrondierung, „Flurbereinigung")	Indien:	In 1950er- bis 1970er-Jahren in einzelnen indischen Bundesstaaten gesetzliche Möglichkeiten zu zwangsweiser Zusammenlegung eingeführt

M4: Regelungsbereiche von Agrarreformgesetzen in Südasien

»

Tausende Morgen von Land, das Dalits von Regierungsseite vor der Unabhängigkeit auf ihr Ersuchen hin zugeteilt worden war, wurde illegalerweise über die Jahre hin von Kasten angehörenden Grundeigentümern und anderen angeeignet. Forscher haben gezeigt, dass von den viel gepriesenen Landreformen, besonders von den Begrenzungen der Besitzgrößen, in erster Linie die Pächter und ein kleiner Teil marginaler Bauern profitiert haben. Landarbeiter, die meisten von ihnen Dalits, wurden im Stich gelassen. (...) Sogar, wenn es ihnen gelang, Land zu erhalten, haben sie mit der Feindseligkeit der Kasten-Hindus zu kämpfen, die fürchten, dass ihnen die Arbeitskräfte verloren gehen, wenn man Dalits Land gibt. Die dominante Gruppe der Kasten-Hindus setzt grausame und illegale Hürden, wenn Dalits versuchen, ihnen zugewiesenes Land in Besitz zu nehmen und mit dem Anbau beginnen. Frustriert geben dann viele Dalits das Land zurück und gehen wieder als Landarbeiter zu ihren alten Herren. (...)
Ein Dorf in Tamil Nadu kann als klassisches Beispiel dienen. (...) [Dalits, die dort ihr Land bestellen wollten,] *zogen den Zorn der lokalen Größen auf sich. Sie erlitten starke Verluste, da ihre Rivalen die Feldfrüchte zerstörten. Auch physische Gewalt wurde gegen sie angewandt. (...) Von den 186 Morgen, die Dalits zugewiesen worden waren, sind nun 120 Morgen im Besitz von Nicht-Dalits. Die Kasten angehörenden Grundbesitzer nutzen die Situation aus und eigneten sich große Teile des zugeteilten Land an, indem sie ihre finanzielle Kraft und ihren sozialen Status benutzten. Allerdings brachten im Verlauf der Jahre immer mehr Dalit-Familien den Mut auf und begannen die Felder zu bestellen, um die Grundbesitzer herauszufordern.*

«

M5: Quellentext zu der Benachteiligung der Dalits bei den Landreformen
Viswanathan, S.: A Land Struggle. Frontline 17/2008

S. Viswanathan ist indischer Journalist.

1 **Analysieren Sie die Betriebsgrößenstruktur landwirtschaftlicher Betriebe (M 2, M 3, Atlas).**
2 **Erläutern Sie die Pachtverhältnisse in Indien (M 1).**
3 **Vergleichen Sie die verschiedenen Ansätze der Agrarreformen (M 4).**

D1-166
www.diercke.de

3.2 Die Grüne Revolution

Die Grüne Revolution hat die Landwirtschaft und die ländliche Sozialstruktur Südasiens einschneidend transformiert. Die Bewertungen dieses Prozesses gehen jedoch weit auseinander.

Die Bezeichnung Grüne Revolution stammt vom ehemaligen Direktor der US-amerikanischen Entwicklungsbehörde USAID William Gaud, der 1968 die Ausbreitung der neuen Technologien mit den Worten kommentierte: „Diese und andere Entwicklungen in der Landwirtschaft machen eine neue Revolution. Das ist keine gewaltsame Rote Revolution wie die der Sowjets noch eine Weiße wie die des Schahs von Iran. Ich nenne sie die Grüne Revolution."

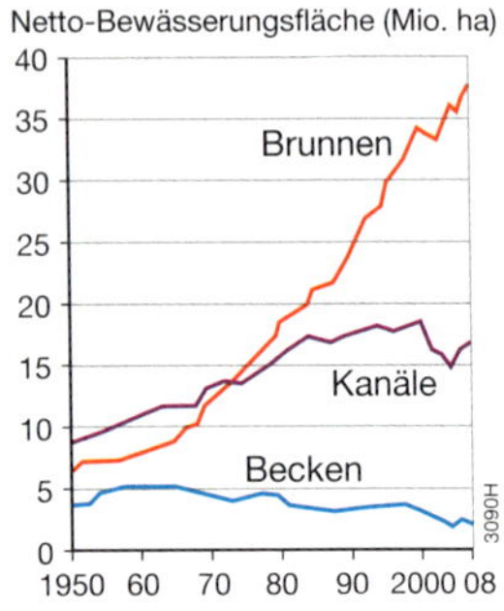

M1: Bewässerung in Indien 1951 – 2001

Bewässerungsfläche
1950/51: 20,85 Mio. ha,
2007/08: 62,3 Mio. ha

In den beiden ersten Jahrzehnten nach der Unabhängigkeit wuchs die Produktion von Nahrungsmitteln in Indien um zwei Prozent pro Jahr und damit im ähnlichen Umfang wie die Bevölkerung. Die Nahrungssicherheit verbesserte sich somit nicht. Indien importierte etwa zehn Prozent seiner Nahrungsmittel aus den USA zu Sonderkonditionen. Ein verspäteter oder ausbleibender Monsun konnte die Versorgung immer wieder gefährden. Wie schon vor der Unabhängigkeit kam es so 1965 / 66 zu Hungersnöten.

Um die Verwundbarkeit zu reduzieren, begann die indische Regierung in den 1960er-Jahren – anknüpfend an Erfahrungen mit Saatgutneuzüchtungen in Mexiko und auf den Philippinen –, Maßnahmen zur Entwicklung der Landwirtschaft zu ergreifen. Der Begriff Grüne Revolution wurde in Indien aber auch in einer Reihe weiterer (süd)asiatischer, afrikanischer und lateinamerikanischer Länder zum Schlagwort für die Transformation und Technisierung der Landwirtschaft, die das Ergebnis intensiver landwirtschaftlicher Forschung war. Die Mechanisierung, der Einsatz von Hochertragssorten, chemischem Dünger und Pflanzenschutzmitteln (Insektiziden, Herbiziden) führte zusammen mit der Ausweitung der Anbaufläche insbesondere durch Bewässerung, der Fruchtrotation und dem Ausbau landwirtschaftlicher Infrastruktur zu einer bemerkenswerten Steigerung landwirtschaftlicher Erträge. Diese machten es möglich, dass die Nahrungsmittelproduktion mit dem infolge des Bevölkerungswachstums stark steigenden Bedarf Schritt halten konnte und sich die Versorgungslage sogar verbesserte.

Der enormen Steigerung der Erträge steht jedoch der Umstand gegenüber, dass die neuen Produktionsmethoden auch finanzielle Kosten verursachen. Das neue Saatgut muss alljährlich gekauft werden und kann nicht mehr von der Vorjahresernte genommen werden. Die empfindlichen Hochertragssorten ergeben ihre hohen Erträge nur, wenn sie gut gedüngt und mit Pflanzenschutzmitteln behandelt werden. Maschinelle Feldbestellung sowie Bewässerung mit Motorpumpen verursachten Kosten bei Anschaffung und im Betrieb. An Kleinst- und Kleinbauern gingen die züchterischen und agrartechnischen Neuerungen daher meist vorüber. Vor allem die größeren Betriebe profitierten und steigerten ihre Erträge. Landeigentümer fanden es nun zunehmend profitabel, ihr Land mit modernen Methoden selbst zu bewirtschaften, statt es wie bisher an Pächter

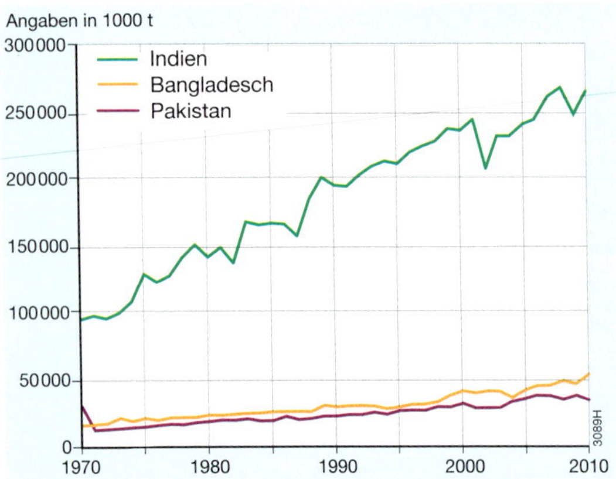

M2: Getreideproduktion in Südasien (in 1000 t)

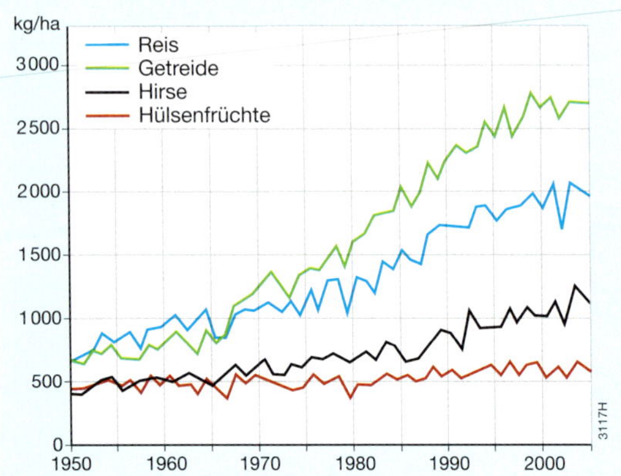

M3: Indien: Erträge ausgewählter Nahrungsmittel

aufzuteilen. In Folge dessen sank etwa in Pakistan der Anteil der von Pächtern bewirtschafteten Fläche zwischen 1960 und 2000 von 39 auf zwölf Prozent. Der direkte Einfluss von Bodenbesitzreformen war bei dieser Entwicklung nur marginal.

Die Grüne Revolution hat zudem Auswirkungen auf die Umwelt. So geht die Vielfalt der einheimischen Sorten von Reis und Weizen zugunsten weniger hybrider Sorten aus Züchtungen verloren, die zum Beispiel aus dem philippinischen Reisforschungszentrums in Manila oder indischen Instituten stammen. Der intensive Einsatz von Mineraldüngern und Pflanzenschutzmitteln belastet die Ökosysteme und die Ausweitung der Bewässerung insbesondere durch Pumpen senkt vielerorts den Grundwasserspiegel ab. Traditionelle Methoden des Auffangens, Sammelns und Speicherns von Niederschlagswasser (Water Harvesting) sind im Rückgang begriffen.

Viele Agrarexperten meinen daher, dass eine „zweite grüne Revolution" Umweltbelange genauso berücksichtigen muss wie Wasserknappheit und Klimawandel. Solch eine Landwirtschaft würde auf integrierten Pflanzenschutz, Nährstoffmanagement und wassersparende Bewässerungstechnologien setzen und würde alte und neue Anbaumethoden intelligent miteinander kombinieren. Inzwischen ist zudem auch in Indien der biologische Anbau auf dem Vormarsch. Bioprodukte werden für den Weltmarkt angebaut und finden zunehmend auch Abnehmer in auf die wachsende Mittelschicht ausgerichteten indischen Supermärkten.

„Die Grüne Revolution in Indien war kein zufälliges Zusammentreffen, sondern das Ergebnis geeigneter öffentlicher politischer Maßnahmen, die Schöpfung einer angemessenen Infrastruktur, anfeuernder Führung, motivierter Arbeiter und dem unverwüstlichen Geist und der harten Arbeit der indischen Bauern."

Dharampal Singh, *indischer Agro-Biotechnologe*

»

Die Grüne Revolution war ein Fehlschlag. Sie hat zu einer verminderten genetischen Diversität geführt, die Anfälligkeit für Seuchen vergrößert, Bodenerosion, Wasserknappheit, Rückgang der Bodenfruchtbarkeit, Unterversorgung an Mikronährstoffen, Bodenverseuchung im Gefolge gehabt, die Verfügbarkeit nahrhafter Feldfrüchte für die örtliche Bevölkerung reduziert und zur Verdrängung einer enormen Zahl von Kleinbauern von ihrem Land, zur ländlichen Verarmung sowie einer Zunahme von Spannungen und Konflikten geführt. Gewinner waren die agrochemische Industrie, große petrochemische Firmen, die Hersteller landwirtschaftlicher Maschinen, Dammbauer und Großgrundeigentümer.

«

M4: Quellentext: Die Grüne Revolution – ein Fehlschlag
Shiva, V.: The Green Revolution in Punjab. The Ecologist 3/1991

Vandana Shiva ist Direktorin der Research Foundation for Science, Technology and Natural Research Policy, Dehradun, Indien.

»

Zwischen 1970 und 1995 erhöhten die neuen Hochertragssorten zusammen mit künstlicher Düngung und Bewässerung die Getreideproduktion in Asien um mehr als das Doppelte. Hierbei stieg die Nutzfläche um nur sechs Prozent. Während die Bevölkerung Asiens um fast 60 Prozent wuchs, stieg die Verfügbarkeit von Getreide pro Kopf der Bevölkerung um fast ein Drittel. Dies senkte die Lebensmittelpreise für Jedermann, einschließlich der städtischen und ländlichen Armen. Dies war wichtig, da die Armen den größten Teil ihres Einkommens für Lebensmittel ausgeben. (...) Die Grüne Revolution verstärkte auch die Beschäftigung in der ländlichen außerlandwirtschaftlichen Wirtschaft beträchtlich, und die landwirtschaftlichen Löhne stiegen allgemein, wobei die Muster variierten.

«

M5: Quellentext: Die Grüne Revolution: ein Erfolg
Conway, G.: From the Green Revolution to the Biotechnology Revolution: Food for People in the 21st Century, Rede am 12.3.2003

Gordon Conway ist Präsident der Rockefeller Foundation, New York.

1 Beschreiben Sie die Erfolge der Grünen Revolution (M 1, M 2, M 3)
2 Beurteilen Sie die Bewertungen der Grünen Revolution (M 4, M 5).

3.3.1 Teilung und Zersplitterung des Grundbesitzes

Die Entwicklung hin zu immer kleineren Besitzgrößen und die Aufsplitterung der Parzellen ist eines der Probleme der Landwirtschaft Südasiens. Sie ist eine Folge von Rechtsnormen, die im Erbfall eine Teilung des Grundbesitzes vorsehen.

Erbregelung
Meist geht das Erbe vom Vater auf die Kinder über. In Nordostindien und teilweise in Kerala bestimmt sich die Familienzugehörigkeit nach der mütterlichen Linie. Frauen können Grundeigentum besitzen und ein Mann vererbt seinen Nachlass an seine Neffen statt an seine Söhne.

Erbregelungen, die sich auch auf das Grundeigentum auswirken, sind in Südasien weitgehend durch die Rechtspraxis der Religionsgemeinschaften bestimmt, wenn diese auch durch Gewohnheitsrecht variiert werden können. Nach hinduistischer Regel steht jedem Erben, auch Frauen, ein gleicher Erbteil zu. In der Vergangenheit wurde allerdings der Erbteil der Töchter oft durch die Mitgift abgegolten. Auch Muslime folgen nicht selten dieser Praxis, wenn auch Töchtern eigentlich die Hälfte des Erbteils von Söhnen zusteht.

Lediglich in einigen Gebieten des südasiatischen Raumes gibt es abweichende Praktiken. Für den überwiegenden Teil der Region gelten solche Erbregelungen für Eigentum aller Größenklassen, also auch bei Großgrundeigentum. Kommt es nicht zu einer physischen Teilung des Landes, haben die Erben zumindest Anspruch auf ihren Teil der Einkünfte, zum Beispiel der Abgaben, wenn das Land durch Pächter bewirtschaftet wird.

Zur Verringerung der Betriebsgrößen kommt bei der Erbteilung auch noch eine Zersplitterung des Eigentums: Das Erbe zerfällt oftmals in einzelne, nicht zusammenhängende Parzellen, da bei der Aufteilung unterschiedliche Bodengüte und ähnliche Faktoren berücksichtigt werden müssen. Die Größe der einzelnen Parzellen ist außerdem nicht nur durch die Eigentumsverhältnisse limitiert, sondern auch durch topographische und betriebliche Faktoren. Hanglagen und Bewässerungsnetze setzen der Ausdehnung der Parzellen enge Grenzen.

M1: Bauer mit Reissetzmaschine im südlichen Bangladesch

Die Diversifizierung des Anbaus erfordert eine stärkere Parzellierung als eine Monokultur. Allerdings spielt auch hier der Umfang des Grundbesitzes eine Rolle, da bei geringem Grundbesitz der Anbau zahlreicher Früchte für den Eigenbedarf zu sehr kleinen Feldteilungen führt. Kleine Felder behindern den Einsatz von Maschinen wie Traktoren, Pflug- oder Erntemaschinen, wenn auch vor allem für den Reisanbau spezifische Lösungen entwickelt wurden. Wird der Grundbesitz zu klein, so dass die Familien nicht mehr davon leben können, haben die Bauern nur die Möglichkeit, ihre Einkünfte durch außerlandwirtschaftliche Tätigkeiten aufzubessern oder als Landarbeiter/Tagelöhner oder Pächter den Lebensunterhalt zu verdienen.

M2: Quellentext zur Fragmentierung bäuerlichen Grundbesitzes
Stöber, G.: Zur Transformation bäuerlicher Landwirtschaft in Yasin (2001)

Georg Stöber ist deutscher Geograph.

»

Die (...) einfachste Situation [der Haushaltsteilung] *liegt dort vor, wo sich Brüder nach dem Tode ihres Vaters trennen. (...) Eine solche Trennung unterbleibt jedoch gelegentlich, und erst deren Nachkommen entscheiden sich für eine Teilung. In einem solchen Fall wird das Land erst ideell zwischen den (bereits verstorbenen) Brüdern aufgeteilt, dann deren Ansprüche zwischen deren jeweiligen Nachkommen, so dass bei der Trennung unterschiedliche Betriebsgrößen entstehen können. Aber auch schon zu Lebzeiten des Vaters kann – z. B. im Streitfall – ein älterer Sohn eine Aufteilung verlangen und sich selbständig machen. (...)*
Die Abbildung rekonstruiert an einem Beispiel die Entwicklung der Besitzverhältnisse unter dem Einfluss von Zuteilung, Neulandkultivierung, Erbtei-

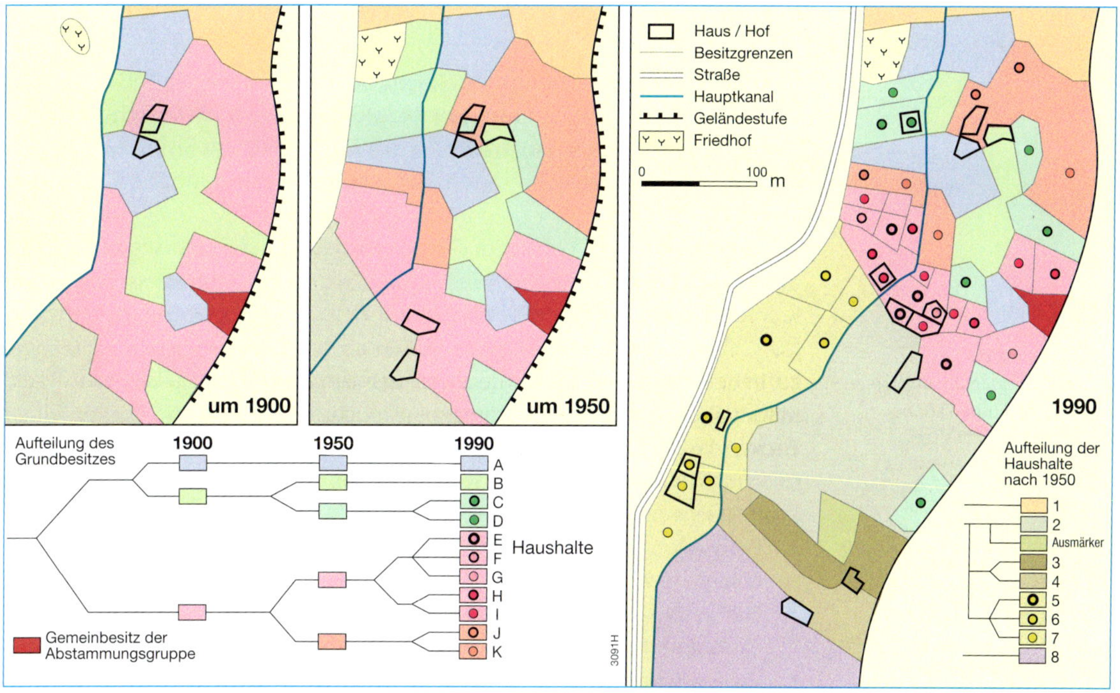

M3: Fragmentierung bäuerlichen Grundbesitzes (Sultanabad, Yasin-Tal, Nord-Pakistan)

lung, Kauf und Verkauf. Hier wurde einem Einwanderer (...) der Überlieferung zufolge vor neun oder zehn Generationen Land unterhalb eines Kanals zugewiesen. Hierbei handelt es sich um eine Fläche von etwa 4 ha. Bis um die Jahrhundertwende [1900] hatte sich der Ursprungshof durch Haushaltsteilung in drei Höfe aufgesplittert, die ca. 0,7, 1,1 und 2,2 ha umfassten. (...) Bis zur Jahrhundertmitte war die Entwicklung (...) dann durch zwei gegenläufige Prozesse gekennzeichnet: Zum einen fand eine weitere Aufsplitterung statt. (...) Der Verkleinerung der Nutzfläche pro Haushalt entgegen wirkte jedoch der Neubau eines Kanals, der oberhalb des alten angelegt wurde. Das Ödland unterhalb dieses Kanal, insgesamt ca. 1,2 ha, wurde (...) an die einzelnen zu diesem Zeitpunkt bestehenden Haushalte aufgeteilt, die es aber erst sehr allmählich unter Kultur nahmen, da ihnen ihr (besseres) Land unterhalb des alten Kanals lange Zeit genügte. Einer der Begünstigten verkaufte sogar in der Folgezeit seinen Anteil an einen Verwandten. Die vier Jahrzehnte bis 1990 sind durch eine zunehmende Besitzzersplitterung gekennzeichnet. Die fünf Haushalte teilten sich in elf auf; bei einem weiteren war ein Teilungsprozess noch nicht abgeschlossen. Die Ackerflächen reduzierten sich dabei auf Beträge von im Extremfall weniger als 0,2 ha. Anzumerken ist, dass es im Laufe dieser sukzessiven Teilungen teilweise zu einer starken Streuung des Besitzes innerhalb des ursprünglichen Blockes gekommen ist. In Einzelfällen wurden zudem in der Nachbarschaft entfernter liegende Parzellen erworben.

«

M4: Sultanabad

1. **Erläutern Sie den Prozess der Aufsplitterung des Grundbesitzes und seiner Folgen (M 2, 3, Atlas).**
2. **Auch in Teilen Deutschlands gab es in der Vergangenheit eine Aufsplitterung des Grundbesitzes. Vergleichen Sie diese mit der aktuellen Situation in Südasien.**

D1-166
www.diercke.de

3.3.2 Verschuldung

Trotz (oder wegen) der Grünen Revolution blieb in weiten Teilen Südasiens ein großer Teil der Bauern extrem arm. Sie sind hoch verschuldet und leben in Unsicherheit. Ein dramatisches Zeichen dieser Situation sind die Selbstmorde von verschuldeten Farmern in den vergangenen Jahren.

Betriebsgrößenklasse (in ha)	Anteil der Haushalte mit Schulden (in %)
< 1	61,0
1,01 – 2,00	18,9
2,01 – 4,00	12,5
4,01 – 10,00	6,4
> 10,00	1,2

M1: Anteil der verschuldeten bäuerlichen Haushalte in Indien nach Größenklassen der landwirtschaftlichen Betriebe (2003)

In Indien waren 2003 49 Prozent aller landwirtschaftlichen Haushalte verschuldet. Es gibt eine ganze Reihe von Faktoren, die neben Schicksalsschlägen wie Krankheit oder Unfall eine Verschuldung auszulösen vermögen. Dürren oder Überschwemmungen können, gerade wenn sie über mehrere Jahre in Folge auftreten, die Erntemenge unter den Subsistenzbedarf des Haushalts drücken, sodass Kredite aufgenommen werden müssen, um den Lebensunterhalt zu decken. Wenn Töchter verheiratet werden, können auch die Kosten für Mitgift und Hochzeitsfest oft nur über Kredite aufgebracht werden. Es gibt aber noch zahlreiche weitere Gründe für eine Verschuldung der Bauern:

- Preissteigerungen bei chemischen Düngemitteln und anderen Materialien;
- Schlechte Qualität von Saatgut, Düngemitteln und Pestiziden;
- Fehlgeschlagene Brunnenbohrungen und allgemeiner Wassermangel für Land- und hauswirtschaftliche Zwecke; schlechte Stromversorgung;
- Zusammenbruch der Preise für landwirtschaftliche Güter verbunden mit unzureichender oder fehlender Ernteabsicherung,
- Landverlust oder Notverkäufe von Land infolge des Unvermögens, Schulden zurückzuzahlen und finanzielle Verpflichtungen zu erfüllen;
- Ungleiche Risikoverteilung zwischen Teilbauern/Kleinstbauern und reicheren Landeigentümern und Saatgutproduzenten auf der anderen Seite;
- Mangelnde umfassende Landwirtschaftspolitik auf bundesstaatlicher und nationaler Ebene.

Private Geldverleiher waren in der Vergangenheit in solchen Situationen vor allem für Kleinbauern der einzige Weg, Geld zu erhalten. Diese verlangen hohe, mit der Schwere des Problems steigende Zinsen und die Verpfändung des Bodens oder der Zugtiere (bei Pächtern), das heißt der Existenzgrundlage. Auch mit Betrug – viele Kleinbauern können weder Schreiben noch Lesen – eignen sich so manche Verleiher das Land an und lassen dann die Schuldner für sich arbeiten. Hat der Kreditnehmer keine Sicherheit zu bieten, verpfändet er seine Arbeitskraft. Kann er den Kredit nicht zurückzahlen, müssen er und später seine Erben in Schuldknechtschaft die Schulden abarbeiten, was in den wenigsten Fällen jemals gelingt.

In den letzten Jahrzehnten haben die Regierungen versucht, sich dieses Problems anzunehmen. Dabei ist die Lage der Bauern regional sehr unterschiedlich, da sie in einzelnen (Bundes-)Staaten vor Wucher stärker geschützt werden als in anderen und unterschiedlich mächtige Bauernorganisationen ihre Interessen vertreten. Durch die Gründung von Landwirtschafts- und Genossenschaftsbanken wurden zudem Kreditmöglichkeiten zu üblichen Zinssätzen geschaffen, wenn solche Kredite bis in jüngste Zeit auch für Kleinbauern meist nur schwer zugänglich sind.

M2: Eltern von zwei Brüdern in Andhra Pradesh, die 2004 aufgrund hoher Schulden Selbstmord begingen

Zahlreiche Bauern wissen sich in dieser Situation nicht mehr zu helfen. In Indien stieg die Zahl der Selbstmorde von Bauern spätestens seit Ende der 1990er-Jahre beträchtlich (nach Regierungsangaben 1997 – 2007: 180 000). Mehr als 90 Prozent von ihnen waren verschuldet. Zu solchen Selbstmorden kommt es nicht nur in Indien, sondern beispielsweise auch unter Reisbauern in Sri Lanka.

»

Gegenwärtig garantiert die Regierung einen Preis von 15 bis 16 Rs. für ein Kilo Nassreis (15 – 16 US-Cents). Viele Bauern erhalten diesen jedoch nicht. Die Ernte begann Ende Februar, der Aufkauf aber erst Ende März. (...) Auch wurden nicht genug Aufkaufszentren eingerichtet und die bestehenden waren ungenügend – es fehlten Waagen, Säcke, Messgeräte zur Feuchtigkeitsmessung sowie Lager- und Transportmöglichkeiten. Wenn die Bauern ihre Früchte nicht an Aufkaufszentren der Regierung verkaufen können, müssen sie sie zu niedrigerem Preis – zehn bis elf Rs. pro kg – an skrupellose private Geschäftsleute und Mühlenbesitzer verkaufen. Einige der größten Reishändler stehen in enger Verbindung zu den zwei größten Parteien des Landes. (...) Die Bauern sind in einer prekären finanziellen Situation. Sie müssen 50 000 Rs. pro ha für den Anbau aufwenden und sechs Monate warten, bis sie ernten und verkaufen können. Wenn sie an die Regierung verkaufen können, beträgt ihr Erlös 80 000 bis 90 000 Rs. pro ha. Ihr Einkommen (...) beträgt also 6 000 Rs. pro Monat und ha. Die meisten der armen Bauern besitzen nur einen Hektar Land oder weniger. (...) Arme Bauern müssen Saatgut, Chemikalien, Dünger und anderen Input auf Kredit erstehen, zu außerordentlichen Zinssätzen von bis zu 20 Prozent im Monat. (...) Um einen Kredit zu erhalten, müssen die Bauern den Familienschmuck und Haushaltsgüter verpfänden (...) und sogar landwirtschaftliches Gerät.

«

M3: Quellentext zur Verschuldung und Vermarktung in Sri Lanka
Sunil, W.A.: Suicides highlight desparate conditions facing Sri Lankan farmers. World Socialist Web Site (2005)

W. A. Sunil ist Journalist in Sri Lanka.

Eine weitere Ursache für Verschuldung kam in den vergangenen Jahrzehnten hinzu: Da heute Saatgut, Dünger und andere Betriebsmittel gekauft werden müssen, spielt das Verhältnis zwischen den Produktionskosten und den Erlösen für die eigenen Produkte, die vermarktet werden müssen, eine wichtige Rolle. Wenn die Produktionskosten steigen, die Erzeugerpreise aber fallen, sinkt die Rentabilität. Außerdem liegt zwischen Investitionen und Verkauf ein beträchtlicher Zeitraum, der überbrückt werden muss. Vorschüsse und der Zwang, direkt nach der Ernte zu verkaufen, wenn das Angebot hoch und die Preise niedrig sind, drücken die Erlöse der Bauern zusätzlich. Die Art der Marktintegration wird ein entscheidender Faktor.

M4: Verkaufsstelle für Saatgut, Pestizide und Dünger für Baumwollfarmer in Madhya Pradesh

»

Gentechniker bauen auf den von Generationen von Bauern angesammelten Erfolg auf, die über Jahrtausende Saatgut selektiert und verbessert haben, während die privaten Unternehmen behaupten, dass sie die exklusiven Patentrechte haben. (...) Bauern, die traditionell Hülsenfrüchte, Hirse und Reis anbauten, wurden von den Saatgutherstellern geködert. Ihr einheimisches Saatgut wurde durch neue Hybridsorten ersetzt, die nicht aufgehoben werden können und vor jeder Aussaat zu hohen Kosten gekauft werden müssen. Hybride sind auch sehr anfällig für Krankheiten. Ausgaben für Pestizide sind in einigen Ländern um 2000 Prozent gestiegen. Nun nehmen Bauern dieselben Pestizide zu sich, um sich selbst umzubringen und so für immer den nicht zurückgezahlten Schulden zu entkommen. Landwirtschaft ist Leben in Entwicklungsländern, während es ein Geschäft in den entwickelten Ländern ist.

«

M5: Quellentext zum Einfluss der Globalisierung
Reddy, D. E.: Impact of Globalisation on Small Farmers Worldwide (2007)

Deva Eswara Reddy ist Biowissenschaftlerin an der Texas A&M University, Houston.

1 Beschreiben Sie Verschuldungsmechanismen im ländlichen Raum Südasiens.

3.3.3 Vermarktung

Die häufig noch traditionellen Vermarktungsstrukturen und die sich nur langsam verbessernden Verkehrsverhältnisse behindern die Entwicklung der kleinbäuerlichen Landwirtschaft.

Bauern verkaufen ihre Überschüsse oft an Aufkäufer in den Dörfern oder an Händler in Großmärkten, wenn sie nicht selbst Kleinmengen auf Wochenmärkten anbieten. Für Marktfrüchte bestehen in Indien so genannte regulierte Märkte, auf denen die Bauern überwachte, staatlich festgesetzte, subventionierte Preise erhalten. Bei einzelnen Marktfrüchten sind in verschiedenen Regionen zudem Vermarktungsgenossenschaften erfolgreich. Zum Teil geben die Landwirte ihre Produkte auch direkt an weiterverarbeitende Fabriken ab.

M1: Quellentext zur Verbesserung der Vermarktung
Landes, M. R.: The Elephant Is Jogging: New Pressures for Agricultural Reform in India Amber Waves 2/2004

Maurice R. Landes ist Wissenschaftler am US-Landwirtschaftsministerium.

»
Indiens traditionelles und ineffizientes Vermarktungssystem ist dabei, sich zu ändern. Die Quellen für mangelnde Effektivität liegen in schlechter Verkehrs- und Vertriebsinfrastruktur, inländischen Steuern und fragmentierten, nicht integrierten Vermarktungsketten, die von Kleinunternehmen dominiert werden. Die Politik beginnt nun, private inländische und ausländische Investitionen in ein effizienteres landwirtschaftliches Verarbeitungs- und Vertriebssystem zu fördern. Das Tempo und der Umfang des Wandels werden voraussichtlich einen bedeutenden Einfluss auf das Wachstum und die Konkurrenzfähigkeit des landwirtschaftlichen Sektors Indiens haben.
«

M2: Quellentext zur Verbesserung der Vermarktung
Trebbin, A.: Gemüsebauern in Maharashtra. GR 5/2011

Annika Trebin ist deutsche Geographin.

»
Im Bereich des Gemüseanbaus und -handels ist das traditionelle Vermarktungssystem noch immer dominant. Große Einzelhandelsunternehmen versuchen jedoch, eigene Handelswege zu etablieren, die im Vergleich zu den traditionellen Strukturen effizienter sind und Produzenten unmittelbarer mit den Verbrauchern verbinden. Für die Bauern ergeben sich daraus Chancen durch weitere Absatzmöglichkeiten, andererseits stehen sie auch vor den größeren Hindernessen, da beim Bedienen moderner Märkte anspruchsvollere Qualitätsstandards angelegt werden. Auch nach diesem Modell [tragen] *die Bauern alleine die Anbau- und Marktrisiken.*
«

M3: Markt in Bastar (Madhya Pradesh)

M4: Supermarkt in Jammu (Jammu and Kashmir)

3.3.4 Produkt- und Patentpiraterie

Seit einigen Jahren leidet die Landwirtschaft Südasiens unter verschiedenen negativen Auswirkungen der Globalisierung. Die Patentierung von Saatgut und Früchten und der Schutz geographischer Bezeichnungen wurden Streitpunkte im Zuge von WHO-Verhandlungen.

In Indien sind Darjeeling-Tee und Basmati-Reis Produkte, die auf dem Weltmarkt aufgrund ihrer Qualität stark nachgefragt werden. Ihr Name ist mit Anbauregionen verbunden, deren Anbaubedingungen dem Tee und dem Reis einen besonderen Charakter verleihen. Darjeeling-Tee wurde als erstes indisches Produkt 2004/05 vom indischen Patentamt als geschützte Herkunftsbezeichnung unter Schutz gestellt. Im **TRIPS-Abkommen** der WTO wurde der Schutz geographischer Bezeichnungen vereinbart, wenn sie als solche im Herkunftsland geschützt sind. Dieser Schutz ist allerdings lückenhaft geblieben. So werden in Darjeeling im Jahr etwa 10000 t Tee erzeugt, auf dem Weltmarkt werden aber 40000 t als Darjeeling-Tee angeboten. Die meisten dieser falsch deklarierten Tees kommen wohl aus Kenia und Sri Lanka.

Der aromatische Basmati-Reis wurde im indischen und pakistanischen Punjab über Jahrhunderte auf traditionelle Weise gezüchtet und ist ein Exportschlager (Exportvolumen beider Länder 600 Mio US-$). 1997 erhielt die texanische Firma RiceTec vom Patentamt der USA ein Patent auf eine Reihe „neuer" Reis-Sorten, die aus indischen Basmati-Sorten und amerikanischen Langkorn-Sorten gezüchtet wurden, um sie als Basmati-Reis zu verkaufen. Solch ein Vorgehen wird von zahlreichen Nichtregierungsorganisationen als **Patentpiraterie** bezeichnet. Der Fall führte zu diplomatischen Verwicklungen von Indien und Pakistan mit den USA wie auch zu internationalen Protesten. Sie richteten sich sowohl gegen die Patentierung einer traditionell gezüchteten Nutzpflanze als auch gegen die Verwendung des Namens „Basmati-Reis", der in erster Linie eine geografische Herkunftsbezeichnung sei. Schließlich wurde das umfassende Patent widerrufen. RiceTec konnte sich 2001 aber ein begrenzteres Patent auf drei von der Firma entwickelte Zuchtreihen sichern und Basmati „american style" vermarkten.

Andere Versuche, Patente zu erhalten wurden auf Gelbwurz und Neem unternommen. Die indische Regierung hat daraufhin 2003 eine Task Force eingesetzt, um traditionelles Wissen vor dem Zugriff ausländischer Firmen oder Einzelpersonen zu schützen, die Urheberrechte geltend zu machen versuchen.

In den vergangenen Jahren sind gentechnisch veränderte Pflanzen, Baumwolle, Mais und Auberginen, entwickelt worden, die durch Einschleusung eines Bakterien-Gens (Bacillus thuringiensis – Bt) Toxine gegen Schädlinge herstellen und so den Einsatz weniger Pestizide erfordern sollen. Die transgene Baumwolle Bt Cotton wurde Anfang des Jahrtausends eingeführt. Die Firma Monsanto führt derzeit Feldversuche mit Bt Corn, gentechnisch verändertem Mais, durch. Als jüngstes Produkt wurde von indischen Biotech-Firmen eine gentechnisch veränderte Aubergine, Bt Brinjal, entwickelt, deren Zulassung für den kommerziellen Anbau allerdings von der Regierung bis auf Weiteres zur weiteren Überprüfung der Unbedenklichkeit gestoppt wurde. Zudem wurden die Firmen belangt, da sie lokale Varietäten des Gemüses ohne Genehmigung verwendet haben sollen.

TRIPS
(Trade Realted Aspects of Intellectual Property Rights) 1994 geschlossenes Abkommen der Welthandelsorganisation (WTO) über handelsbezogene Aspekte der Rechte am geistigen Eigentum. Das Abkommen lässt auch Patente auf Pflanzen und Saatgut zu.

Patentpiraterie
Patentierung von „Erfindungen", die auf natürlich vorkommenden biologischen Substanzen oder traditionellem Wissen basieren, die unautorisiert und ohne angemessene Entschädigung aus anderen, in der Regel technologisch weniger entwickelten Ländern bezogen wurden

1 Erklären Sie den Begriff Patentpiraterie.

2 Erörtern Sie die Folgen einer Integration in den (Welt-)Markt für indische Kleinbauern (3.3.2 – 3.3.4).

3.4 Auswege aus der Krise der Landwirtschaft?

Die südasiatische Landwirtschaft steckt in einer Krise, über Gründe und Auswege gehen die Meinungen auseinander.

In Indien propagieren die politisch Verantwortlichen eine neue „Grüne Revolution" mit neuen Technologien, ertragreicherem Saatgut, verbesserten Anbau- und Bewässerungstechniken. Die Biotechnologie scheint hier neue Horizonte zu eröffnen. 2010/11 waren schon fast 90 Prozent der Flächen unter Baumwolle mit Bt cotton bepflanzt, in Andhra Pradesh, einer der Hauptanbauregionen, fast 100 Prozent. Nach anfangs hohen Erträgen haben die Schädlinge jedoch Resistenzen entwickelt oder andere Schädlinge, gegen die das Toxin nichts ausrichtet, haben sich massenhaft vermehrt. Die Erträge gehen wieder stark zurück.

Zwar sind Produktionssteigerungen und hohe Wachstumsraten auch in der Landwirtschaft erstes Ziel landwirtschaftlicher Planung, hierbei geht es aber nicht in erster Linie darum, die eigene Bevölkerung zu ernähren. Die Agrarpolitik ist weltmarktorientiert und folgt den Prinzipien der Liberalisierung (vgl. 5). Im Agrarbereich äußert sich dies u. a. in

Auch die EU verhandelt ein Freihandelsabkommen mit Indien, das den indischen Markt u. a. für (subventionierte) EU-Agrarerzeugnisse wie Milchprodukte und Hähnchenfleisch und für die Aktivitäten europäischer Handelsketten öffnen soll, wohl zum Nachteil der indischen Kleinbauern und Straßenhändler.

- dem Abbau von Exportbeschränkungen wie Importrestriktionen
- dem Schutz von Patentrechten der Agrarindustrie
- der Öffnung des Agrar- und Einzelhandels für ausländisches Kapital
- der Öffnung der landwirtschaftliche Beratungstätigkeit und Agrarforschung für – auch ausländische – Privatfirmen (auch durch Anbieter von Saatgut und Agrarchemie wie Cargill und Monsanto).

Bei der wachstumsorientierten Ausrichtung wird die kleinbäuerliche Agrarstruktur als Hindernis angesehen. Die Erleichterung von Contract Farming und von Enteignungen auch zugunsten des Agribusiness, die den Bauern zum Landarbeiter degradiert oder in andere Beschäftigungen treibt, werden als Mittel angesehen, die Produktivität zu steigern.

Was die Einen als Lösung anbieten, sehen die Anderen als Ursache der Krise an. Die Liberailisierungskritiker argumentieren, dass beispielsweise Lebensmittelexporte und verstärkter Anbau von industriellen Exportkulturen schon in der Vergangenheit zu Nahrungsmittelknappheit und Preissteigerungen führten. Die ausländischen Agrarkonzerne gewinnen Zugriff auf den indischen Genpool, verdrängen aber mit ihren geschützten Linien einheimische Varietäten und reduzieren deren Vielfalt. Die Kleinbauern sind den Marktverhältnissen schutzlos ausgeliefert und werden weiter marginalisiert.

Stattdessen propagieren indische Agrarwissenschaftler unter anderem, ein größeres Augenmerk auf nachhaltige traditionelle Anbaumethoden zu richten und verstärkt auf die Potenziale des Trockenfeldbaus zurückzugreifen, um Wasserressourcen zu schonen. Eine Verbesserung der regionalen Vermarktungsmöglichkeiten und ein Schutz vor stark schwankenden Preisen sollen kleinbäuerliche Produzenten vor Abhängigkeiten von Zwischenhändlern wie Großunternehmen schützen und ihre Einkünfte erhöhen. Vereinfachte institutionelle Kreditmöglichkeiten reduzieren eine Abhängigkeit von Krediten zu Wucherzinsen. Die Schaffung von Beschäftigungsmöglichkeiten auf dem Lande außerhalb der Landwirtschaft könnte die Lage der Landlosen und Kleinstbauern verbessern und den Zwang zur Abwanderung vermindern. Insgesamt wird dem Staat eine größere Rolle und Verantwortung zugemessen, als dieser zurzeit akzeptiert, und auf eine Regulierung des Marktes gesetzt.

1 Liberalisierung oder Schutz der Kleinbauern? Diskutieren Sie die beiden Ansätze.

4

Wasser und Bewässerung

Die Diskrepanz zwischen einem Zuviel und einem Zuwenig an Wasser ist in Südasien allgegenwärtig. Während eine Region von verheerenden Überschwemmungen heimgesucht wird, hoffen die Menschen in einer anderen vergeblich auf Regen. Wasser wird nicht nur zum Trinken und zur Bewässerung der Felder gebraucht, sondern auch für die Industrie und zur Energiegewinnung. Daher gibt es um die Verteilung von Wasser auf allen Ebenen Streit, der die Beziehungen innerhalb einer Dorfgemeinschaft genauso trüben kann wie das Verhältnis ganzer Staaten untereinander. Technische Maßnahmen wie der Bau von Staudämmen, die das knappe Gut jederzeit verfügbar machen sollen, stoßen aufgrund ihrer Folgewirkungen jedoch nicht auf ungeteilte Zustimmung.

Die Variabilität des Monsuns

Der Monsun stellt die Bauern Südasiens, aber auch die gesamte Wirtschaft, vor schwere Probleme. Kommt er früh, führt er meist zu Hochwasser und Überschwemmungen, trifft er spät ein, sind Trockenheit und Dürre unausweichlich.

Zwar fallen im Norden Südasiens, vor allem im Gebirgsrahmen, winterliche Niederschläge aus Fronten der außertropischen Westwindzirkulation. Der Großteil der Niederschläge Südasiens ist jedoch an den Monsun gebunden. Der Monsun (von arab. Mausim: „Jahreszeit") ist ein konstanter Wind, der jahreszeitlich seine Richtung ändert. Er ist Resultat der Verlagerung der Innertropischen Konvergenzzone (ITC) im Jahresablauf. Der Sommer-(Südwest-)Monsun ist in weiten Bereichen Südasiens mit heftigen Niederschlägen verbunden, da die herangeführten Luftmassen sich über dem Indischen Ozean mit Feuchtigkeit aufgeladen haben. Nur Leelagen bleiben trockener. Die höchsten Regenmengen fallen als Steigungsregen an der Himalaya-Südflanke. Der Winter-(Nordost-)Monsun führt dagegen trockene, kontinentale Luftmassen heran. Diese sind nur, wie auf der Ostseite Sri Lankas, mit Niederschlägen verbunden, wo sie über dem Golf von Bengalen Feuchtigkeit aufgenommen haben. So konstant der Monsun als Phänomen auch ist, so schwanken doch sowohl der Zeitpunkt des Eintreffens (im Juni / Juli) wie die Ergiebigkeit der Niederschläge von Jahr zu Jahr (M 1, 2)). Die Abweichungen von den langjährigen Mittelwerten können dabei regional sehr unterschiedlich ausfallen (M 3).

Selbst bei Niederschlagswerten, die dem langjährigen Mittel entsprechen, führen Monsunregen in weiten Teilen des Landes zu Überschwemmungen. Bei besonders hohen Niederschlagsmengen steht das Wasser zu lange auf den Feldern, so dass die Saat verfault. Die Regenmengen können von den Stau-

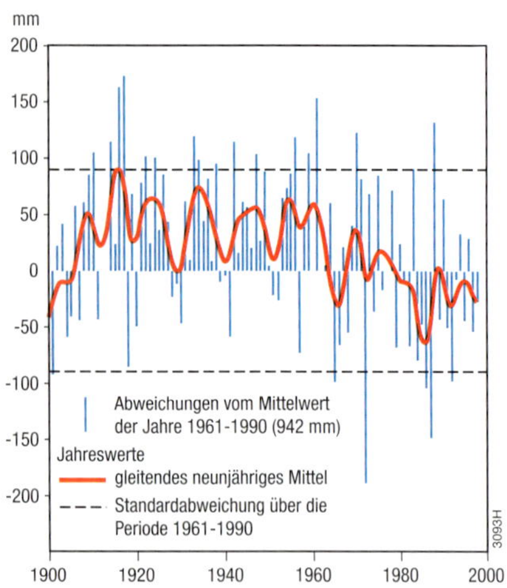

M 1: Variabilität des Monsuns

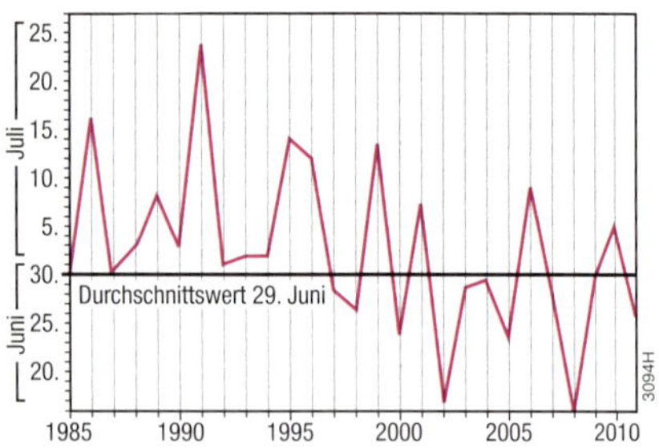

M 2: Beginn des Monsuns in Delhi 1981 – 2010

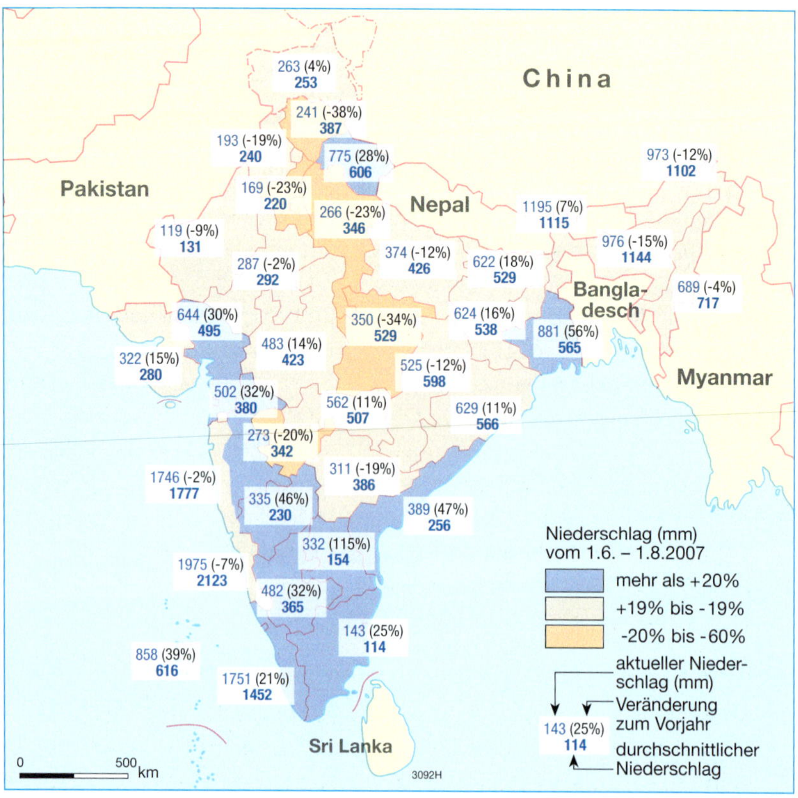

M 3: Abweichungen vom Mittelwert des Monsunniederschlags in Indien (1. Juni – 1. August 2007)

seen nicht mehr aufgenommen werden. Ein Ablassen führt flussabwärts zu Überschwemmungen. Besonders kritisch kann sich die Lage in der nördlichen Gangesebene entwickeln, wo die aus dem Himalaya kommenden Flüsse neben Regen- und Schmelzwasser große Schlammmengen mit sich führen und Verlagerungen ganzer Flussläufe vor den Regulierungsversuchen durch den Bau von Wehren und Deichen nicht selten waren.

»

Am 18. August [2008] durchbrach der Koshi seine östlichen Uferbefestigungen bei Kushan in Nepal, etwa zwölf km vom Hanuman-Nagar-Wehr entfernt, und bewegte sich mit Gewalt um 120 km in Richtung auf sein altes Bett am östlichen Rand des Binnendeltas zu. Er überflutete Dörfer, Städte und Großstädte in 16 Distrikten Nord-Bihars, die bislang als relativ sicher vor seinem turbulenten Wasser galten. (...) Das Wehr bei Hanuman Nagar (eine vorläufige Maßnahme mit einer Lebenszeit von nur wenigen Jahrzehnten) und zwei Uferbefestigungen waren nur Teil der von Indien und Nepal nach der verheerenden Flut von 1954 ins Auge gefassten technischen Lösung zur Zähmung des Flusses. Die umstrittene „wirkliche Lösung" (...) wäre eine 239 Meter hohe Staumauer bei Barakshetra etwa 50 km von der indisch-nepalesischen Grenze entfernt gewesen, mit dem Wehr und den Deichen als unterstützende Strukturen. Aber die Mauer wurde nie gebaut. Das Wehr überschritt seine auf 25 Jahre geschätzte Lebenszeit. (...) Der Koshi hat seine Uferbefestigungen schon früher bei verschiedenen Gelegenheiten durchbrochen, da seine künstlichen Ufer den Druck seiner Schlammfracht nicht aushielten. Aber die früheren Deichbrüche geschahen flussunterhalb des Wehrs von Hanuman Nagar, das seine Aufgabe der Flutkontrolle gut erfüllte. Die diesjährige „Mutter aller Fluten" ist ein Resultat eines Dammbruches oberhalb des Wehres und der gesamte Fluss fließt nun weit entfernt von diesem Wehr.

«

M4: Quellentext zu einer Überschwemmung in Bihar
Krishnakumar, R.: A Snake in Knots. Frontline 26.9.2008

R. Krishnakumar ist indischer Journalist.

M5: Koshi-Überschwemmung in Bihar im August 2008. Die Katastrophe forderte 635 Menschenleben. Zehn Mio. Menschen mussten evakuiert werden (Gesamtschaden 200 Mio US-$).

Fallen die Regenmengen zu gering aus, hat dies Dürren und Missernten zur Folge, sei es, dass bei **Regenfeldbau** das Wasserangebot für die Monsunfrucht (vgl. 3.1) nicht ausreicht, sei es, dass in Bewässerungsgebieten bei längerfristigen Dürren auch das Wasser für Bewässerungszwecke knapp wird. Aber auch unabhängig von der Niederschlagsmenge hat eine zeitliche Verschiebung des Monsuneintritts Folgen für die Landwirtschaft: Da die Feldbestellung vor Monsuneintritt erfolgt, sind bei einem zu frühen Eintreffen die Felder noch unbestellt und können nach Regenbeginn auch nicht mehr bearbeitet werden. Setzt der Monsun dagegen zu spät ein, trocknet der Boden aus und mit ihm das Saatgut.

Der indische Wetterdienst Indian Meterological Survey hat daher ein Modell entwickelt, das langfristige Vorhersagen möglich macht. Auf der Basis globaler wie regionaler Parameter wie Temperatur-, Luftdruck-, Windbedingungen sowie den Schneeverhältnissen im Himalaya werden schon Mitte April Aussagen über den kommenden Monsun möglich, der im Mittel Anfang Juni an der Südspitze Indiens eintrifft. Dies ermöglicht der Landwirtschaft, sich auf die kommenden Wetterverhältnisse einzustellen.

Regenfeldbau
Anbau auf Basis des Niederschlags, ohne künstliche Bewässerung

1 **Beschreiben Sie die Variabilität des Monsuns in Indien** (M 1–M3).
2 **Untersuchen Sie das Gefährdungspotenzial Bangladeschs durch monsunale Ereignisse** (Atlas).
3 **Erläutern Sie die verschiedenen Formen der Bewässerung in Südasien** (Atlas, vgl. 3.2).

D1-166
www.diercke.de

4.2 Staudamm-Großprojekte

Auch in Südasien gelten Talsperren als probates Mittel für eine sinnvolle Wassernutzung. Die aufgrund ihrer weitreichenden Auswirkungen umstrittenen Großprojekte werden auch heute noch – zum Teil gegen den Widerstand Betroffener – verfolgt.

Talsperre
Stauanlage, die in einem Tal durch den Bau eines Staudamms (eine Aufschüttung von Kies, Schotter, Erde etc.) oder einer Staumauer (aus Stein, Beton etc.) einen Fluss aufstaut. Häufig wird im Deutschen Staudamm auch als Synonym für Talsperre (engl. dam) verwendet.

„Dämme sind die Tempel des modernen Indien. Wenn Sie leiden müssen, dann sollen Sie im Interesse des Landes leiden."
Jawaharlal Nehru,
indischer Premierminister 1948 bei einer Ansprache an Dorfbewohner, die vom Bau des Hirakund-Damms betroffen waren.

„Es gab eine Zeit, da liebte jedermann große Dämme. (…) Kommunisten, Kapitalisten, Christen, Muslime, Hindus und Buddhisten. Sie begannen als Traum, sie endeten in einem Alptraum. (…) Großstaudämme sind obsolet. Sie sind ‚uncool'. Sie sind undemokratisch. Auf der ganzen Welt wächst eine Bewegung gegen Großstaudämme."
Arundhati Roy,
Schriftstellerin und Aktivistin gegen den Bau des Narmada-Staudamms

Land	Talsperren
Indien	5101
Pakistan	143
Sri Lanka	86
Nepal	3
China	5191
Deutschland	308

M1: Anzahl der Talsperren in Südasien (2011)

Seit Jahrtausenden werden Talsperren gebaut, um Fließgewässer aufzustauen. Mit dem steigenden Bedarf an Wasser und Strom stieg ihre Zahl aber im letzten Jahrhundert sprungartig an. Weltweit entstanden 45 000 Großstaudämme, die per Definition der International Commission on Large Dams (ICOLD) entweder eine Staumauer von zumindest 15 Meter Höhe oder aber einen Stausee mit einem Fassungsvermögen von mindestens drei Mio. m^3 besitzen. Sie erzeugen 24 Prozent des gesamten Stroms in der Welt und 30 bis 40 Prozent der weltweit bewässerten Fläche beziehen ihr Wasser aus Stauseen.

Als Vorzeigeobjekte der Modernisierung wurden in den Jahrzehnten nach dem Ende der Kolonialzeit auch in Südasien zahlreiche Großstaudämme geplant und gebaut, die in ihren Dimensionen „normale" Großstaudämme zum Teil beträchtlich übertrafen. Sie sollten die direkte Abhängigkeit der Wasserversorgung von Monsunniederschlägen reduzieren, Bewässerungsmöglichkeiten für die Landwirtschaft schaffen und die Versorgung mit Trinkwasser sicherstellen, den Wasserabfluss regulieren und Überschwemmungen verhindern sowie die Industrialisierung mit Hydroenergie vorantreiben. Weltbank, regionale Entwicklungsbanken und bilaterale Entwicklungszusammenarbeit unterstützten die Projekte und stellten ihre Finanzierung durch Kredite sicher.

In Indien entstanden mehr als 2500 Talsperren allein in den 1970er- und 1980er-Jahren. Etwa 400 Stauanlagen befanden sich 2011 in Bau. Zahlreiche weitere sind in der Planungsphase. 117 gelten als Dämme von nationaler Bedeutung mit einer mehr als 100 m hohen Staumauer und/oder 1 km^3 Stauvermögen. Neben den Großstaudämmen gibt es Tausende kleinerer Stauanlagen.

Unangefochten sind die Großprojekte heute jedoch nicht mehr. Kritik richtet sich gegen die ökologischen Folgen von Großstauseen und die sozialen Kosten einschließlich der Verletzung der Rechte derer, die den Stauseen weichen müssen. Weltweit wurden 40 bis 80 Millionen Menschen durch die Anlage von Stauseen vertrieben oder umgesiedelt. Oft haben sich auch die Kalkulationen von Kosten und Nutzen, die die Staudammprojekte im Vorfeld ökonomisch in ein günstiges Licht stellten, im Nachhinein als fehlerhaft herausgestellt. So gehören Staudämme heute zu den umstrittensten Themen im Rahmen nachhaltiger Entwicklung.

In Südasien ist ein Protest gegen ein Großstaudammprojekt weltweit bekannt geworden. Mit einem System von zwei Mega-Staumauern, 30 großen und Hunderten kleiner Staudämme soll die Narmada – ein „heiliger Fluss" – und ihre Zuflüsse in eine abgestufte Folge von Staubecken verwandelt werden. Neben 2000 Megawatt Strom und Trinkwasser für Millionen von Menschen soll ein gewaltiges Bewässerungskanalsystem die Trockengebiete in Gujarat versorgen. Etwa 500 000 Menschen müssten für das Narmada-Projekt, mit dem in den 1970er-Jahren begonnen wurde, umgesiedelt werden. Eine Widerstandsbewegung der betroffenen Bevölkerung konnte den Bau auch aufgrund der weltweiten Unterstützung immer wieder aufhalten und einen Rückzug der Weltbank aus dem Projekt bewirken. Seit 2000 darf der umstrittene Sardar Sarovar-Damm allerdings nach höchstrichterlichem Beschluss weitergebaut und die Staumauer auf geplant 163 m erhöht werden. Voraussetzungen sind allerdings die ausreichende Entschädigung der Betroffenen und die Erfüllung von Umweltauflagen, die anscheinend mit dem Baufortgang nicht Schritt halten.

»
Schon 1986 schlossen sich die lokalen Initiativen über alle Kastengrenzen hinweg zur Dachorganisation der Staudamm-Betroffenen Narmada Bachao Andolan (Bewegung zur Rettung der Narmada, NBA) zusammen. Die in der NBA organisierten Talbewohner wehren sich gegen ihre Vertreibung und thematisieren auch die ökologischen und kulturell-religiösen Zerstörungen, die mit dem Narmada-Projekt einhergehen. Die Bewegung ist hervorragend organisiert und hat sich dem gewaltlosen, aber energischen Protest im Sinne der gandhischen Ideale verpflichtet. Inzwischen wurden unzählige Demonstrationen, Straßenblockaden, Baustellenbesetzungen, Sitz- und Hungerstreiks sowie manchmal wochenlange Protestmärsche abgehalten. Mehrfach haben die Aktivisten erklärt, lieber zu ertrinken, als sich vertreiben zu lassen. (…) Anfang der 1990er-Jahre trat der Widerstand gegen das Narmada-Projekt in eine neue Phase. Die NBA und ihren Unterstützern war es über geschickte Nutzung der neuen elektronischen Medien gelungen, weltweit auf ihre Problematik aufmerksam zu machen und sich mit zahlreichen Umwelt-, Solidaritäts- und Menschenrechtsgruppen in den USA, Europa und Japan zu vernetzen.
«

M2: Quellentext zum Widerstand gegen das Narmada-Staudammprojekt
Dittrich, C.: Widerstand gegen das Narmada-Staudammprojekt in Indien. Geographische Rundschau 12/2004

Christoph Dittrich ist Geograph an der Universität Freiburg.

Obwohl Staudamm-Großprojekte heute kritisch betrachtet werden und in der Bevölkerung zum Teil heftigen Widerstand hervorrufen, gibt es weitere Vorhaben. Pakistan hat beispielsweise mehrere Großprojekte auf den Weg gebracht, um die defizitäre Stromversorgung und die Bewässerungsmöglichkeiten zu verbessern. Eines davon ist der Diamer-Basha-Damm, der das größte Dammbauvorhaben Pakistans werden soll. Das Projekt entsteht am Oberlauf des Indus, nordwestlich des Nanga Parbat. Hier soll eine Betonstaumauer von 272 m Höhe errichtet werden, die bei einer Staukapazität von zehn Mrd. m^3 einen See von 110 km^2 aufstauen wird. Turbinen mit 4 500 MW Leistung sollen jährlich 18 000 Gigawattstunden in das pakistanische Stromnetz einspeisen, was allerdings eine lange Zuleitung erforderlich macht. Vor dem Aufstauen muss der Karakoram Highway, die wichtigste Verbindung des pakistanischen Tieflandes mit dem Gebirgsraum und mit China, die über weite Strecken durch das Industal führt, um 100 km verlegt werden. Zudem muss die Straße so ausgebaut werden, dass auf ihr schwere Baumaschinen transportiert werden können.

Für das ehrgeizige Staudammprojekt müssen zwischen 22 000 (offizielle Angaben) und 40 000 Personen (laut Projektgegnern) umgesiedelt werden, da Siedlungsplätze und etwa 600 ha landwirtschaftlicher Nutzfläche überflutet werden. Die Grundsteinlegung erlolgte im Oktober 2011. Alles in allem ist das Projekt, das 2011 auf zwölf Mrd. US-$ veranschlagt wurde, das teuerste Einzelvorhaben in der Geschichte Pakistans. Bedenken hiergegen wurden laut, da der Stausee in einer seismisch sehr aktiven Zone entstehen soll. Bei den Betroffenen stieß die Nichteinbeziehung in den Planungsprozess und Kompensationsregelungen auf Kritik. Zudem liegt beim Diamer-Basha-Staudamm das Überflutungsgebiet in Gilgit-Baltistan, der Damm selbst und die Turbinen in der Nordwestprovinz (North-West-Frontier Province), der daraus Einkünfte zustehen. Da Gilgit-Baltistan diese einseitige Verteilung von Vor-und Nachteilen nicht akzeptiert, streiten beide Provinzen auch um die territoriale Zuordnung des Gebiets.

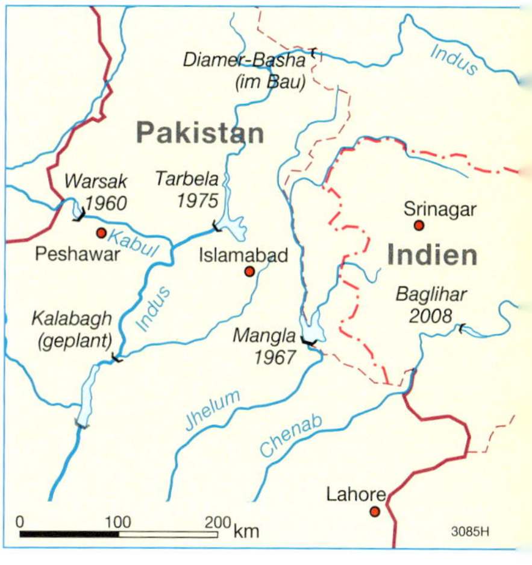

M3: Staudammprojekte in Pakistan und Indien

M4: Industal nahe Sazin, dem Standort des Diamer-Basha-Dammes

1 **Erläutern Sie die Wandlung bei der Einschätzung der Talsperren.**
2 **Diskutieren Sie die Position der Dammkritiker.**

4.3 Konflikte um Wassernutzung

4.3.1 Innerstaatliche Konflikte

Bei der Nutzung des Wassers der großen Flüsse Südasiens kommt es nicht selten auch innerhalb eines Landes zu Konflikten zwischen den Bundesstaaten oder Provinzen.

Wenn ein Wasserlauf mehrere politische Einheiten wie Bundesstaaten oder Provinzen passiert, führen Wasserbaumaßnahmen häufig zu Konflikten. Hierbei geht es um die Rechte an der Wassernutzung, aber auch um die Auswirkungen von Talsperren und Hochwasserschutzmaßnahmen. Bei den neuen Staudammprojekten in Pakistan stößt man in der Bevölkerung auf die weit verbreitete Meinung, dass die eine Provinz vom Staudamm profitiert, während eine andere die Nachteile zu tragen hat. So liegt beim Diamer-Basha-Staudamm das Überflutungsgebiet in den Nörtlichen Gebieten (Northern Areas), der Damm selbst und die Turbinen in der Nordwestprovinz (NorthWest Frontier Province), der daraus Einkünfte zustehen.

In Indien kam es im Rahmen verschiedener Wasserbaumaßnahmen, die die Grenzen von Bundesstaaten überschreiten, zu Kontroversen, vor allem um die Wasserverteilung, den Schutz der Unterlieger (flussabwärts wohnende Personen) und die Gültigkeit alter Verträge, die vor Gründung der Bundesstaaten abgeschlossen wurden. Können die unterschiedlichen Positionen nicht durch die beteiligten Bundesstaatsregierungen und die Zentralregierung geklärt werden, sind Tribunale vorgesehen. Dieses Verfahren zur Beilegung der Konflikte hat den Nachteil, dass es sich über Jahre hinziehen kann.

Flüsse	Betroffene Staaten	Tribunalanrufung	Entscheidung des Tribunals
1. Krishna	Maharashtra, Andhra Pradesh & Karnataka	April 1969	Mai 1976
2. Godavari	Maharashtra, Andhra Pradesh, Karnataka, Madhya Pradesh & Orissa	April 1969	Juli 1980
3. Narmada	Rajasthan, Madhya Pradesh, Gujarat & Maharashtra	Oktober 1969	Dezember 1979
4. Ravi & Beas	Punjab, Haryana & Rajasthan	April 1986	–
5. Cauvery	Kerala, Karnataka, Tamil Nadu & UT of Pondicherry	Juni 1990	Februar 2007
6. Krishna	Karnataka, Andhra Pradesh & Maharashtra	April 2004	–
7. Mandovi	Goa, Karnataka & Maharashtra	–	–
8. Vamshdhara	Andhra Pradesh & Orissa	–	–
9. Krishna	Maharashtra, Andhra Pradesh, Karnataka	Dezember 2010	–

M1: Wasserkonflikte zwischen indischen Bundesstaaten

Ein solcher Streitfall entbrannte um das Wasser im Einzugsbereich des Cauvery-Flusssytems, an dem die Bundesstaaten Karnataka und Tamil Nadu, zu einem kleinen Teil auch Kerala beteiligt sind. In der Kolonialzeit wurde mit dem Wasser des Cauvery die Landwirtschaft im Delta des Flusses entwickelt. Ein Ausbau der Landwirtschaft im damaligen Fürstentum Mysore (heute der südliche Teil des Bundesstaats Karnataka), aus dem ein Großteil des Wassers kommt, wurde dagegen von den Kolonialherren behindert und das Wasser per Vertrag weitgehend für die Anbaugebiete im Delta (heute Bundesstaat Tamil Nadu) reserviert. Die Ungleichverteilung setzte sich auch nach der Unabhängigkeit fort: Mitte der 1970er-Jahre verbrauchten Tamil Nadu 71 und Karnataka 29 Prozent des Bewässerungswassers. Karnataka verlangte eine Änderung. Ein Tribunal sprach dem Bundesstaat jedoch nur das Recht an 36 Prozent des Wassers zu, Tamil Nadu aber 59 und Kerala fünf Prozent. Karnataka akzeptierte diesen Entscheid nicht und baute seine eigene Bewässerungslandwirtschaft aus. Besonders in Dürreperioden eskaliert seitdem der Streit um das Wasser zwischen Tamil Nadu und Karnataka. Politiker instrumentalisieren den Konflikt populistisch. Zudem kam es verschiedentlich zu Gewaltausbrüchen gegen die jeweils andere Bevölkerungsgruppe und zu Massenselbstmorden von Bauern.

»

Die aktuelle Wasserkrise im Cauvery–Delta übertrifft alles, was die rund 500 000 Reisbauern in dieser ‚Reiskornkammer Südindiens' jemals erlebt haben: Der einst mit Beginn des Südwest–Monsuns im Juni vor Wasser schier überquellende Fluss, der im Delta seit fast tausend Jahren nahezu eine Mio. ha bewässert, hat seit drei Jahren keinen Tropfen Wasser mehr geführt.(...) Vor diesem Hintergrund ist es verständlich, dass die Bauern im Delta zwischen Angst und Hoffnung hin und hergerissen sind, und dass sich die Frage nach einer ganz neuen Anbaustrategie (d.h. ohne den bewässerten Nassreis) stellt. (...) Das Cauvery-Delta wandelte sich in den nunmehr drei Jahren der größten Dürrekrise rapide vom einer boomenden Reisbauwirtschaft mit bis zu drei Reisernten im Jahr zu einer darbenden Region, in der selbst eine Reisernte nur mit Hilfe von zusätzlicher Brunnenbewässerung möglich ist. (...) Im Kernbereich des Deltas sanken die Erträge trotz intensiver Brunnenbewässerung um mindestens 20 Prozent, im Endbereich am Golf von Bengalen und im „Neuen Delta" um mehr als 50 Prozent. (...) Ein Kleinpächter am Deltarand, der 0,4 ha Land gepachtet hatte, berichtet, dass sein Ertrag von normalerweise 40 Sack Reis (á 60 kg) auf 15 Sack gesunken sei. Da hiervon sieben Sack an Pachtgebühr und fünf Sack an Wassergebühr abgingen, verblieben lediglich drei Sack zum (Über-)Leben.

«

M2: Quellentext zur zwischenstaatlichen Wasserpolitik am Cauvery-Delta
Bohle, H.-G.: Vom Wasserkonflikt zur Wasserkrise. Geographische Rundschau 12/2004

Hans-Georg Bohle ist Geograph an der Universität Bonn.

„Im politischen Minenfeld der Fluss-Streitigkeiten sieht die Regierung nur zu, wartet, dass Gott Regen bringt und kurzzeitige Linderung, oder sie beeilt sich, ein neues Beschwichtigungspaket aufzulegen. Alles in allem macht sie eine Farce aus dem Problem, das ihr in die Augen sticht: Wie kann das Land leben und seine jetzt knappen Wasserressourcen teilen."

Sunita Narain,
indische Ökologin und Aktivistin

M3: Verfallene Schleusenanlage am trockenen Pandanallur-Kanal in Srirangarajapuram. Das einst hochproduktive Dorf hat sich durch die Wasserkrise tiefgreifend verändert.

M4: Cartoon „Die Ministerpräsidenten von Karnataka und Tamil Nadu lösen den Konflikt über das Wasser des Cauvery Flusses"

1 Beschreiben Sie die Konfliktkonstellation um die Wassernutzung des Cauvery-Einzugssystems.

4.3.2 Zwischenstaatliche Konflikte um Wasser

In Südasien wird versucht, die immer wieder aufflammenden zwischenstaatlichen Konflikte um die Wassernutzung durch Verträge und internationale Vermittlung zu entschärfen und ausgleichende Regelungen zu finden.

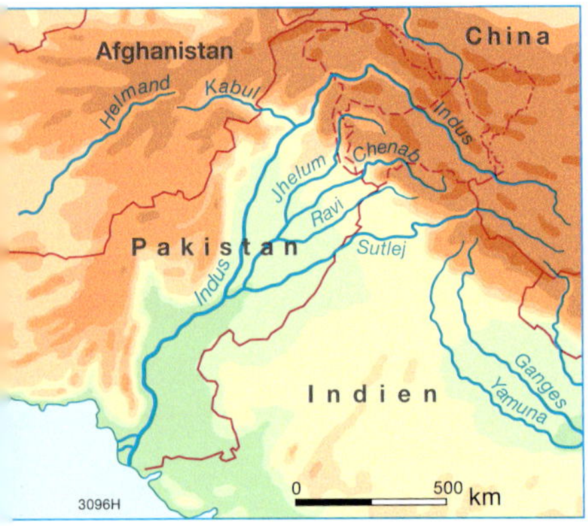

M1: Indus-Einzugsbereich

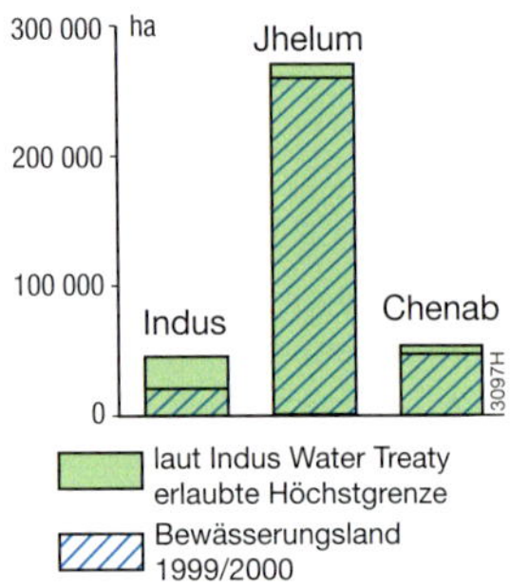

M2: Bewässerungsland am indischen Oberlauf von Indus, Jhelum und Chenab

Zahlreiche der im nördlichen Gebirgsraum entspringenden Flüsse überqueren Staatsgrenzen, so der Indus, der Ganges und zahlreiche ihrer Nebenflüsse. Die Teilung Britisch-Indiens zerschnitt im Punjab das in der Kolonialzeit angelegte Bewässerungssystem. Zwei der für den pakistanischen Punjab bedeutenden Zuleitungen – aus Ravi und Sutlej – lagen nun auf indischem Gebiet. Indien stoppte die Wasserzufuhr. Im hieraus folgenden Wasserstreit vermittelte die Bank für Wiederaufbau und Entwicklung (Weltbank), und im Jahre 1960 wurde der Induswasservertrag unterzeichnet. Nach diesem Vertrag beteiligte sich Indien an der internationalen Finanzierung neuer Zuleitungen für das pakistanische Kanalsystem. Zudem sieht der Vertrag vor, dass Indien das Wasser der östlichen Zuflüsse Sutlej, Beas und Ravi zusteht. Das Wasser pakistanischer Nebenflüsse, die in Sutlej und Ravi münden, nachdem diese endgültig auf pakistanisches Gebiet gewechselt sind, kann Pakistan nutzen. Auch das Wasser von Indus, Jhelum und Chenab steht Pakistan zu. In ihren Oberläufen, die in Indien liegen, ist Indien nicht berechtigt, den Wasserfluss zu unterbrechen. Es darf jedoch das Wasser zur Elektrizitätsgewinnung, als Trinkwasser und bis zu einer Höchstgrenze für die lokale Landwirtschaft nutzen. Eine Verschmutzung des Wassers (z. B. durch Industrieabwässer) wird untersagt. Eine ständige Indus-Kommission mit Vertretern Indiens und Pakistans wurde eingerichtet und zur Beilegung zukünftiger Streitfälle Verfahrensweisen festgelegt. Vorgesehen ist, auftretende „Fragen" durch die Kommission zu lösen, bei „Differenzen" einen „neutralen Experten" heranzuziehen und „Streitfälle" durch ein Schiedsgericht zu entscheiden.

In den 1990er-Jahren plante und begann Indien den Bau der Baglihar-Talsperre im Oberlauf des Chenab in Jammu und Kaschmir. Sie soll ein Kraftwerk speisen, das in zwei Ausbauphasen eine Leistung von insgesamt 900 MW erbringen soll. Im Jahr 2005 hat Pakistan im Streit über das Baglihar-Hydroenergieprojekt die Weltbank um Vermittlung gebeten.

M3: Quellentext zum pakistanisch-indischen Streit um die Baglihar-Talsperre
Reddy, M. B.: Pakistan goes to World Bank. The Hindu 19.1.2005

Muralidhar Reddy ist indischer Journalist.

»

Die Weltbank vermittelte 1960 den Induswasservertrag, der die Wasserverteilung von sechs Flüssen regelt. Der Vertrag sieht die Vermittlung neutraler Experten vor, sollte es zwischen den beiden Ländern zu einem Streit über die Auslegung von Vertragsbestimmungen kommen. (…) Das Projekt war ein Stein des Anstoßes zwischen Indien und Pakistan, seit es von Neu Delhi 1992 ins Auge gefasst wurde. Pakistan begründet seine Ablehnung damit, dass der Staudamm am Chenab den Zufluss von Wasser nach Pakistan behindern würde. Islamabad besteht darauf, dass laut der Vertragsbestimmungen die Nutzung des Chenabwassers sein exklusives Recht sei und dass ein Großdamm an diesem Fluss gegen Buchstaben und Geist des Vertrages seien. Es räumt jedoch ein, dass Indien ein Recht habe, das Wasser für Verbrauchszwecke (Bewässerung), zur Schifffahrt und Energiegewinnung „mit ernsthaften Einschränkungen" zu nutzen. Indien wies die pakistanischen Einwände zurück und sagte, das Projekt liege voll innerhalb der Vertragsbestimmungen und werde die pakistanischen Wasserrechte nicht berühren.

«

Der am 12. Februar 2007 in der Schweiz an beide Seiten übergebene Schiedsspruch eines neutralen Experten verpflichtet Indien vor allem zu einer reduzierten Dammhöhe und Speicherkapazität, gestattet den Bau der Baglihar-Talsperre aber prinzipiell. Als Indien dann im Sommer 2008 daran ging, den Chenab aufzustauen, führte dies in Pakistan zu einem Mangel an Bewässerungswasser in den Reis- und Baumwollanbaugebieten des Punjab. Für die Ernteausfälle beanspruchte Pakistan eine Entschädigung. 2010 galt der Streit aber als beigelegt.

Auch zwischen Indien und Nepal gibt es Probleme, die allerdings weniger die Verfügbarkeit des Wassers betreffen. Seit Ende der 1950er-Jahre haben beide Länder gemeinsam mehrere Wasserbauprojekte in der Gangesebene durchgeführt, so bei den Flüssen Gandak und Koshi. Sie dienen der Stromerzeugung und der Bewässerung und kommen weitgehend Indien zugute. Dafür trug Indien die Baukosten und ist für den Unterhalt verantwortlich. Nachdem im Sommer 2008 eine der Uferbefestigungen des Koshi in Nepal gebrochen war und zu verheerenden Überschwemmung im indischen Bundesstaat Bihar geführt hatte (vgl. 4.1), ist der Bau eines Hochdammes in Nepal, der vor solchen Überschwemmungen schützen könnte und seit 1937 kontrovers diskutiert wird, wieder auf der politischen Tagesordnung. Von Kritikern wird hervorgehoben, dass die hohe Sedimentfracht des Flusses das Stauvolumen in weniger als 40 Jahren erschöpfen werde. Außerdem setzten Hochwasserschutz und Energiegewinnung / Bewässerung ein unterschiedliches Wassermanagement voraus: auf der einen Seite die Schaffung freien Stauvolumens, um auch extreme Zuflüsse aufnehmen zu können, auf der anderen Seite volle Talsperren, die auch in niederschlagsärmeren Zeiten Bewässerung und Energieversorgung sicherstellen. Ein Damm könne nicht beides gleichzeitig leisten. Anfang 2012 wurde eine Durchführbarkeitsstudie vereinbart.

»

Für die Menschen Bangladeschs ist das Teilen des Wassers grenzüberschreitender Flüsse von großer Bedeutung, denn 54 große Flüsse fließen von Indien nach Bangladesch. Indien entnimmt mit Hilfe von Kunstbauten Wasser aus 43 gemeinsamen Flüssen, das ist gegen gute Nachbarschaft. Von den 54 Hauptflüssen gibt es ein Wasserteilungsabkommen nur für den Ganges, das 1996 für 30 Jahre abgeschlossen worden ist.
Die Teesta ist der bedeutendste Fluss im Nordosten Bangladeschs. Sie entspringt in Indien in Sikkim (...). Ca. 21 Mio. Bangladeshis leben im Stromgebiet der Teesta, gegenüber acht Mio. in West Bengal und eine halbe Million in Sikkim. (...) Indien hat einen Staudamm bei Gazaldoba gebaut; von dort werden 85 Prozent des Teesta-Wassers ohne Zustimmung Bangladeschs abgezweigt. Wenn Bangladesch in der Trockenzeit Wasser benötigt, bekommt es es nicht. Aber wenn es während des Sommers und Monsuns kein Wasser braucht, reicht es für eine Überschwemmung. (...) Bangladesch muss während der Trockenzeit mit Teesta-Wasser 632 000 ha Ackerland bewässern. Da Sikkim und West Bengal Wasser aus der Teesta entnehmen, wurde deren Wasserfluss drastisch reduziert, zum Schaden der Bauern aus Bangladesch.

«

M4: Quellentext zur Wasserfrage aus Sicht Bangladeschs
Rashid, H.: Teesta water issue: A few hard facts. The Daily Star 11.1.2012

Harun ur Rashid war Botschafter Bangladeshs bei den Vereinten Nationen in Genf.

1 **Hochwasserkontrolle und Bewässerung sowie Elektrizitätsgewinnung sind gegensätzliche Ziele. Kennzeichnen Sie das unterschiedliche Wassermanagement.**
2 **Diskutieren Sie das internationale Konfliktpotenzial von Wassernutzung in Südasien.**

4.4 Trinkwasserversorgung

Obwohl Südasien im Monsungürtel liegt, leiden zahlreiche Regionen unter Trockenheit und Dürre. Die Verfügbarkeit von sauberem Trinkwasser und die chemische Belastung des Grundwassers sind gravierende Probleme in vielen Gebieten.

Land	FWE (km³/Jahr)		FWE pro Ew. (m³/Jahr)
Pakistan	183,5		993
Indien	761,0		627
Bangladesch	35,9		253
USA	482,2		1518
Deutschland	38,0		463
Land	**Anteil FWE (in %)**		
	Haushalte	**Industrie**	**Landwirts.**
Pakistan	5	1	94
Indien	7	2	90
Bangladesch	10	2	88
USA	13	46	41
Deutschland	12	68	20

M1: Frischwasserentnahme (FWE, Daten aus unterschiedlichen Jahren, 2001 – 2010)

Wasser spielt nicht nur als Energiequelle und zur Bewässerung in der Landwirtschaft eine Rolle, sondern es ist auch ein lebenswichtiges Nahrungsmittel. Der Anteil der Menschen, die ihren Bedarf von mindestens 20 l Wasser pro Tag und Person nicht aus „verbesserten Trinkwasserquellen" (wie Wasserleitungen, öffentliche Zapfstellen, Bohrlöcher, Brunnen, Quellen und Zisternen, die vor Verschmutzung geschützt sind) decken können, ist in den meisten der Länder Südasiens merklich rückläufig. Dennoch lag er 2008 in Pakistan in Städten noch bei fünf Prozent (auf dem Land 13 %), in Nepal bei sieben Prozent (13 %), in Indien bei vier Prozent (16 %), auf den Malediven bei einem Prozent (14 %), auf Sri Lanka bei zwei Prozent (12 %), in Bangladesch bei 15 Prozent (22 %) und in Bhutan bei einem Prozent (12 %) der Bevölkerung. Auf dem Lande sind zum Teil immer noch Bewässerungskanäle, Speicherbecken oder Fließgewässer Quelle des Trinkwassers. Aber selbst, wenn verbesserte Wasserquellen zur Verfügung stehen, heißt dies nicht, dass das Wasser, das aus ihnen fließt, auch sicher und gesund ist. Nicht nur natürliche Bedingungen belasten das Grundwasser. Auch Industrie und Siedlungstätigkeit machen sich negativ bemerkbar. Laut Weltentwicklungsbericht von 2011 sind in Indien nur knapp zwei Drittel der Bevölkerung (62,7 %) zufrieden mit der Qualität des Wassers (Pakistan 55,0 %, Sri Lanka 88,0 %).

M2: Quellentext zur Arsenbelastung im Grundwasser in Bangladesch
Food and Agriculture Organization of the United Nations (FAO): Arsenic threat in Bangladesh. Agriculture 21 Spotlight, 2006

»

Die Belastung des Grundwassers in Bangladesch durch Arsen bedroht die Gesundheit von bis zu 30 Millionen Menschen. Das Problem hat seine Ursache im arsenreichen Grundgestein des Brahmaputra-Beckens, das das Trinkwasser filtert, das mittels Millionen von Tiefbrunnen an die Oberfläche gepumpt wird. Der Arsenspiegel im Trinkwasser ist so hoch, dass die WHO die Arsenbelastung des Wassers Bangladeschs als „die größte Vergiftung der Bevölkerung in der Geschichte" bezeichnet. (...) „Wo die Arsenkonzentration im Boden und Wasser hoch ist, finden wir eine Korrelation mit dem Arsengehalt in Feldfrüchten", sagt Sasha Koo Oshima, Beamter der FAO für Wasserqualität und Umwelt. „Einige Studien haben auch über eine Verbindung zwischen Arsen im Boden und einer Verringerung der Anbauerträge berichtet, besonders bei Reis."

«

M3: Quellentext zur Grundwassersituation in Delhi
Perappadan, B. S.: Alarmingly high level of nitrate, fluoride contamination. The Hindu, 22.6.2005

Bindu Sajan Perappadan ist indischer Journalist.

»

Es ist offiziell. Delhis Grundwassersituation hat sich weiter verschlechtert. (...) Ein vom Zentralen Grundwasserausschuss verfasster Gesundheitsstatusbericht über das Grundwasser hat alarmierend hohe Werte von Nitrat-, Fluorid- und bakterieller Belastung aufgezeigt. Sarai Kale Khan in Süddelhi (...) wies 1,57 Mikrogramm Quecksilber pro Liter gegenüber einem zulässigen Schwellenwert von 0,001 Mikrogramm auf. (...) Der Report fand heraus, dass mehr als 30 Prozent des Gebiets Delhis einen Fluorid-Gehalt besitzt, der über dem für Trinkwasser zulässigen Höchstwert der Weltgesundheitsorganisation liegt. (...) Außerdem wurden in 58 Prozent der 269 gesammelten Grundwasserproben bakteriologische Verunreinigungen gefunden.

«

Die bedenkliche Qualität selbst des Leitungswassers hat in Verbindung mit einer steigenden Kaufkraft dazu geführt, dass diejenigen, die es sich leisten können, in Flaschen und Kanistern abgefülltes, behandeltes Wasser erwerben. Zwischen 1999 und 2004 stieg in Indien der Verkauf von abgefülltem Wasser von circa 1,5 Mrd. Liter auf fünf Mrd. Liter. Neben unzähligen Kleinproduzenten für den lokalen Markt gibt es etwa 200 Markenprodukte indischer und ausländischer/multinationaler Unternehmen. Die Coca-Cola Company mit ihrer Wassermarke „Kinley" und Pepsico („Aquafina") sind neben dem indischen Unternehmen Parle Bisleri führend. Etwa die Hälfte der 1200 Betriebe liegt im Bundesstaat Tamil Nadu, der mit beträchtlichen Wasserproblemen zu kämpfen hat.

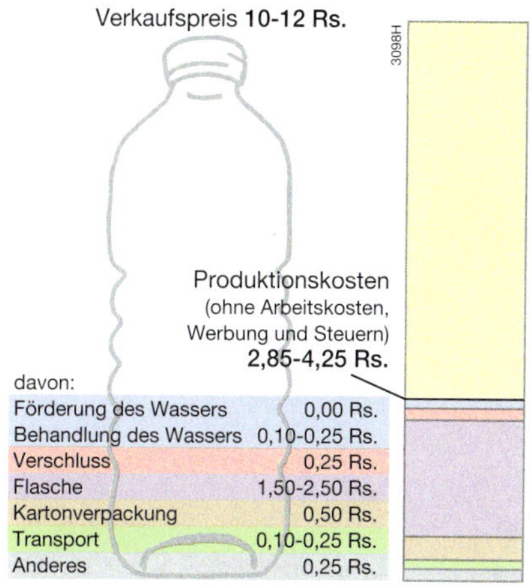

M4: Zusammensetzung des Preises einer Ein-Liter-Flasche Wasser in Indien, 2003 (Rs. = Rupien)

In Pakistan, in dem Flaschenwasser bisher nur vergleichsweise geringe Umsätze erzielt, ist neben etwa 200 einheimischen Produzenten der Nestlé-Konzern mit seiner Marke „Pure Life" aktiv. Für einen Großteil der Bevölkerung ohne Zugang zu sicherem Trinkwasser ist das Flaschenwasser aber keine erschwingliche Alternative. Kritiker sehen in der Einführung von abgefülltem Wasser in Pakistan vielmehr den Versuch, eine Flaschenwasserkultur zu initiieren, in der Wasser ein Statussymbol darstellt. Zudem arbeiten die Abfüller nicht immer einwandfrei: Nach einer Studie aus dem Jahre 2004 ist Flaschenwasser in Pakistan zu 32 Prozent mit Arsen und zu 27 Prozent bakteriologisch belastet.

Die Aktivitäten der ausländischen Wasserproduzenten haben im Ausland Kritik, in Indien Protest hervorgerufen. Vor allem eine Niederlassung von Coca Cola in Plachimada hat Aufsehen erregt. Ihr wird vorgeworfen, den Bauern der Umgebung das Wasser zu entziehen. Außerdem wurden hohe Schwermetallbelastungen (Chrom, Cadmium und Blei) in den Brunnen der Umgebung nachgewiesen, die das Werk verursacht haben soll. Schließlich hatte Coca Cola über Jahre mit Schwermetallen belasteten Klärschlamm als Dünger an die Bauern verteilt, so dass nun auch die Felder belastet sind. Die lokale Bevölkerung begann 2002 mit Protesten gegen Coco Cola, Regierung und Behörden.

M5: Quellentext zum Protest gegen Coca Cola
Krishnakumar, R.: Vigil continues. Frontline 21.04.2006

»

Innerhalb weniger Monate nach Beginn der Protestbewegung zwangen die Demonstranten das Panchayat [Verwaltung einer ländlichen administrativen Einheit], *zu ihren Gunsten zu handeln. Das Panchayat lehnte es gemäß ihrer Forderung ab, die Lizenz des Unternehmens zu verlängern. Und als die Regierung des Bundesstaats zu Gunsten des Multis intervenierte, ging es vor Gericht. Als die Angelegenheit schließlich vor dem Obersten Gericht landete, waren die Staatsregierung und ihre Behörden gezwungen, den Fall gegen das Unternehmen und auf der Seite der Protestler zu vertreten.*
Coca Cola musste sein Werk im März 2004 schließen, den Menschen in den betroffenen Dörfern Trinkwasser mit Tanklastwagen liefern und Maßnahmen gegen Verschmutzung ergreifen. Und obwohl sich die Funktionäre des Unternehmens höchst sicher waren, die Schlacht vor Gericht sehr bald zu gewinnen, wurden die Bemühungen von Coca Cola, das Werk wieder zu eröffnen, von den Demonstranten, dem Panchayat und, wenn auch widerwillig, der Regierungsmaschinerie vereitelt.

«

Im Jahr 2011 verabschiedete das Parlament Keralas ein Gesetz zur Entschädigung der durch Coca-Cola geschädigten Bauern. Andererseits gelang es der Firma, deren Jahresumsatz 2010 in Indien um 29 Prozent gestiegen ist, eine neue Betriebsgenehmigung zu erhalten. Ein Gesetz zur Förderung industrieller

Ansiedlungen, das die Einspruchsmöglichkeiten örtlicher Behörden einschränkt, machte dies möglich.
Coca Cola und andere Getränkeproduzenten fördern meist Grundwasser, das gefiltert und behandelt wird. Die Wasserentnahme aus eigenen Brunnen ist frei, für die Produzenten nur mit den Förderkosten verbunden. Abgesehen von den damit verbundnen Umweltproblemen stellt sich die grundsätzliche Frage, ob Wasser ein allgemeines Gut oder eine Ware darstellt, über die Einzelne zu ihrem Profit verfügen können. Organisationen wie die Weltbank propagieren eine Privatisierung der Wasserversorgung. Sie vertreten die Auffassung, dass private Unternehmen wirtschaftlicher und effektiver wirtschaften würden als öffentliche Versorger.

In Südasien gibt es zahlreiche Ansätze, die Wasserversorgung zu privatisieren. In Indien, wo auf der Grundlage bundesstaatlicher Gesetze regionale oder lokale Körperschaften die Verantwortung tragen, werden unterschiedliche Modelle verfolgt:

- **Privatisierung der Wassergewinnung**: privat finanzierter Staudammbau und exklusive Nutzungsrechte von Flussabschnitten (mit Auswirkungen auf An- und Unterlieger!) durch Investoren; diese geben das Wasser zu festgelegtem Preis an öffentliche Träger ab, die damit zum Beispiel die Industrie versorgen;
- **Privatisierung der Wasserverteilung**: Wassergewinnung und -aufbereitung erfolgen weiterhin durch öffentliche Dienstleister, die das Wasser an private Unternehmen weitergeben, die die Versorgung der Bevölkerung vor Ort übernehmen;
- **Public Private Partnership**: öffentliche Wasserversorger und private Investoren gründen ein gemeinsames Versorgungsunternehmen, das ein Recht zur Entnahme festgelegter Wassermengen aus öffentlichen Quellen (Fluss) erhält, das Wasser aufbereitet und verteilt.

Die Ziele, die die Weltbank mit dem Privatisierungskonzept verfolgt, wurden bislang allerdings nicht erreicht. Meist gingen mit der Privatisierung eine Verschlechterung von Service und Versorgung einher. Auch stiegen die Wasserpreise beträchtlich. Andererseits wurden auch die Gewinnerwartungen der Investoren nicht erfüllt oder die öffentliche Hand musste Gewinn- und Preisgarantien abgeben und mit Steuergeldern den Wasserpreis subventionieren.

M 1: Quellentext zum Ende der Privatisierungseuphorie
Kürschner-Pelkmann, F.: Der Traum vom schnellen Wasser-Geld. Aus Politik und Zeitgeschichte 25 / 2006

Frank Kürschner-Pelkmann ist Journalist in Hamburg.

»

Unternehmen (...) engagieren sich nur noch in ärmeren Ländern, wenn in großem Ausmaß Entwicklungsgelder und zinsgünstige Kredite bereitstehen. Aber mit diesen Mitteln können die kommunalen Betriebe die bestehenden Versorgungsdefizite selbst beheben. Auch die Weltbank hat die Illusion verloren, dass die großen internationalen Wasserkonzerne die Milliardenbeträge aufbringen werden, die zur Lösung der Wasserprobleme im Süden der Welt erforderlich sind. Die mehr als eine Milliarde Menschen, die bisher ohne sauberes Trinkwasser in der Nähe ihrer Häuser auskommen müssen, sind überwiegend auch die Menschen, die mit weniger als einem US-Dollar am Tag überleben müssen – und fallen deshalb als Kunden der internationalen Wasserkonzerne aus. (...) Die Privatisierungseuphorie im Wasserbereich ist vorüber – auch bei weitsichtigen Wasserunternehmen.

«

1 Beschreiben Sie die verschiedenen Facetten von Trinkwassersicherheit.
2 Wasser als Geschäft? – Beurteilen Sie die Positionen zur Privatisierung.

5

Die Rolle der Industrie in Südasien

Südasien hat überwiegend eine Agrarökonomie. In der Vorkolonialzeit stellten Manufakturen oder Heimindustrien Muslin-Stoffe, Seide oder Teppiche her. Später war die Kolonialmacht aber vor allem an der Produktion von Rohmaterialien interessiert. Eine Industrialisierung hat daher in Südasien erst mit der zweiten Hälfte des 20. Jahrhunderts stattgefunden. In den 1960er-Jahren, nach dem Erringen der Unabhängigkeit, wurde besonderer Nachdruck auf die Entwicklung der Schwerindustrie gelegt, um schnelles wirtschaftliches Wachstum zu erreichen. Heute setzen Pakistan und Bangladesch vor allem auf die Textil- und Bekleidungsindustrie, während Indien auch erfolgreich im Bereich Software und Informationstechnologie ist. Die Integration in den Weltmarkt ist weit fortgeschritten.

5.1 Koloniale De-Industrialisierung

Während der Kolonialzeit erlebte Südasien eine Phase der De-Industrialisierung. Der Raum wurde zum Rohstofflieferanten der Kolonialmächte und zum Absatzgebiet industriell erzeugter Waren.

Schon in vorchristlicher Zeit wurden in Südasien hochwertige handwerkliche Produkte (z. B. Töpferwaren, Metallwaren, Textilien und Schmuck) hergestellt. Ein Beleg für das Können der Handwerker ist die mehr als sieben Meter hohe, eiserne, nichtrostende Ashoka-Säule, die ursprünglich in Zentralindien, heute aber in Süd-Delhi steht (Qutb Minar) und wohl um die Wende vom vierten zum fünften Jahrhundert hergestellt wurde. Die portugiesischen, holländischen, britischen und französischen Kaufleute, die im 16. und 17. Jahrhundert mit Indien Handel trieben, waren nicht nur an Pfeffer, Zucker und Salpeter interessiert, sondern auch an Fertigwaren wie Baumwoll- und Seidenstoffen, die in Heimarbeit und in staatlichen Manufakturen hergestellt wurden.

M1: Quellentext zu den staatlichen Manufakturen in Delhi im 17. Jahrhundert
Bernier, F.: Travels in the Moghul Empire, 1656 – 1668

Der französische Arzt und Philosoph François Bernier verbrachte Mitte des 17. Jahrhunderts zehn Jahre am Hof des Mogul-Herrschers in Indien.

»

An vielen Stellen der Stadt sieht man große Hallen, die Karkhanas oder ‚Werkstätten' genannt werden. In einer Halle sind unter der Aufsicht eines Meisters Sticker fleißig bei der Arbeit, in einer anderen Goldschmiede, in einer dritten Maler, in einer vierten Lackierer, in einer fünften Tischler, Drechsler, Schneider und Schuhmacher. In einer sechsten stellen sie Stoffe her, Seide, Brokat und feinen Musselin, wie er für Turbane, mit goldenen Blumen verzierte Gürtel und die Wäsche der Frauen verwendet wird, so fein, dass sie oft in einer einzigen Nacht abgetragen ist. Diese Kleidungsartikel, die nur wenige Stunden halten, können zehn oder zwölf Kronen kosten oder mehr, wenn sie aufs Schönste bestickt sind.

«

Mit der Industrialisierung Englands änderten sich im Laufe der Kolonialzeit die Interessen der Europäer, und die industriellen Ansätze in Südasien wurden großteils zerstört. Im frühen 18. Jahrhundert exportierten die britischen Kaufleute noch einfache weiße Baumwollstoffe aus Indien, die dann in Fabriken in Großbritannien bedruckt wurden. Nach dem Entstehen maschineller Baumwollspinnereien und -webereien im Mutterland war für sie aber nur noch der Rohstoff, die Baumwolle, interessant. Die Handweber verloren ihren ausländischen Absatzmarkt, was das gesamte indische Handwerk stark schädigte.

M2: Quellentext über die De-Industrialisierung in Indien
Habib, I.: Essays in Indian History (2002)

»

Indien, seit undenkbaren Zeiten die große Baumwollwerkstatt der Welt, wurde nun überschwemmt mit englischen Twist- und Baumwollstoffen. (...) [Karl Marx schrieb:] *‚Von 1818 bis 1836 stieg die Ausfuhr von Twist von Großbritannien nach Indien in einem Verhältnis von 1 zu 5 200.' (...) Wenn man daran denkt, dass zusätzlich zu Stoff auch Garn importiert wurde, kann man verstehen, was Marx damit meinte, wenn er davon sprach, dass die traditionelle Verbindung von Landwirtschaft und verarbeitendem Gewerbe in Indien radikal unterbrochen wurde.*

«

Die mit der Industrialisierung in Großbritannien Hand in Hand gehende Transformation der Kolonie zu einem Rohstofflieferanten erforderte ein Transportwesen, das die Produktionszentren an die Häfen anschloss. Der Eisenbahnbau erschloss

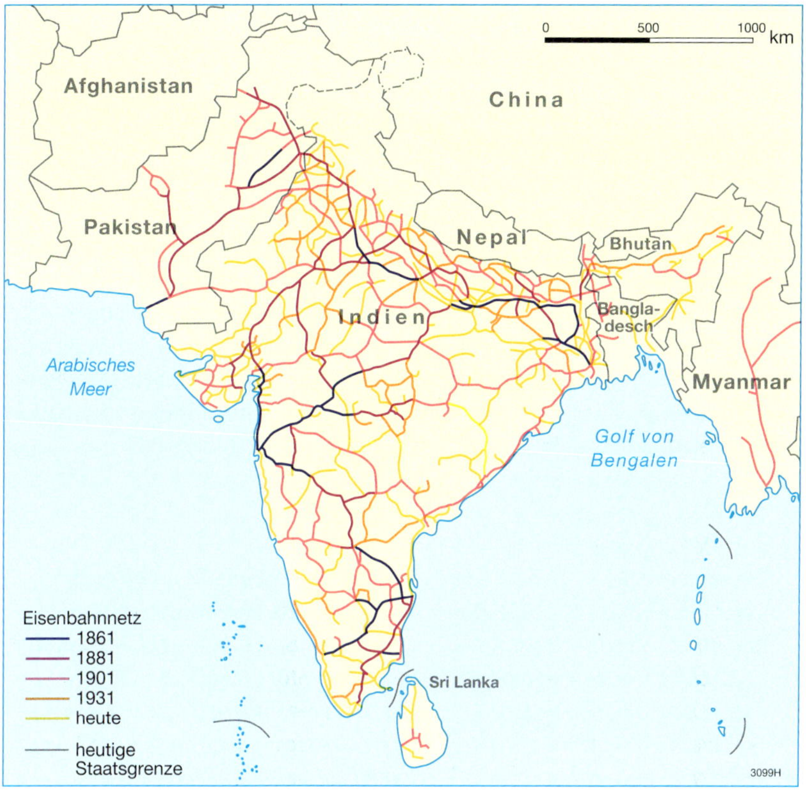

M3: Entwicklung des südasiatischen Eisenbahnnetzes

seit der zweiten Hälfte des 19. Jahrhunderts das Land mit großer Geschwindigkeit. Während Schienen, Lokomotiven und Wagen aus England importiert wurden, wurden für die Schwellen ganze Wälder in den Bergländern abgeholzt.

Daneben entstanden während der Kolonialzeit auch einzelne neue Industrien, die lokale Rohstoffe verarbeiteten. Dazu gehörte die Jute-Industrie in Bengalen, die billiges Verpackungsmaterial und Jutesäcke für den inländischen Bedarf und den Export herstellte. Die Juteindustrie wurde übrigens durch die Teilung der Kronkolonie stark geschädigt, da die Anbaugebiete von Jute nun vorwiegend in Ostpakistan, die Fabriken aber im indischen West-Bengalen lagen. Später ersetzten Kunststoffe die Jute als Verpackungsmaterial. Nach einer Umstrukturierung und Diversifizierung erzeugen die verbliebenen Betriebe nun hochwertige Kleiderstoffe und Heimtextilien.

Im Boykott von den Kolonialherren industriell erzeugter Waren sah Gandhi ein Mittel im Kampf um die Unabhängigkeit. Der Bedarf sollte durch handwerklich erzeugte indische Produkte gedeckt werden. Da Indien etwa die Hälfte der britischen Baumwollstoffe abgenommen hatte, traf der Boykott die Baumwollindustrie empfindlich. Der Erste, aber vor allem der Zweite Weltkrieg stärkten Ansätze einer Industrialisierung in der Kolonie. Indische Industrien fanden Absatzmärkte sowohl im Mutterland, um die britische Kriegswirtschaft zu versorgen, als auch in Indien selbst, da die britischen Exporte zurückgingen. Es profitierten vor allem der Textilsektor wie auch Eisen und Stahl. Aber auch andere Zweige, so die pharmazeutische Industrie und der Maschinenbau, erhielten Impulse.

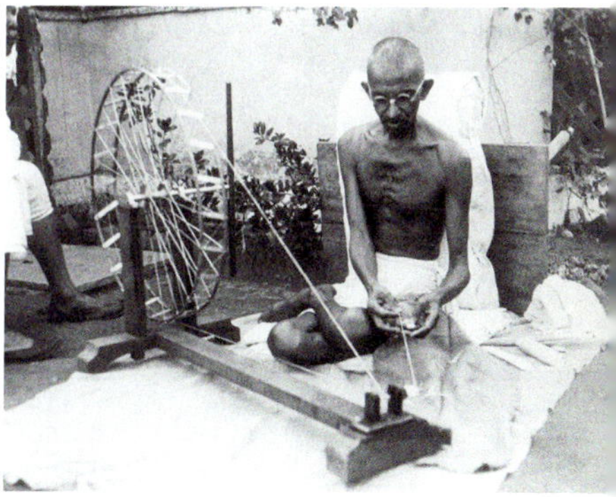

M4: Mahatma Gandhi an einer Charkha (Spinnrad)

1 Vergleichen Sie die Produktionsausrichtung der Manufakturen des 17. Jahrhunderts mit der Ausrichtung indischer Betriebe im 18. und 19. Jahrhundert.

5.2 Industrialisierung unter staatlicher Planung

In den jungen unabhängigen Staaten Südasiens versuchten die Regierungen zunächst, den wirtschaftlichen Entwicklungsprozess mit Mehrjahresplänen in Gang zu setzen.

Importsubstitution
Ersatz von Importgütern durch im Inland hergestellte Produkte

1947 begannen die südasiatischen Länder damit, durch staatliche Planung und staatliche Investitionen die kolonialen Wirtschaftsstrukturen zu transformieren. Indien ging hierbei mit einer Strategie voran, die oft als „dritter Weg" oder „gemischte Wirtschaft" bezeichnet wird und eine Mischung aus demokratischer Politik und zentraler Planung darstellte. Das primäre Ziel war eine Industrialisierung, um die **Importe zu substituieren** und die Wirtschaftskraft der jungen Nation zu stärken. Fünfjahrespläne setzten jeweils Schwerpunkte in bestimmten Bereichen (M 2). **Indien** schaffte es mit diesen „sozialistischen" Instrumenten jedoch nicht, eine starke Wirtschaft und effiziente Institutionen zu schaffen. Die Wachstumsraten blieben gering, bis 1990 eine Zahlungsbilanzkrise eine Liberalisierung der indischen Wirtschaft auslöste.

M 1: Quellentext zu den Folgen der indischen Planwirtschaft
Wamser, J.: Standort Indien. GR 10/2008

Johannes Wamser ist deutscher Wirtschaftsgeograph.

»

Indien versuchte (...) eine Entwicklung zwischen Kapitalismus und kommunistisch geprägter Planwirtschaft zu realisieren („Dritter Weg"). Außenwirtschaftlich sollte so die Abhängigkeit vom ausländischen Kapital verhindert und wirtschaftliche Eigenständigkeit angestrebt werden. Dies führte zu einer zunehmenden Isolation der indischen Volkswirtschaft und im Prinzip zur Abkopplung vom Weltmarkt. Der Weg der Importsubstituierung hatte weichreichende Konsequenzen für die einheimische Industrie. In dem abgeschotteten Markt produzierten die inländischen Industrien zunehmend zu überhöhten Kosten, ein Wettbewerb, der notwendigen Druck auf die Effizienz und Effektivität der Betriebe ausgeübt hätte, war praktisch nicht vorhanden. Folge waren international nicht wettbewerbsfähige Produktionsstrukturen, eine geringe Qualität der Produkte und eine niedrige Produktivität. Das Wirtschaftswachstum war zwischen 1951 und 1981 mit durchschnittlich 3,6 Prozent pro Jahr zu gering, um das Bevölkerungswachstum aufzufangen und Wohlstand zu erzeugen. Somit musste der indische Staat immer häufiger bei der Versorgung der Bevölkerung einspringen, was zu Lasten der makroökonomischen Bilanz ging. Ein enormes Budgetdefizit, sehr hohe Inflationsraten und wachsende Auslandsschulden führten dazu, dass Indien kaum den eigenen Zinsverpflichtungen und Importerfordernissen nachkommen konnte.

«

Auch wenn alle südasiatischen Staaten Planungsbehörden schufen und Pläne erarbeiteten, unterschieden sich ihre Ansätze. **Pakistan** konzentrierte sich auf seine Landwirtschaft und den Aufbau einer Konsumgüterindustrie, um unabhängiger von Importen zu werden, sowie auf die Entwicklung von Exportindustrien. Aufgrund der instabilen politischen Verhältnisse wurden zahlreiche Pläne jedoch umgangen oder aufgehoben. Auch in **Bangladesch**, dessen Pläne sich nach der Unabhängigkeit auf die Entwicklung des ländlichen Raumes und wirtschaftliches Wachstum konzentrierten, führten Naturkatastrophen und politische Instabilität wiederholt dazu, dass die gesteckten Planziele nicht erreicht werden konnten.

Sri Lanka legte nach Ende der Kolonialzeit anfangs wenig Wert auf eine zentrale Entwicklungsplanung. 1959 sah ein Zehnjahresplan einen Ausbau der Industrie vor, wurde nach kurzem aber als unrealistisch nicht mehr weiter verfolgt. Kürzere Fünfjahrespläne sahen die Ausweitung des Reisanbaus und

Fünfjahresplan	Hauptfokus	Jährliches Wirtschaftswachstum (in %)	
		Ziel	erzielt
Erster Plan: 1951 – 1956	Restrukturierung des Agrarsektors	2,1	3,6
Zweiter Plan: 1956 – 1961	Schwer – und Grundstoffindustrien, z. B. Eisen und Stahl; Bhilai, Rourkela u. Durgapur mit ausländischer Unterstützung gegründet	4,5	4,2
Dritter Plan: 1961 – 1966	Diversifizierung und Kapazitätsausbau bestehender Industrien; Neue Stahlwerke, Elektroindustrie, Maschinen- und Werkzeugbau, Lokomotiven, Textilindustrie (Baumwolle, Jute), Düngemittel	5,6	2,7
Drei Einjahrespläne: 1967, 1968, 1969	Schwergewicht auf Klein-, Dorf- und Heimindustrie		
Vierter Plan: 1969 – 1974	Ausbau der petrochemischen Industrie, Zucker, Jute, landwirtschaftliche Maschinen, Stahllegierungen, Aluminium etc., neues Stahlwerk in Bokaro	5,7	2,1
Fünfter Plan: 1974 – 1979	Exportorientierte und Konsumgüterindustrie	4,4	4,8
Sechster Plan: 1980 – 1985	Elektrische / elektronische Produkte, Kraftfahrzeuge u.a. Konsumgüter	5,2	5,5
Siebter Plan: 1985 – 1990	Maximale Kapazitätsausnutzung bestehender Industrien, wachsende Bedeutung elektronischer Industrie	5,0	6,0
Einjahrespläne: 1991, 1992	Beschäftigung im tertiären Sektor und soziale Transformation		
Achter Plan: 1992 – 1997	Expansion der Agro- u. a. Industrien zur Wachstumssteigerung, Verbesserung des Handels und Abbau des Finanzdefizits	5,6	6,7
Neunter Plan: 1997 – 2002	Basic Minimum Services (BMS), z. B. Trinkwassersicherheit, Grundschulerziehung, finanzielle Konsolidierung durch verbesserten Steuereinzug und Kontrolle der Regierungsausgaben	6,5	5,5
Zehnter Plan: 2002 – 2007	Reduktion von Armut und Anhebung der Sozialindikatoren, Schaffung von 50 Mio. neuer Arbeitsplätze, institutionelle Reformen	8,0	8,4
Elfter Plan: 2007– 2012	Integratives Wachsum, d.h. Armutsbekämpfung durch wirtschaftliches Wachstum auf breiter Basis; Erhöhung Beschäftigung, ;Abbau regionaler Dispatitäten; Förderung von Bildung, Gleichstellung und Gesundheit, Ausbau Inftrastruktur, Umweltschutz (Wald, Wasser etc.)	10,0	-

M2: Hauptzielrichtung der indischen Fünfjahrespläne

anderer landwirtschaftlicher Zweige, den Abbau von Einkommensunterschieden und die Anhebung des Lebensstandards vor. Nach 1978 betonten diverse Fünfjahrespläne den Abbau der Arbeitslosigkeit und eine Steigerung öffentlicher Infrastrukturinvestitionen mit Hilfe ausländischer Kredite. Die kriegerischen Konflikte setzen seit Ende der 1980er-Jahre aber auch hier einer Planung Grenzen.

Nepal begann 1953 mit Entwicklungsmaßnahmen im Bereich der Infrastruktur, die in den ersten Fünfjahresplan integriert wurden. In den folgenden Jahrzehnten sollte die heimische Industrie unterstützt sowie Privatinvestitionen und technische Ausbildung gefördert werden. Die politische Instabilität unterband nach 1997 die Umsetzung eines Plans, der eigentlich eine Wirtschaftsreform anvisiert hatte.

Von 1961 bis 1981 vollzog **Bhutan** dank indischer Hilfe eine beträchtliche Entwicklung, obwohl es weiterhin zu den ärmsten Ländern der Erde zählte. Die Pläne konzentrierten sich auf die Entwicklung der Land- und Forstwirtschaft, der Bewässerung und der Hydroenergie, die vor allem nach Indien exportiert wird. In der Gegenwart sind Schutz der Umwelt, die Unabhängigkeit von ausländischen Geldgebern zur Finanzierung des Staatsbudgets und die Verbesserungen der Lebensbedingungen auf dem Lande primäre Zielsetzungen der Planung.

Gross National Happiness

Der neunte Fünfjahresplan Bhutans 2006 forderte nicht die Maximierung des GNI – Gross National Income (Bruttonationaleinkommen), sondern die des GNH – Gross National Happiness („Bruttonationalglück"). Den Ausdruck hatte der König Bhutans bereits 1972 als Antwort auf Kritik an niedrigen wirtschaftlichen Wachstumsraten des Landes geprägt. Statt Wirtschaftswachstum stellt der GNH eine sozial gerechten Gesellschafts- und Wirtschaftsentwicklung, kulturelle Werte, Umweltschutz und Good Governance in den Mittelpunkt. www.grossnationalhappiness.com

1 Erörtern Sie die Planungsziele und die tatsächliche Entwicklung in den Staaten Südasiens.

2 „Gross National Happiness statt Gross National Income." Diskutieren Sie diesen Ansatz.

Aufbau der Schwerindustrie

Metallverhüttung und Schwerindustrie wurden in Südasien erst in der zweiten Hälfte des zwanzigsten Jahrhunderts aufgebaut. Während sich andere Länder auf die Konsumgüterindustrie konzentrierten, wurde die Eisen- und Stahlindustrie in Indien als Ausgangspunkt des industriellen Aufbaus angesehen.

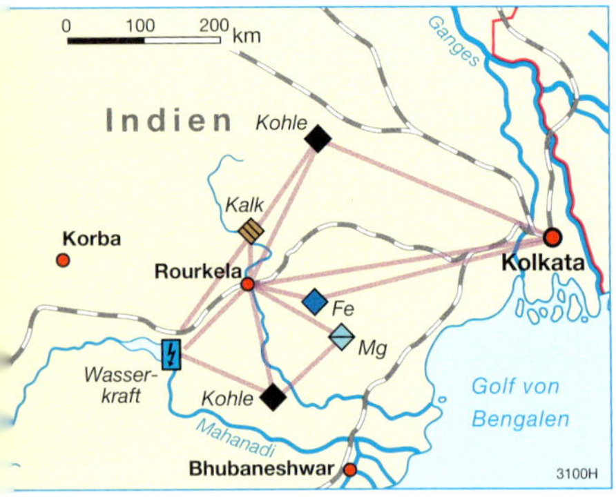

M1: Der Standort Rourkela, Hindustan Steel Ltd.

Webers Standorttheorie
Der optimale Standort einer Produktionsstätte wird durch die Transportkosten für die eingesetzten Güter wie für das Fertigprodukt (zum Konsumort) bestimmt, sofern Arbeitskosten und Agglomerationsfaktoren außer Acht gelassen werden können. Hierbei ist zu berücksichtigen, in welchem Umfang die Rohstoffe in das Gewicht des Fertigprodukts eingehen.

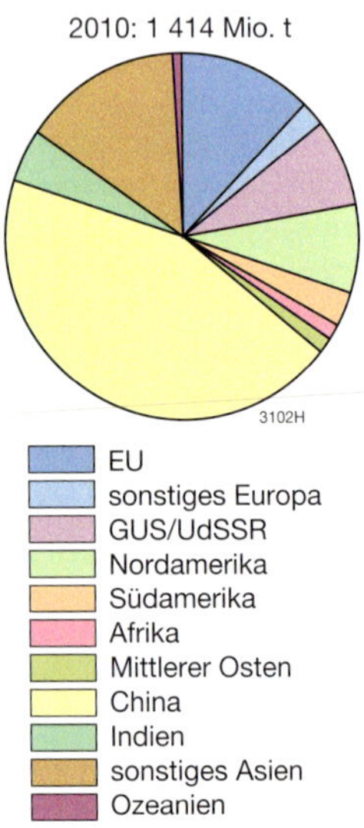

M2: Anteil Indiens an der Weltstahlproduktion

Indien ist reich an Bodenschätzen. Es gibt hochwertige Kohlevorkommen, Eisen-, Mangan-, Kupfererze, Bauxit und andere mineralische Rohstoffe. Die ersten Eisen- und Stahlwerke wurden Ende des 19. und zu Beginn des 20. Jahrhunderts gegründet, zum Beispiel 1907 die Tata Iron and Steel Company. Nach Erlangung der Unabhängigkeit wurde der Aufbau einer Schwer- und Grundstoffindustrie als Basis einer Industrialisierung angesehen. Nach der Entscheidung zu einer schnellen Industrialisierung unter Führung des Staates wurden Bergbau und Prospektion (Erkundung neuer Lagerstätten) vorangetrieben und Wasserkraftwerke gebaut. Zudem wurden technische Hochschulen gegründet, um einen Stamm von Ingenieuren und Technikern für den großen inländischen Arbeitsmarkt heranzuziehen.

Zu Beginn der Industrialisierung erhielt Indien technische Unterstützung aus Deutschland, Großbritannien und der UdSSR. Mit dieser Hilfe wurden die Stahlwerke Rourkela, Durgapur und Bhilai als Staatsbetriebe errichtet. Der Standortwahl lag die **Standorttheorie Alfred Webers** zugrunde. Nach 1970 versuchte die Regierung hingegen mit dem Ziel einer gleichmäßigeren Entwicklung, eine bessere Verteilung der Industrien im Lande zu erreichen und sie von der Bindung an die Bergbaugebiete zu lösen. Transportkosten wurden subventioniert. So konnten auch in Südindien Stahlwerke errichtet werden. Im Privatsektor entstanden hier zudem seit Mitte der 1970er-Jahre Mini-Stahlwerke, die Schrott verhütten, auf der Basis von Hydroelektrizität. Nach den großen Eisen- und Stahlwerken entstanden zahlreiche Folgeindustrien zusammen mit Betrieben der Schwerchemie, der Öl- und Aluminiumindustrie. Weitere Zulieferindustrien entwickelten sich; Lokomotiv- und Automobilfabriken dienten dem Ausbau der indischen Verkehrsinfrastruktur.

Heute ist Indien nach China, Japan und der USA der viertgrößte Stahlproduzent der Welt (2010: 68,3 Mio.t). Die größten Stahlerzeuger in Indien sind die private, auch außerhalb Indiens produzierende Tata Steel (2010: 23,5 Mio. t Stahl; 81 000 Beschäftigte) und die in staatlicher Hand befindliche Steel Authority of India Limited (13,6 Mio. t Stahl; 115 000 Beschäftigte) (Thyssen Krupp: 16,4 Mio. t).

M3: Tata Steel Plant in Jamshedpur

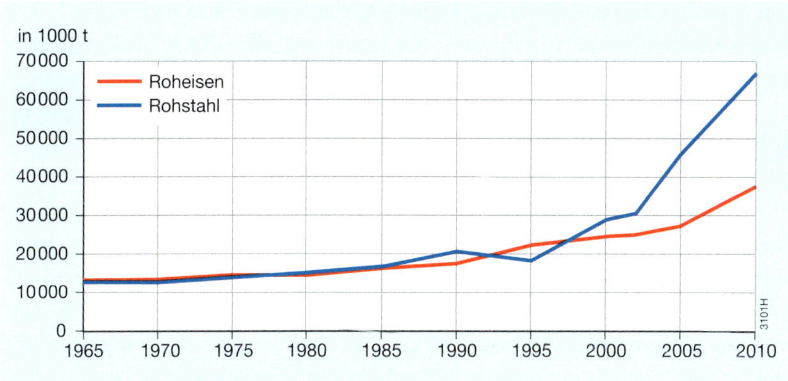

M4: Produktion von Roheisen und Rohstahl in Indien

Anders als Indien, konzentrierte sich Pakistan bis 1972 auf den Aufbau einer Konsumgüterindustrie. Das einzige Stahlwerk wurde von 1973 bis 1985 in Bin Qasim nahe Karachi mit sowjetischer Hilfe errichtet und hängt von importierten Rohstoffen ab. In den anderen Ländern Südasiens spielt die Eisen- und Stahlindustrie keine oder nur eine minimale Rolle.

»

Der Kreis schließt sich: Pakistans einziges Stahlunternehmen, das vor mehr als zwanzig Jahren mit technischer und finanzieller Hilfe Russlands gegründet worden war, wurde im vergangenen Monat an ein russisch geführtes Konsortium verkauft. Pakistan Steel ist das letzte Staatsunternehmen, das privatisiert und an einen ausländischen Bieter veräußert worden ist. Der ausgedehnte Stahlkomplex erstreckt sich über 75 km² in der Nähe des Hafens Mohammad Bin Qasim im Süden Pakistans. Zwei vier Kilometer lange Förderbänder transportieren die Rohmaterialien für die Stahlproduktion - Eisenerz und Kohle - zur Fabrik. (...)
Das Konsortium, das Pakistan Steel gekauft hat, wird von einem saudi-arabischen Stahlunternehmen und einer Maklerfirma aus Karachi unterstützt. Sie übernehmen ein Unternehmen, das bis vor kurzem als „weißer Elefant“ [Großprojekt, das die in es gesetzten ehrgeizigen Ansprüche und Zukunftshoffnungen nicht erfüllt] *angesehen wurde. (...) Aber im letzten Jahr, nach Jahren schlechter Ergebnisse, erreichte es Rekordniveaus bei Produktion, Verkäufen und Profiten. In die Höhe schnellende Stahlpreise führten zu weiterer Nachfrage und noch höheren Preisen. Dies ermöglichte es der Gesellschaft, mehr zu investieren und die Schulden und damit die Zinszahlungen an die Banken zu verringern. (...) Zurzeit läuft das Werk mit voller Kapazität und deckt etwa ein Viertel des Landesbedarfs an Stahl. (...) Das verarbeitende Gewerbe und der Bausektor in Pakistan, die wesentlich die Nachfrage nach Stahl bestimmen, wuchsen zwischen 2004 und 2005 um 12 bzw. sechs Prozent (...) Aber das Werk benötigt eine beträchtliche Steigerung der Investitionen, wenn es mit effizienteren Stahlwerken in Südkorea und Japan konkurrieren soll. Einige befürchten zudem, das das neue russisch geführte Konsortium das Werk dazu benutzen wird, Stahl nach Russland zu exportieren und den inländischen Markt umgehen wird.*

«

M5: Quellentext zur Privatisierung der pakistanischen Stahlindustrie
Borthwick, M.: Pakistan Steels Itself for Sell-offs. BBC News 1.6.2006

Malcolm Borthwick ist Asienkorrespondent der BBC.

1 Erörtern Sie die Vorzüge und Nachteile der diversen Standorttypen südasiatischer Stahlwerke.

D1-164
www.diercke.de

Entwicklung der Textilindustrie

Die meisten Länder Südasiens starteten mit der Baumwollindustrie in den Industrialisierungsprozess. Nach wie vor sind Baumwollprodukte als Exportgut und Devisenquelle von Bedeutung.

Auch wenn die indische Baumwollweberei in der Kolonialzeit durch den Import englischer Stoffe stark geschädigt wurde, kam es gerade im Textilsektor doch zu Ansätzen einer Industrialisierung. Der Raum Bombay-Ahmedabad entwickelte sich zum ersten Zentrum der Textilindustrie des indischen Subkontinents, nachdem gegen Ende des 19. Jahrhunderts indische Unternehmer mit aus Großbritannien eingeführten Maschinen hier Baumwollfabriken eröffnet hatten. Nach dem Boom während des Zweiten Weltkriegs (vgl. 5.1) erfolgte in den 1950er-Jahren unter anderem infolge der wirtschaftspolitischen Zielvorgaben und Rahmenbedingungen (vgl. 5.2) ein Niedergang vor allem der großen Textilfabriken. Neben Fabriken von Staats- und Privatunternehmen existieren heute etwa 430 000 Kleinbetriebe mit Elektrowebstühlen und mehr als zwei Mio. handwerkliche Weber. Solche kleinen Elektrowebereien produzieren mehr als 60 Prozent der Stoffe. Die Textilindustrie ist in Indien ein wichtiger Industriezweig geblieben, jedoch erschweren ihre momentanen Produktionsstrukturen technologische Innovationen, aber auch eine stärkere Ausrichtung auf den Export.

Die indische Textilindustrie trug 2008/9 vier Prozent zum Bruttoinlandsprodukt (BIP) und zwölf Prozent zum Exportvolumen bei. Etwa 35 Mio. Arbeitskräfte sind hier beschäftigt.

M1: Quellentext zur Situation der handwerklichen Weber in Indien
Deshpande, N.: Looming Disaster. Frontline 3/2012

Neeta Deshpande ist indische Journalistin.

» *Globalisierung und Liberalisierung haben die schlechte Lage der Weber noch verschlimmert. Die exportorientierte Textilpolitik des Jahres 2000 (...) liberalisierte die Kontrollen und Regularien zuungunsten des handwerklichen Sektors. (...) In ganz Indien fiel die Zahl der Weberhaushalte von 2,525 Mio. 1995 auf 2,268 Mio. 2010. (...) In ihrer Verzweiflung nehmen Weber (...) ungelernte Tätigkeiten auf als Bau- oder Landarbeiter, aus denen sich höhere Einkünfte erzielen lassen. Mit jahrelang niedrigen Löhnen und Erträgen sind handwerkliche Weber heute schwer verschuldet und sehr verwundbar bei der kleinsten Veränderung der Materialpreise, v.a. für Baumwollgarn. (...) Garnexporte treiben die Preise nach oben und setzen ihren Lebensunterhalt aufs Spiel.* «

	Textilien	Kleidung
Indien	12,9 (2,1)	11,2 (2,5)
Pakistan	7,8 (2,7)	3,9 (1,0)
Bangladesch	1,3 (k. A.)	15,7 (0,6)

M2: Exporte der Textil- und Bekleidungsindustrie (in Mrd. US-$ 2010, in Klammern 1990)

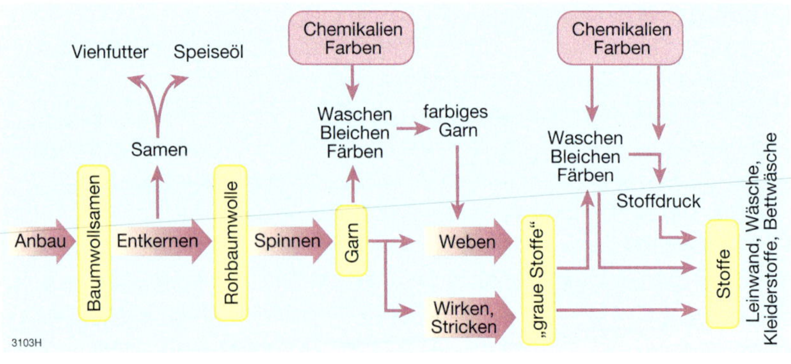

M3: Vom Baumwollanbau zum Konsumgut

Auch im pakistanischen Teilungsgebiet gab es erste Ansätze einer Baumwollindustrie bereits vor der Unabhängigkeit. Die eigentliche Entwicklung begann aber erst nach 1947. Als die Planungsbehörden entschieden, auf den Aufbau einer Konsum- und Exportgüterindustrie zu setzen, geriet die Weiterverarbeitung des Exportguts Rohbaumwolle im Lande zunehmend in den Blickpunkt.

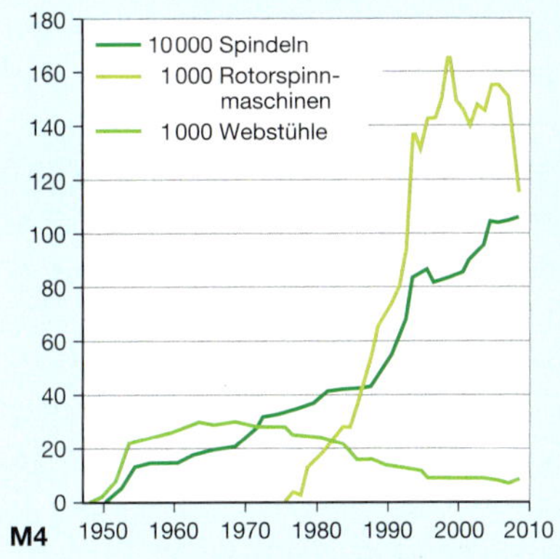

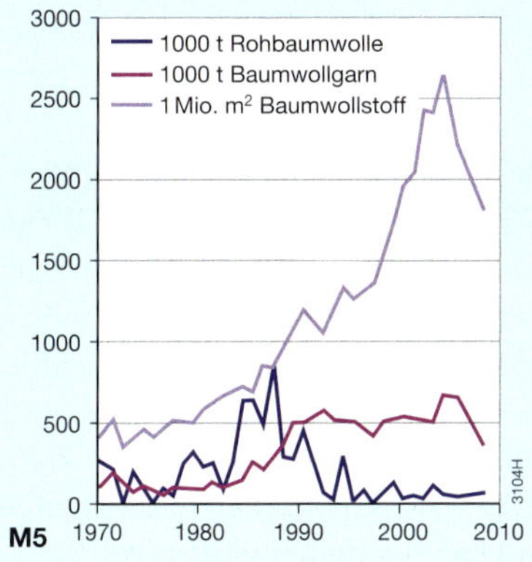

M4,5: Entwicklung der Textilindustrie Pakistans

Provinz	Zahl der Betriebe
Belutschistan	10
Sindh	119
Punjab	309
Asad Kaschmir	6
Nordwest-provinz	17

M6: Verteilung der Betriebe der Textilindustrie in Pakistan (2008 / 09)

Die pakistanische Textilindustrie erzeugte im Jahre 2008 / 09 8,5 Prozent des BIP, steuerte 54 Prozent zum Exportergebnis bei und beschäftigte 38 Prozent aller industriellen Arbeitskräfte.

Die Textilindustrie entwickelte sich schnell zum führenden Industriezweig Pakistans, obwohl sie seit Mitte der 1970er-Jahre mit Schwierigkeiten zu kämpfen hat. Neben Fabriken – Spinnereien, Webereien und integrierten Betrieben – existiert eine hohe Zahl kleinerer Betriebe (schätzungsweise mehr als 30 000), die oft unter schlechten Arbeitsbedingungen auf Elektrowebstühlen einen Großteil der Exportproduktion erzeugen. Trotz der hohen Bedeutung der pakistanischen Textilindustrie gibt es einen Investitionsstau. Die Maschinen müssen bislang fast vollständig importiert werden, wofür die wirtschaftlichen Rahmenbedingungen wie hohe Inflation, Abwertung der Rupie und Haushaltsdefizit keine günstigen Voraussetzungen bilden. Das zum Teil beträchtliche Alter der Maschinen führt zu Produktivitätseinbußen. Nur drei Viertel der installierten Spindeln und weniger als die Hälfte der Rotorspinnmaschinen und Webstühle sind im Einsatz.

Die Textilindustrie Bangladesch startete erst in den späten 1970er-Jahren und stellt heute vor allem Konfektionskleidung (z. B. T-Shirts, Pullover, Jeans) für den Export her. Noch zu Beginn der 1980er-Jahre trug die Textilbranche weniger als vier Prozent zum Exportvolumen bei, 1990 schon 50 und 2010 fast 80 Prozent. In dieser Zeit verlagerte sich der Schwerpunkt von gewebten zu gewirkten Produkten. 2010 waren in mehr als 5150 Fabriken 3,6 Mio. Arbeiter beschäftigt, ein großer Teil von ihnen Frauen.

M7: Weberei in Bangladesch

»

Die Arbeitsbedingungen bei den Textillieferanten [deutscher Handelsketten] *sind laut einer neuen Studie erschreckend und menschenunwürdig. (…) Darin werden massive Menschenrechtsverletzungen in den Zulieferbetrieben der Discounter in Bangladesch angeprangert. (...) Nur 41,4 Prozent der Befragten gaben an, einen Arbeitsvertrag zu besitzen. Neun von zehn Befragten berichteten, dass sie mindestens 13 Stunden pro Tag arbeiten müssen. (...) Die meisten verdienen zwischen 32 und 41 Euro* [pro Monat]. *Eine Arbeiterin berichtet, dass der Lohn von drei Familienmitgliedern nicht ausreiche, um die monatlichen Kosten der Familie zu decken. Die Studie prangert zudem schlechte Sicherheitsvorkehrungen und sexuelle Übergriffe auf Arbeiterinnen an.*

«

M8: Quellentext zur Situation der Textilarbeiterinnen in Bangladesch
Baumann, D.: Dreckige Wäsche. Frankfurter Rundschau 12.01.2012

Daniel Baumann ist deutscher Journalist.

1 Beschreiben Sie die verschiedenen Arbeitschritte der Baumwollverarbeitung (M 3).
2 Vergleichen Sie die Struktur der Textilindustrie von Indien, Pakistan und Bangladeschs.

5.5 Wirtschaftliche Öffnung und Globalisierung

Nach 1991 änderte sich die indische Industriepolitik: Zentrale Planung und Steuerung machten einer Marktwirtschaft Platz. Die auf Schutzzöllen, Importrestriktionen und Lizenzvergaben basierende Handelspolitik wurde liberalisiert und ausländische Direktinvestitionen wurden möglich.

Die Wirtschaftsreform in **Indien** entsprang der fiskalischen und Zahlungsbilanzkrise 1991. Sie wurde durch den damaligen Finanzminister Monmohan Singh initiiert und löste Jahrzehnte langsamen Wachstums im Gefolge von Nehrus sozialistischer Wirtschaftspolitik ab. Die Reform zielte darauf ab, ausländische Investitionen nach Indien zu bringen. Hierzu mussten Voraussetzungen geschaffen werden: eine Verbesserung der Infrastruktur sowie eine Veränderung der gesetzlichen und administrativen Rahmenbedingungen, die einer Öffnung der Wirtschaft für ausländische Investoren bisher entgegenstanden.

Außer bei Militärflugzeugen, Kriegsschiffen, der Erzeugung von Atomenergie und dem Schienentransport wurde die Kontrolle der Zentralregierung in den meisten Industrien abgebaut. Die Regierungen der Bundesstaaten erhielten größere Befugnisse, da Privatinvestoren zahlreiche Genehmigungen in den jeweils betroffenen Staaten einholen müssen. Verschiedene Bundesstaatsregierungen ergriffen ihrerseits die Initiative, den Genehmigungsprozess zu vereinfachen, beispielsweise durch die Einführung eines so genannten Einschaltersystems, das es möglich macht, entsprechende Anträge bei einer einzigen Stelle einzureichen, statt bei zahlreichen Behörden vorstellig werden zu müssen.

Indien ist dabei, Produktionsstandort und Exportzentrum für unterschiedlichste Güter zu werden, von landwirtschaftlichen Produkten über Kfz-Teile zu hochwertigen Dienstleistungen. Indische Firmen sind jetzt Teil globaler Produktionsketten; sie importieren halbfertige Waren, fügen Mehrwert hinzu und re-exportieren sie.
Nirupam Bajpai und Jeffrey Sachs,
Ökonomen an der Columbia-Universität, New York

Im Vergleich zu den Industriereformen griff die Reform der indischen Handelspolitik, die lange Zeit durch hohe Zölle und Importrestriktionen charakterisiert war, langsamer. Um einheimische Produzenten zu fördern, war der Import der meisten Konsumgüter ausgeschlossen gewesen. Die Einfuhr von Investitionsgütern und Rohmaterialien war zum Teil möglich, wozu allerdings Importlizenzen eingeholt werden mussten. Das ausufernde Lizenzsystem der indischen Staatsbürokratie umfasste darüber hinaus aber auch alle anderen Geschäftsaktivitäten (z. B. Aufnahme neuer Produktionen, Ausweitung bestehender Produktionen) und bot damit die Basis für Bestechung, Korruption und politische Einflussnahme (vgl. 7.2). Die ökonomischen Reformen Anfang der

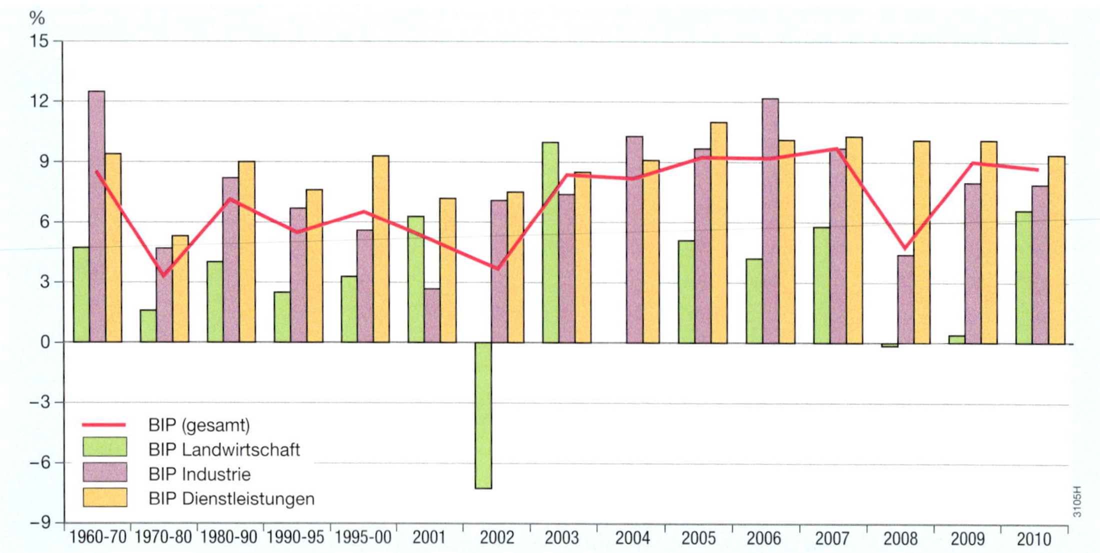

M1: Jährliches Wachstum des Bruttoinlandsprodukts in Indien nach Wirtschaftssektoren (in %)

1990er-Jahren waren das Ende dieser berüchtigten License Raj, der „Herrschaft der Lizenzen". So wurden die Einfuhrzölle reduziert und das Lizenzieren von Importen abgeschafft. Trotz der Verminderung der Zölle gehören die Tarife weiterhin zu den höchsten in Asien, da auch andere Regierungen die Zölle senkten. Beispielsweise sind die chinesischen Zölle nur halb so hoch wie die indischen.

Außer im Telekommunikationsbereich, in der Zivilluftfahrt und bei Hafenanlagen wurde das starke Wachstum der indischen Wirtschaft nicht von einer entsprechenden Verbesserung der Infrastruktur begleitet (z.B. Elektrizität, Straßen- und Schienennetz. Dies führt zu einer Überbeanspruchung der Netze und Produktivitätseinbußen, zum Beispiel aufgrund häufiger Stromausfälle. Auch diese Sektoren wurden für private Investitionen geöffnet einschließlich solche ausländischer Firmen. Eine verbreitete Kritik an den indischen Reformen ist die geringe Bedeutung, die der Landwirtschaft beigemessen wird, die die wirtschaftliche Basis von immerhin noch 60 Prozent der Bevölkerung ist.

Von allen Ländern Südasiens setzte die Liberalisierungspolitik in Indien am spätesten ein. Schon 1977 öffnete **Sri Lanka** seine Importmärkte und den Devisenhandel. **Pakistan** leitete eine Handelsliberalisierung im Jahre 1981 ein und reduzierte die Importbeschränkungen, mit denen das Land drei Jahrzehnte lang den Aufbau seiner Industrie geschützt hatte. In den 1990er-Jahren wurden die Restriktionen ganz aufgehoben ebenso wie ein Lizenzierungssystem. Es folgte eine Privatisierung von Staatsbetrieben, die auch Dienstleistungen wie Strom-, Öl- und Gasversorgung, Transportwesen, Telekommunikation, Banken und Versicherungen einschloss. Besonders der Banken- und Kommunikationsbereich zog nun auch ausländisches Kapital an.

Bangladesch liberalisiert seine Wirtschaft seit den späten 1980er-Jahren. Dies zeigt sich vor allem im Abbau von Einfuhrbeschränkungen. Die Privatisierung der Industrie blieb vergleichsweise gering (40 % Staatsbetriebe). Der Abbau der Restriktionen führte in verschiedenen traditionellen Zweigen (Jute, Zucker etc.) zu einem Rückgang, in anderen dagegen zu einem Aufschwung, so bei der Kleidungsproduktion in Exportproduktionszonen (vgl. 8.1.2). Insgesamt blieben ausländische Investitionen aufgrund der politischen Lage gering.

Die grundsätzlichen Auswirkungen der Liberalisierungspolitik werden in Südasien und darüber hinaus kontrovers diskutiert. Wachstumssteigerungen auf gesamtwirtschaftlichem Niveau stehen oftmals differenzierte Entwicklungen in einzelnen Sektoren gegenüber. Dass sich der Staat zudem teilweise aus Bereichen der öffentlichen Dienstleistungen zurückzieht und diese privaten Geschäftsinteressen öffnet, ist ebenfalls nicht unproblematisch.

Mit der Liberalisierung wachsen die Einkommen, aber auch die Einkommensunterschiede. So ermittelte eine indische Studie, dass die 20 Prozent der Haushalte mit den höchsten Einkommen 1993/94 über 37 Prozent aller Einkommen verfügten, 2014/15 aber über prognostizierte 58 Prozent verfügen werden. Die untersten 20 Prozent fallen von sieben Prozent der Einkommen 1993/94 auf sechs Prozent 2014/15 zurück. Auch zwischen den obersten Einkomensgruppen in Stadt und Land herrschen große Unterschiede, während die unteren Einkommensgruppen auf ähnlichem Niveau liegen. Die Öffnung der Einkommensschere ist nicht auf Indien beschränkt. Auf ähnliche Entwicklungen deuten beispielsweise auch Studien aus Sri Lanka hin.

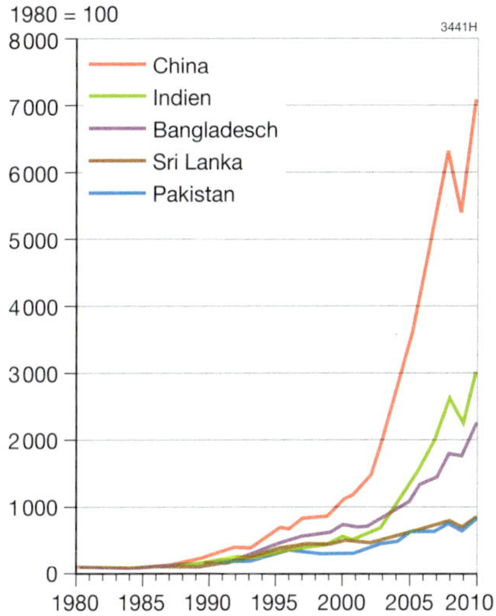

M2: Export von Waren und Dienstleistungen (1980-2010; Indexwert: Export 1980 = 100)

Im Zuge der Reformen änderte sich die Rolle der Regierung in der Finanz- und Landwirtschaft, im Erziehungs-, Gesundheits- und Sozialsektor in Indien. So übernehmen heute private Schulen, Universitäten und Hospitäler auf höherem Niveau als staatliche Einrichtungen die Versorgung der einkommensstärkeren Bevölkerungsschichten.

1 Beschreiben Sie die wirtschaftliche Entwicklung seit Beginn der Liberalisierungspolitik (M 1, 2).
2 Diskutieren Sie die Vor- und Nachteile der Liberalisierung (5.4, 5.5).

5.6 Der IT-Boom

Die indische Software-Industrie, die seit 1991 eine Wachstumsrate von 50 Prozent aufweist, hat dem Land zu einem besonderen Image verholfen. Derzeit exportiert Indien Software und IT-Dienstleistungen in fast 95 Länder auf der ganzen Welt und ist zu einer IT-Supermacht geworden.

Gemessen an den üblichen Indikatoren wie der Anzahl von PCs pro 1000 Personen, der Internet- oder Telefonanschlüsse, mit denen die Verbreitung moderner Informationstechnik (IT) angegeben wird, findet sich Indien im weltweiten Vergleich nur auf einem hinteren Rang (M 1). Der IT-Boom hat seine Grundlage vielmehr in den gut ausgebildeten und preiswerten Arbeitskräften, die von der auswärtigen Software-Industrie nachgefragt werden. Die Sprachpolitik, die Englisch als eine der offiziellen Sprachen Indiens beibehalten hat, war eine wichtige Voraussetzung dafür. Ende der 1990er-Jahre beendeten jährlich 65 000 Ingenieure und 95 000 Absolventen von technischen Instituten ihre Ausbildung. Das Bildungssystem produzierte jährlich etwa 100 000 IT-Fachleute. Die Visa-Politik der USA ermöglichte es Tausenden indischer IT-Spezialisten, in die USA einzureisen. Dieser Erfolg führte zu einer weltweiten Nachfrage von der EU bis nach Ostasien. Indien besitzt einige der erfahrensten Computerwissenschaftler der Welt und ist sich sicher, eine Weltmacht im Bereich der Software-Industrie zu werden.

Brain Drain
Volkswirtschaftliche Verluste durch die Migration von hochqualifizierten Arbeitskräften (durch Verlust von Know-how und Ausbildungsinvestitionen und Schwächung der heimischen Wirtschaft und Wissenschaft)

Brain Gain
Volkswirtschaftliche Gewinne durch die Migration von hochqualifizierten Arbeitskräften (durch Rücküberweisungen, Verbesserung der wissenschaftlichen Qualifikation bei Rückkehr, Verbesserung wirtschaftlicher Zusammenarbeit)

Die Nachfrage nach IT-Personal im Ausland und die Liberalisierung der indischen Wirtschaft verliefen parallel. Daher konnte Indien die Früchte des weltweiten IT-Booms ernten, während China sich mehr auf Hardware-Produktion und Handel verlegte. Da Software und IT allgemeine Technologien sind, die in anderen Wirtschaftssektoren eingesetzt werden, ist das ausgebildete Personal in vielen Bereichen gefragt.

Die Rolle, die der IT-Sektor in Indien spielt, ist aber nicht ganz problemlos. Erstens ist trotz des schnellen Wachstums sein Beitrag zum BIP (2011: 6,4 %) oder bei der Schaffung von Arbeitsplätzen (2,5 Mio.) eher gering, wenn er auch indirekte Beschäftigungseffekte (10,8 Mio. Arbeitsplätze) nach sich zieht. Zweitens benutzen die globalen Unternehmen indische Ingenieure lediglich, um Software-Entwicklung und Web-Design zu betreiben. Es geschieht aber – anders als in China – bisher wenig, um eine Hardwareproduktion zu etablieren. Drittens finden zwar viele Frauen im IT-Sektor Beschäftigung (ca. 30 % mit steigender Tendenz), gleichzeitig bietet er aber nur einem Segment der Gesellschaft, der gebildeten, weitgehend städtischen Bevölkerung, eine Chance. Die Aufstiegsmöglichkeiten sind in letzter Zeit aber auch außerhalb der Metropolen, selbst auf dem Lande, ein Bildungsansporn: Inzwischen stammt ein beträchtlicher Teil der IT-Belegschaften aus solchen, nicht-großstädtischen Regionen.

Wir erleben heute den Nutzen aus dem Rückfluss von Einkommen, Investitionen und Know-how aus der weltweiten indischen Diaspora. Wir nehmen nun die globale „Brain Bank' von Menschen indischer Herkunft weltweit in Anspruch.
Manmohan Singh, *indischer Premierminister (2010)*

	PC	Telefonanschlüsse		Mobilfunkverträge		Internetnutzer	
	2006	1990	2010	2000	2010	2000	2010
Bangladesch	23	2	6	2	462	1	37
Bhutan	23	3	36	0	543	4	136
Indien	27	6	30	4	642	5	78
Malediven	20	28	152	28	1565	22	283
Nepal	5*	3	28	0	307	2	68
Pakistan	5**	8	20	2	592	k.A.	168
Sri Lanka	38*	7	172	23	832	6	120
China	56	6	220	68	642	18	344
Deutschland	655	401	558	586	1280	303	825

M 1: Technologienutzung in Südasien (pro 1000 Personen, *2005, **2002)

M2: Callcenter in Bengaluru

»

Es ist vielleicht die ironischste einer langen Liste von Absurditäten, dass die boomende indische Business Process Outsourcing-Industrie „Sonnenschein-Sektor" genannt wird – obwohl fast die gesamte Arbeit im Dunkel der Nacht erledigt wird. Abhängig davon, dass sie die Märkte an der Ost- und Westküste der USA, in Europa und Großbritannien in Echtzeit bedienen, haben die indischen BPOs jede Nacht unzählige Anrufe aus der ganzen Welt zu beantworten. Infolge der unterschiedlichen Zeitzonen werden Kundenanfragen, die in diesen Ländern um drei Uhr nachmittags getätigt werden, um drei Uhr morgens in Indien beantwortet. In dem Versuch amerikanische oder britische Kunden die Sicherheit zu vermitteln, die eine amerikanisch oder britisch klingende Stimme geben kann, wird Angestellten von indischen Callcentern eine nicht-indische Identität zugewiesen und ein neutraler Akzent antrainiert, der frei ist von indischen Färbungen. Angestellte der BPOs arbeiten 24 Stunden am Tag, sieben Tage die Woche, 365 Tage im Jahr. Sie haben frei am 4. Juli, nicht an indischen Festtagen und nationalen Feiertagen. Häufig übernehmen übertrieben eifrige BPOs mehr Aufträge als sie bewältigen können, und zwingen die Angestellten, rund um die Uhr zu arbeiten, vielleicht mit einer Pause von drei Stunden zwischen den Schichten.

«

M3: Quellentext über indische Callcenter
Seshu, G.: Midnight ‚Coolies' in the Sunshine Sector. India Resource Centre 6.12.2003

Geeta Seshu ist indische Journalistin.

Business Process Outsourcing (BPO)
Auslagerung (Outsourcing) ganzer Geschäftsprozesse an externe Diesnstleister (z.B. Gehaltsabrechnung, Kundendienst, Rechenzentrum)

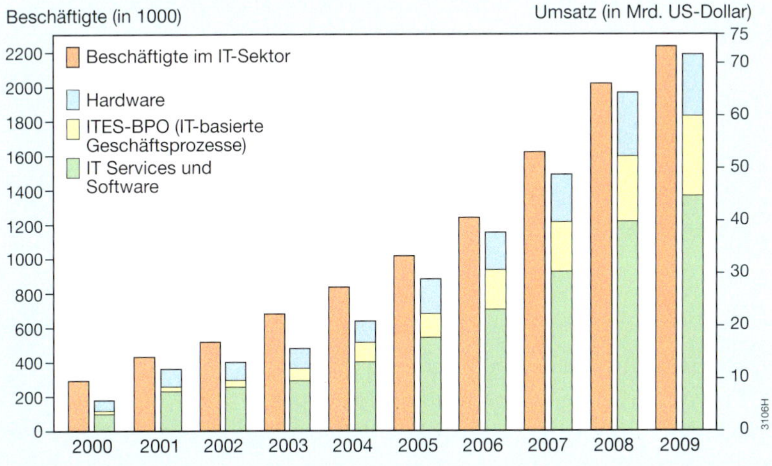

M4: Kenndaten zum indischen IT-Sektor

Der IT-Boom

Das weltweit agierende IT-Unternehmen Infosys Technologies Limited hat neben ihrer Zentrale in Bengaluru Büros und Entwicklungszentralen in 29 Ländern, beschäftigt knapp 150 000 Mitarbeiter und macht 6,8 Mrd. US-$ Umsatz (2011). Zum Vergleich: Deutschlands größtes Software-Unternehmen SAP: 55 000 Mitarbeiter, 14,2 Mrd. US-$ Umsatz.

Die Entwicklung der indischen IT-Industrie ging von einigen, wenigen Standorten wie Pune, Bengaluru, Hyderabad und Kolkata aus. Inzwischen finden sich IT-Parks in zahlreichen Städten auch abseits der Metropolen. Bengaluru und Hyderabad sind die beiden bedeutendsten Zentren des indischen IT-Booms.

Die IT-Industrie in Bengaluru begann mit einer Privatinitiative. Der Softwareingenieur N.R. Narayana Murthy, der heute zu den reichsten Männern Indiens zählt, gründete 1981 die Firma Infosys Technologies Limited. Der indische Bundesstaat Karnataka unterstützte IT-Branche mit einer dynamischen Wirtschaftspolitik und richtete als erster Bundesstaat ein Softwaretechnologiepark ein. Die schnell wachsende Stadt Bengaluru erhielt schon bald den Beinamen „indisches Silicon Valley" und „Technopolis". Sie ist heute ein internationales Zentrum für Informationsdienstleistungen und Computersoftwareentwicklung. Die Stadt spezialisierte sich auf E-Commerce- und Fernbearbeitung und wurde so wichtiger Standort für multinationale Informations- und Softwareunternehmen. Sie hat die höchste Zahl von Ingenieurschulen der Welt (Privatschulen eingeschlossen) und über 103 Zentren für Forschung und Entwicklung sowie 100 Softwareunternehmen. In einem weltweiten Ranking technologischer Innovationszentren der UN erlangte Bengaluru den vierten Platz.

Der IT-Sektor in Hyderabad-Secunderabad wuchs im Vergleich zu dem in Bengaluru relativ langsam. Aber er etablierte sich als Zentrum für Callcenter und Business Process Outsourcing (BPO). Eine gute Infrastruktur, ein um 25 Prozent verbilligter Stromtarif, Subventionen bei Landkäufen und Investitionen zogen entsprechende globale Unternehmen an. Auf 52 km² Ödland am Stadtrand von Hyderabad wird als Erweiterung von „HITEC City" „Cyberabad" entwickelt, ein Stadtteil mit Software-Technologieparks, futuristischen Bürokomplexen, luxuriösen Häusern und Hotels und hochwertigen Einkaufszentren.

M1: HITEC City, Hyderabad

M2: Quellentext über den Wirtschaftsboom in Hyderabad
Gotsch, P., Kohte, S.: Cyberabad – Landscape of Surprise. Archplus 11/2007

Peter Gotsch und Susanne Kohte sind Architekten und Stadtplaner.

»

Mitte der 1990er-Jahre machte Hyderabad durch liberale Wirtschafts- und Verwaltungsreformen als „unternehmerfreundlichste Stadt Indiens" Schlagzeilen. Der damalige Ministerpräsident Chandrababau Naidu leitete eine massive Privatisierungswelle ein, führte zahlreiche Verwaltungsreformen durch und machte Andhra Pradesh [Bundesstaat, dessen Hauptstadt Hyderabad ist] *zu einem international bekannten Entwicklungsmodell. Naidus Politik zielte in erster Linie darauf ab, neue Standorte für Informationstechnologien zu schaffen. Mit Erfolg: Die Landeshauptstadt Hyderabad wurde zu einer der am schnellsten wachsenden Technologieregionen Indiens und zum viertgrößten Exporteur von Softwareprodukten. Um die Entwicklung zu forcieren, wurde eine Reihe von Großprojekten für Hyderabad initiiert: eine Ringautobahn von 162 km Länge ist in Bau, zahlreiche Satellitenstädte sind in Planung, Industrieparks für Biotechnologie und Computerhardware sind teilweise schon realisiert und im Frühjahr 2008 wird voraussichtlich ein neuer internationaler Flughafen eröffnet, inmitten eines neuen Entwicklungsgebiets von 458 Quadratkilometer Fläche.*

«

1. **Erläutern Sie die Entwicklung von Bengaluru zu einem IT-Zentrum (Atlas).**
2. **„Brain Drain oder „Brain Gain"? Bewerten Sie den „Export" von IT-Fachleuten.**
3. **Diskutieren Sie die Vor- und Nachteile von Outsourcing bzw. der Verlagerung von Betriebsteilen nach Indien aus indischer Sicht und der ausländischer Unternehmen.**

D1-166 www.diercke.de

Urbanisierung in Südasien

6

Südasien hat eine Jahrtausende alte Stadtgeschichte und besitzt heute fünf der weltgrößten Megacities. Aber auch wenn derzeit als Folge der Urbanisierung beispielsweise in Indien mehr als zwei Drittel der städtischen Bevölkerung in Großstädten leben, ist Südasien dennoch überwiegend ländlich strukturiert. Die kleineren Städte sind eher übermäßig gewachsene Dörfer, denen vieles an städtischer Infrastruktur fehlt. Auch die Megacities Delhi, Dhaka, Karachi, Kolkata und Mumbai und die anderen Millionenstädte haben nicht zuletzt als Folge ihres Wachstums große infrastrukturelle Probleme, und ein beträchtlicher Teil ihrer Bewohner lebt in Slums.

Die Entstehung der südasiatischen Städte

Bis heute ist Südasien überwiegend ländlich strukturiert. Dennoch besitzt der Raum eine der ältesten städtebaulichen Traditionen. Erste Städte wurden vor mehr als 4 000 Jahren gegründet.

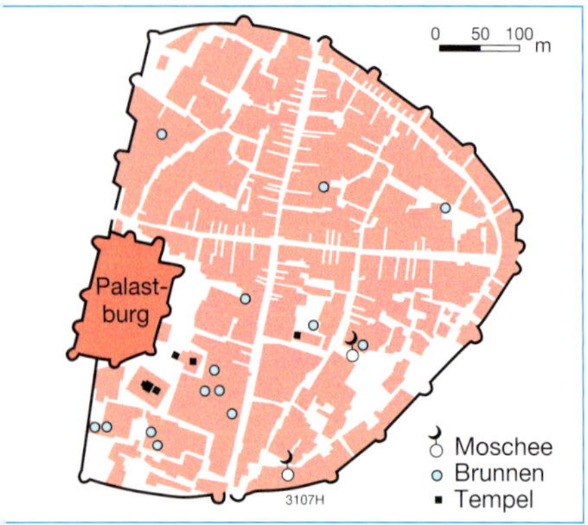

M1: Hinduistische Stadtanlage von Baramati, Indien

Harappa im Punjab und Mohenjo-Daro im Sindh sind nur zwei der Städte der Indus-Kultur, die im Einzugsbereich des Indus zwischen circa 2600 und 1700 v. Chr. erblühte. Diese dicht bevölkerten städtischen Siedlungen entlang der Flüsse waren Handels- und Handwerkszentren und weisen alle Anzeichen einer planmäßigen Anlage auf. Sie hatten ein an den Himmelsrichtungen orientiertes Straßennetz, Getreidespeicher, Lagerhäuser, Tempel und Wasserspeicher, Bäder und Abwassersysteme, die aus gebrannten Ziegeln errichtet wurden. Die Städte der Induskultur wurden im zweiten Jahrtausend v. Chr. sämtlich aufgegeben.

In der Gangesebene, aber zum Beispiel auch auf Ceylon, entstanden ab dem sechsten Jahrhundert v. Chr. erneut städtische Siedlungen. Sie dienten als Herrschersitze, Marktorte entlang von Handelsrouten, Häfen oder Pilgerstädte wie Benares (heute Varanasi, vgl. 2.2.3). In vielen Fällen sind die Orte dieser hinduistische Epoche der Stadtgründungen bis auf den heutigen Tag besiedelt und haben sich zum Teil zu Großstädten entwickelt. Zwei etwa in Nord-Süd- und West-Ost-Richtung verlaufende Hauptstraßen teilen die Stadt in Viertel, die von Nebenstraßen und Sackgassen erschlossen werden. Typisch war eine nach Kasten / Berufsgruppen gegliederte Stadtstruktur.

Verschiedene muslimische Stadtgründungen der Mogulzeit (Peshawar, Lahore, Agra, Delhi, Hyderabad) weichen in der Stadtanlage nur wenig von den früheren Gründungen ab. Der muslimische Einfluss zeigt sich in Nordindien vielmehr in der Architektur (z. B. Moscheebauten, Palastanlagen, Mausoleen).

In der Kolonialzeit wurden bestehende Siedlungen durch neue Viertel erweitert. Vor allem Hafenstädte wie Kalkutta (Kolkata), Bombay (Mumbai), Madras (Chennai), Karachi und Colombo erlebten in dieser Phase ihren ersten Aufschwung und wurden auf die Bedürfnisse der Kolonialherren ausgerichtet. Die Altstädte blieben als Siedlung der Einheimischen erhalten. Außerhalb entstanden zivile europäische Verwaltungszentren und Wohnviertel für Beamte und Angestellte (Civil Lines) sowie großzügig geplante Garnisonsviertel (Cantonments). In einer Übernahme indischer Bauformen hielten „Bungalow" und „Veranda" Einzug in die Kolonialarchitektur sowie in europäische Sprachen. Mit dem Bau der Eisenbahn, oft eine Trennungslinie zwischen Alt- und Neustadt,

M2: Mohenjo Daro

M3: Delhi

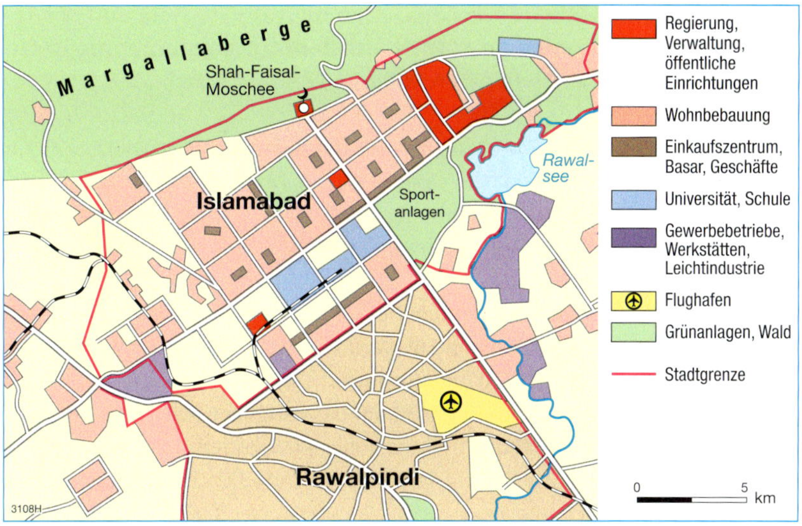

M4: Islamabad
Als Hauptstadt Pakistans 1960 gegründete Planstadt mit schachbrettartigem Grundriss und 1,2 Mio. Einwohnern (2009) bzw. 4,5 Mio. Einwohner in der Islamabad-Rawalpindi Metropolitan Area. Die Schwesterstadt Rawalpindi hat eine weitaus ältere Stadtgeschichte und war britische Garnisionsstadt.

entstanden Werksiedlungen für einheimische Bahnbedienstete. Diesem Modell folgten später andere öffentliche und private Arbeitgeber mit dem Bau geschlossener Wohnanlagen für einen Teil ihrer Beschäftigten.

Auch im 20. Jahrhundert kam es zu einzelnen Stadtgründungen. In Pakistan wurde in den 1960er-Jahren Islamabad als neue Hauptstadt vom griechischen Architekten Doxiadis geplant. Im indischen Teil des Punjab plante der Schweizer Architekt Le Corbusier Chandigarh als Hauptstadt der Bundesstaaten Punjab und Haryana. Andere Planstädte entstanden im Rahmen großer Industrialisierungsvorhaben, so die Stahlwerksstadt Rourkela oder die Bergbaustadt Neyveli in Indien. Die Entwicklung der bestehenden südasiatischen Städte war vor allem vom schnellen Bevölkerungswachstum geprägt, die eine städtebauliche Planung kaum möglich machte (vgl. 6.2). Zudem bekamen die Millionenstädte mit Hochhäusern und Einkaufszentren, Metros und Umgehungsstraßen, Business Parks und umzäunten Wohnparks der Reichen ein globalisiertes Gesicht. Gleich daneben liegen im Zentrum Slums und in der Peripherie ausgedehnte Hüttensiedlungen.

M5: Saudi-Pak-Tower in Islamabad: Kombination moderner Architektur mit traditionellen Elementen

»

Die Städte des indischen Subkontinents erhalten ihre Besonderheit aus dem Zusammenwirken von wenigstens drei strukturbildenden Entwicklungsphasen:
- *eine weit in die Vergangenheit zurückreichende hinduistische Traditon der Stadtgestaltung, die jedoch schon in voreuropäischer Zeit islamisch überformt bzw. von islamischen Gründungen abgelöst wurde,*
- *einem starken Einfluss der britischen Kolonialherrschaft mit typischen Erweiterungen bestehender Städte durch Cantonment und Civil Lines bzw. Stadtneugründungen,*
- *dem Bemühen um eine eigenständige, insgesamt aber nur begrenzt erfolgreiche wirtschaftliche Entwicklung nach der Unabhängigkeit und einer eher zögernden Öffnung gegenüber globalen Einflüssen, was mit massiven Bevölkerungs- und Flächenwachstum der Städte, Ausbreitung informeller Strukturen und Verschärfung der sozialen Gegensätze einherging.*

«

M6: Quellentext zur Entwicklung südasiatischer Städte
Bähr, J., Jürgens, U.: Stadtgeographie II (2009)

Jürgen Bähr und Ulrich Jürgens sind Geographen an der Universität Kiel mit dem Schwerpunkt Stadtgeographie.

1 Kennzeichnen Sie die fünf verschiedenen Epochen der Stadtentwicklung in Südasien.

6.2 Der Urbanisierungsprozess

485 Millionen Menschen Südasiens leben heute in Städten, und die Region besitzt fünf der zehn größten Städte der Welt. Verstädterung ist ein Phänomen, dass vor allem in den Millionenstädten stattfindet.

	Städtische Bevölkerung (in % der Gesamtbevölkerung)				
	1950	1970	1990	2010	2030*
Bangladesch	4,3	7,6	19,8	28,1	41,0
Bhutan	2,1	6,1	16,4	34,7	50,0
Indien	17,0	19,8	25,5	30,0	39,7
Malediven	10,6	11,9	25,8	40,1	60,1
Nepal	2,7	4,0	8,9	18,6	31,7
Pakistan	17,5	24,8	30,6	35,9	45,6
Sri Lanka	15,3	21,9	18,6	14,3	19,6
China	11,8	17,4	26,4	47,0	61,9
Deutschland	68,1	72,3	73,1	73,8	78,3

M1: Verstädterung in Südasien (* Schätzung)

Im Jahr 2008 lebte zum ersten Mal mehr als die Hälfte der Weltbevölkerung in Städten. Auch die Städte Südasiens wachsen. Ihre Anzahl steigt und der Anteil an Menschen, die in Städten lebt, nimmt zu (M 1). Die Verstädterungsrate betrug von 2005 bis 2010 in Indien 2,3 Prozent und in Pakistan 3,0 Prozent. Der jährliche Zuwachs der Stadtbevölkerung war in Bangladesch (3,2 %), Nepal (5,0 %) und auf den Malediven (4,9 %) sogar noch höher. Seit den 1950er-Jahren hat sich die Stadtbevölkerung in Indien mehr als verfünffacht, in Bangladesch ist sie von zwei Mio. (1950) auf 46 Mio. (2010) gestiegen.

Für das Wachstum der Städte ist nicht nur das natürliche Wachstum der städtischen Bevölkerung maßgeblich. Hinzu kommen Wanderungsprozesse, aber auch statistische Effekte wie das Aufsteigen einer ländlichen zu einer städtischen Siedlung durch Überschreiten eines Schwellenwerts oder durch Verschiebungen der Siedlungsgrenzen. Auch was als Stadt gilt, variiert von Land zu Land. Beispielsweise werden in Nepal Siedlungen mit mehr als 9000 Einwohnern als Stadt gezählt. In Indien ist eine Stadt als Siedlung definiert, die mindestens 5000 Einwohner bei einer Dichte von 400 Einw./km^2 besitzt und in der mindestens 75 Prozent der arbeitenden Bevölkerung nichtlandwirtschaftlichen Beschäftigungen nachgehen. In Sri Lanka wird die Form der politischen Organisation einer Verwaltungseinheit, die Existenz eines Stadtrates, zur Definition herangezogen.

Mitte des 20. Jahrhunderts gab es in ganz Südasien knapp 3150 Städte, drei Viertel davon auf indischem Boden. Diese Zahl ist bis zur Jahrtausendwende um fast 75 Prozent gestiegen. Heute finden sich vier Fünftel der Städte Südasiens in Indien. Mehr als 80 Prozent dieser Städte sind kleine und mittlere Orte (bis 50 000 Einw.). Ihnen standen 2010 58 Millionenstädte in Indien (46), Pakistan (8), Bangladesch (3) und Nepal (1) gegenüber. Während aber 1951 nur fünf Millionenstädte (Kalkutta, Bombay, Madras, Delhi und Karachi) jeweils etwa 18 Prozent der indischen und pakistanischen städtischen Bevölkerung beherbergten, ist bis 2010 der Anteil der Städter, die in Millionenstädten leben, rapide gestiegen: auf 42 Prozent in Indien, 46 Prozent in Bangladesch und 47 Prozent in Pakistan. Der Bevölkerungsanteil kleiner und mittlerer Städte geht dagegen zurück.

M2: Megacity Delhi

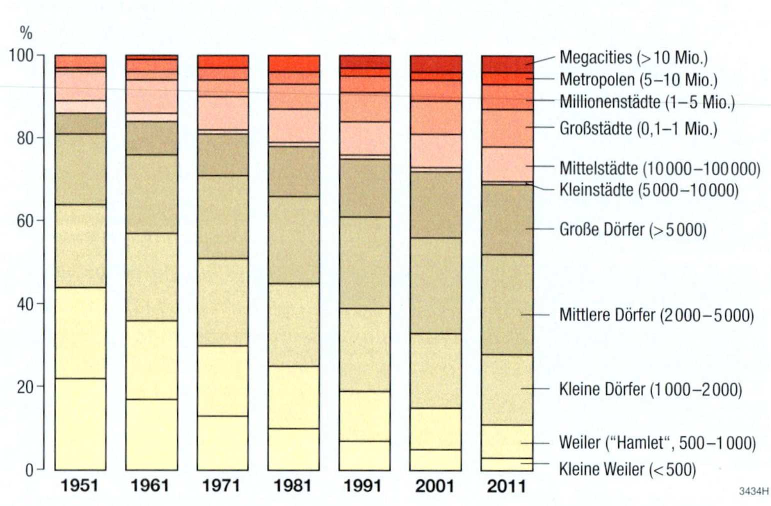

M3: Bevölkerungsverteilung nach Siedlungsgröße in Indien

So ist der Urbanisierungsprozess in Südasien vor allem mit dem Wachstum der Millionenstädte verbunden. Nach UN-Schätzungen werden im Jahre 2015 fünf von zehn Städten mit mehr als zehn Millionen Einwohnern in Südasien liegen (Dhaka, Mumbai, Delhi, Kolkata und Karachi). Im Jahre 2025 sollen Delhi mit 28,6 Mio. und Mumbai mit 25,8 Mio. Einwohnern nach Tokio (37,0 Mio. Einw.) die zweit- und drittgrößte Stadt der Welt sein. Aber dieses Wachstum ist nicht verbunden mit einem entsprechenden Wachstum der städtischen Wirtschaft. Slumbildung und ein extremer Druck auf alle Einrichtungen sind die Folge. Mit schlechten und verstopften Straßen stehen die Städte vor dem Verkehrsinfarkt. Große hypermoderne Einkaufzentren, bewachte Wohnanlagen und elegante Büros finden sich neben kleinen Läden und Hüttensiedlungen, die städtische Dienstleistungen entbehren. Dies alles spiegelt die enorme soziale Ungleichheit in den Städten, aus der sich gesellschaftliche Konflikte und Verbrechen speisen.

Global City
Auswahlkriterien für Global Cities nach Friedmann:
- *wichtiges Finanzzentrum*
- *Headquarters transnationaler Unternehmen*
- *internationale Institutionen*
- *rapider Anstieg des Dienstleistungssektors*
- *wichtiges Produktionszentrum*
- *wichtiger Transportknotenpunkt*
- *Bevölkerungsgröße*

»

Megastädte der Dritten Welt sind keine Global Cities, da ihnen die weltweit wirkenden Steuerungszentren ökonomischer Macht weitgehend fehlen. Sie sind aber Globalizing Cities, d.h. strategisch wichtige Orte der Globalisierung, die ihre nationalen Territorien und Gesellschaften in globale Prozesse einbringen und schrittweise zu integrieren versuchen. (...) Mit 16,37 Mio. Einwohnern in der urbanen Agglomeration (...) steht Mumbai in der indischen Städtehierarchie weiterhin an der Spitze. (...) Zum Global Player fehlen Mumbai nach wie vor die transnationalen Lenkungsfunktionen weitgehend. Aber als Knoten im Netzwerk weltweiter Austauschbeziehungen ist Mumbai wichtigster Ankerplatz für ausländische Investoren und Firmen. (...) Ungebrochen ist Mumbais Vorrangstellung in dem für die Globalisierung wichtigsten Bereich, im Finanzsektor. Fast alle bedeutenden Finanzinstitutionen des Landes sind hier konzentriert, die beiden wichtigsten Börsen, die Währungsaufsicht der Reserve Bank of India, die indische Notenpresse, die größten Versicherungsgesellschaften.

«

M4: Quellentext zur Megacity Mumbai
Nissel, H.: Mumbai: Megacity im Spannungsfeld globaler, nationaler und lokaler Interessen. Geographische Rundschau 4/2004

Heinz Nissel ist Geograph an der Universität Wien mit Schwerpunkt Stadtforschung und Globalisierung.

»

Kaum eine andere Stadt auf der Welt wuchs in den vergangenen Dekaden so rapide wie die Hauptstadt Bangladeschs. Lebten in Dhaka in den 1950er-Jahren gerade einmal 400 000 Menschen, hat sich die Stadtbevölkerung bis heute mit rund 14 Mio. Einwohnern um das 34-fache vergrößert. Wie andere Megastädte ist auch Dhaka gekennzeichnet durch extreme Gegensätze auf engstem Raum (...). So befindet sich in Dhaka mit dem Regierungssitz das politische Machtzentrum sowie mit dem überwiegenden Teil der nationalen Bekleidungsindustrie einer der wichtigsten nationalen Wirtschaftsmotoren. (...) In stakem Kontrast dazu leben jedoch 30 bis 40 Prozent der Stadtbevölkerung in teilweise illegalen Marginalsiedlungen unter extremer Armut. (...) Das Leben in Dhaka birgt für einige große Potenziale für Innovationen und sozialen Wohlstand, für viele spielt es sich aber in Risikoräumen ab und bedeutet einen täglichen Kampf ums Überleben.

«

M5: Quellentext zur Megacity Dhaka
Keck, M., Etzold, B., Bohle, H.-G., Zingel, W.P.: Reis für die Megacity. GR 11/2008

Die Autoren sind deutsche Geographen.

1 **Erläutern Sie den Urbanisierungsprozess in Südasien.**

2 **Diskutieren Sie die Voraussetzungen, unter denen sich südasiatische Megastädte in Zukunft zu Global Cities entwickeln können.**

Migration – Hauptursache der Urbanisierung?

Südasiatische Großstädte wachsen unter anderem durch Zuwanderung aus ländlichen oder semi-urbanen Gebieten. Aber auch internationale Wanderungen aufgrund politischer Turbulenzen in den Herkunftsgebieten spielen eine immer größere Rolle.

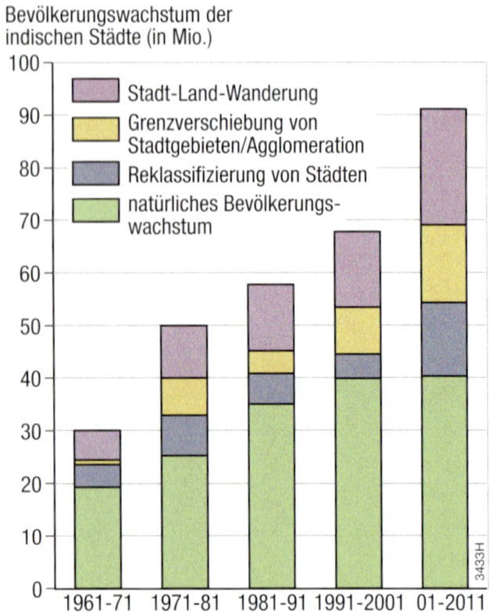

M1: Komponenten des Wachstums indischer Städte

Migration ist eine wichtige, wenn auch nicht die einzige Komponente beim Wachstum südasiatischer Städte (M 1). Land-Stadt-Wanderungen sind zudem nur Teil komplexerer Wanderungsmuster, die auch Wohnsitzverlagerungen zwischen ländlichen Räumen, zwischen Städten und aus Städten aufs Land einbeziehen (M 2). Oft steht die Land-Stadt-Wanderung am Beginn einer Wanderungskette, die vom Dorf in die benachbarte Kleinstadt, später in eine Großstadt und Metropole, vielleicht auch ins Ausland führen mag.

Die Motive hinter den verschiedenen innerstaatlichen Wohnsitzverlagerungen sind vielfältig. Nicht immer sind ökonomische Gründe ausschlaggebend, in vielen Fällen spielen auch familiäre Gründe eine Rolle (M 3). Vor allem hinter der Migration vom Land in die Städte stehen meist jedoch wirtschaftliche Entwicklungen, die vor allem die Metropolen zu attraktiven Wanderungszielen werden ließen. Nach Erlangen der Unabhängigkeit wurden an den Industriestandorten Arbeitskräfte gesucht. Der Ausbau von Handel und Dienstleistungen erforderte viele qualifizierte und einfache Arbeitskräfte. Aber auch das städtische Wachstum selbst – verbunden mit dem Bedarf an neuer Bausubstanz und Infrastruktur – schuf Einkommensmöglichkeiten. Diese sind als Migrationsmotiv häufig von größerer Bedeutung als etwa die Möglichkeit, am städtischen Leben mit seinen vielfältigen Angeboten teilzuhaben.

Die Attraktivität der Städte erklärt die Migration aber nur zum Teil. Zu solchen Pull-Faktoren gesellen sich Einflüsse, den ländlichen Raum zu verlassen (Push-Faktoren). Der steigende Umfang marginaler Betriebe, die Mechanisierung und die begrenzten Arbeits- und Einkommensmöglichkeiten auf dem Land (in Indien ging beispielsweise die mittlere Beschäftigungsdauer landwirtschaftlicher Arbeitskräfte von 123 Tage 1981 auf 70 Tage im Jahr 2005 zurück) lässt eine Abwanderung für viele als einzigen Ausweg erscheinen. Der Unterschied zwischen Stadt und Land in der medizinischen Versorgung und den Bildungsmöglichkeiten kann je nach Perspektive als Pull- oder Push-Faktor gewertet werden.

M2: Migrationsströme zwischen Land und Stadt, 1991 – 2001

	Zahl der Migranten – Wohnort zur Zeit der Zählung 2001		
Vorheriger Wohnort	**Gesamt**	**Land**	**Stadt**
Gesamt	97 560 320	61 428 374	36 131 946
Land	73 949 607	53 354 376	20 595 231
Stadt	20 655 277	6 266 503	14 388 774
unbekannt	2 955 436	1 807 495	1 147 941

M3: Migrationsgründe in Indien (nach Census of India 2001)

Migrationsgründe [1]	Personen	Männer	Frauen
Arbeit / Anstellung	26 904 442	26 229 666	3 674 776
Geschäft	2 826 874	2 382 559	444 315
Ausbildung	3 360 135	2 378 451	981 684
Heirat	156 136 523	2 175 827	153 960 696
Umzug nach der Geburt [2]	15 779 679	9 277 898	6 501 781
Umzug mit dem Haushalt	43 030 768	18 100 242	24 930 526
Anderes	63 502 929	32 817 166	30 685 763

[1] Migrationsgründe von Personen, die nicht am Wohnort z. Z. der Zählung geboren wurden
[2] Vor allem zur Geburt ihres ersten Kindes begeben sich indische Frauen oft in das Haus ihrer Eltern.

Wenn auch der Anteil der ländlichen Bevölkerung an der Gesamtbevölkerung zurück ging, wächst sie in absoluten Zahlen weiter. Die Städte nehmen somit einen Teil des ländlichen Bevölkerungswachstums auf, ohne dass die ländliche Bevölkerung abnimmt. Andererseits wirkt sich der Zustrom so vieler Menschen mit ländlichem Hintergrund auf das Leben in den Städten aus (M4, 5). Den Charakter der Städte veränderten aber auch die Umsiedlungen im Zuge der Teilung Indiens (vgl. 1.3.1) und die Flüchtlinge, die in den letzten Jahren aufgrund von Naturkatastrophen, Bürgerkrieg und Terror ihr Land verlassen mussten (M5, M6).

»

Die Gesamtbevölkerung des Lahore-Distrikts beträgt 6,32 Millionen, unter ihnen 1,03 Millionen Migranten, dies sind etwa 16,4 Prozent der Gesamtbevölkerung. Das Gebiet ist mit wachsenden Problemen bei der Bereitstellung von Erziehung, Wasser, Gesundheit und anderen sozialen Diensten konfrontiert, weil Squatter-Siedlungen aus dem Boden sprießen, um diese Migranten zu beherbergen. Als Folge wurde der städtische soziale Sektor überbeansprucht. (...) So vermehrt die Land-Stadt-Wanderung Probleme wie Verschmutzung, Übervölkerung und Kriminalität.

«

M4: Quellentext zu Folgen der Migration im pakistanischen Lahore
Siddiqi, M. W.: Rural-urban Migration (A Case Study of Lahore District) 2004

Muhammad Wasif Siddiqi ist Ökonom an der University of the Panjab in Lahore, Pakistan.

»

Die kosmopolitische Mischung gab Kalkutta (nicht Kolkata) ihren einzigartigen Charakter und machte sie zu einer reichen, vibrierenden Stadt voller Leben. (...) Ja, Menschen aus unterschiedlichen Teilen des Landes kommen noch immer, um in Kolkata zu arbeiten, aber sie haben nicht die Absicht, die Stadt zu ihrer Heimat zu machen und investieren daher nichts in diese Stadt. Sie haben deshalb nichts zu tun mit der Kultur und dem Ethos der Stadt. Die Überschwemmung der Stadt mit Migranten aus Bangladesch unmittelbar nach der Teilung Indiens und in den späten 1960er- und frühen 1970er-Jahren war das Totengeläut für Kalkuttas kosmopolitische Kultur. Das Kolkata von heute ist eine erstickende bengalische Stadt, eine Stadt, deren Ethos, Kultur und Traditionen erdrückend engstirnig sind.

«

M5: Quellentext zu den Folgen der Migration in Kolkata
Mazumdar, J.: Kolkata Korner. Outlook 28.3.2008

Mazumdar Jaideep ist indischer Journalist.

»

Der Konflikt in Nepal führt dazu, dass eine immer größere Zahl von Migranten die Grenzen nach Indien überschreitet, um dort Sicherheit und wirtschaftliche Chancen zu suchen. Seit 1950 teilen sich Indien und Nepal eine offene Grenze, so das Bürger beider Länder ohne Dokumentation in das andere Land reisen können und dort als Bürger theoretisch die gleichen Rechte haben, mit Ausnahme des Stimmrechts. Menschen aus Nepal begaben sich seit Generationen aus ökonomischen Gründen nach Indien, aber nun haben sich die Wanderungsgründe geändert. In den vergangenen drei Jahren kamen viele Nepalis aus Angst um ihre Sicherheit nach Indien, unter ihnen eine große Zahl von Frauen und Kindern, da sich der Konflikt [in Nepal] *ausweitete, die Gewalt gegen Zivilisten zunahm und wirtschaftliche und soziale Strukturen zusammenbrachen.*

«

M6: Quellentext zu nepalesischen Flüchtlingen in Indien
Refugees International: Refugee Voices: Nepalese in India. 7.8.2005

Refugees International ist eine NGO mit Sitz in Washington, USA.

1 Erläutern Sie die Veränderung städtischen Lebens durch Migration.

6.4.1 Slums

Mit dem Wachstum der Metropolen in Südasien wachsen auch die Slums. Die Stadtbevölkerung braucht die Slumbewohner für ihren Alltag und verflucht gleichzeitig ihre Existenz.

Umgangssprachlich bezeichnet Slum oder Elendsviertel alle Wohnquartiere, in denen Menschen unter schlechten Bedingungen leben. Zu unterscheiden sind aber die Slums im eigentlichen Sinne, heruntergekommene, verfallene Quartiere der Kernstadt, und informelle Siedlungen, die als ungeplante Viertel oft am Stadtrand entstanden und aus meist provisorischen Unterkünften bestehen. Beide Kategorien fasst die Slum-Definition von UN-HABITAT zusammen. Verstanden werden unter Slums demnach Siedlungen, in denen mehr als die Hälfte der Einwohner in unzumutbaren Unterkünften ohne grundlegende Versorgungseinrichtungen leben, „ohne Eigentumsrechte, Zugang zu sauberem Wasser, Zugang zu sanitären Einrichtungen und ohne ausreichenden Wohnraum". Dies trifft in Südasien auf einen großen Teil der städtischen Einwohner zu. 150 Millionen Menschen leben hier nach UN-Schätzungen zudem mit der Furcht, von ihrem Wohnplatz vertrieben zu werden. Allein in Indien lebten laut Cenus 2011 93 Mio. (2001: 75 Mio.) Menschen in knapp 50 000 Slums.

Slums im weiteren Sinne finden sich oftmals auf Flächen, die für die Einwohner Gefahren in sich bergen: neben Eisenbahngleisen, unter Straßenüberführungen, am Ufer von Abwasserkanälen, am Flussufer oder an Müllkippen. In vielen Fällen bilden Slums erste Anlaufstellen für Menschen, die in der Stadt Fuß zu fassen versuchen. Das heißt jedoch nicht, dass in Slums in erster Linie Neuankömmlinge vom Lande leben. Auch wenn Slums in den südasiatischen Großstädten ein allgemeines Phänomen sind, gibt es in jeder Stadt besondere Bedingungen. Dies trifft auf Umfang, Art und Lage der Slums zu, aber auch auf die Merkmale der Menschen, die in diesen Slums leben.

In der Agglomeration Mumbai lebt mehr als die Hälfte der Bevölkerung in Slums. Dort beträgt die durchschnittliche Einwohnerdichte 24 300 Menschen pro km². In Dharavi – einem der größten Slums der Welt – leben und arbeiten etwa 600 000 Menschen auf lediglich 1,7 km². Ein- bis zweigeschossigen Behausungen werden als Wohn- und Gewerbegebäude genutzt. Es gibt schätzungsweise 15 000 Werkstätten von Kleinindustrien: Töpfereien, Gerbereien, Hersteller von Kleidung. Auch die Recycling-Branche boomt.

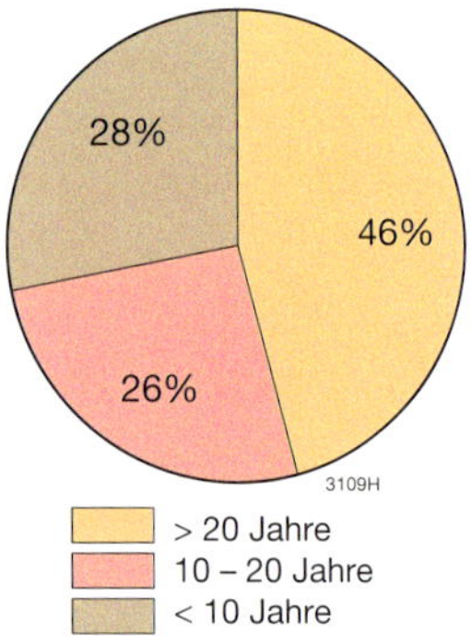

M1: Wohndauer im selben Haus in einem Slum (Ahmedabad, Indien, 2000)

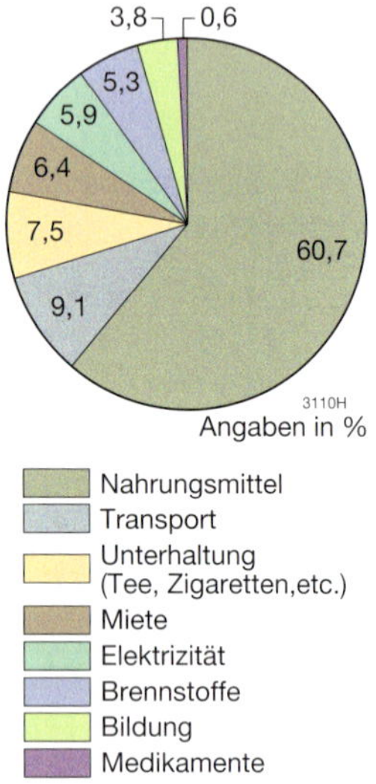

M2: Monatsausgaben eines durchschnittlichen Slumhaushalts (Ahmedabad)

M3: Slum in Mumbai

	Anerkannte Slums	„Wilde" Slums
Grundeigentümer		
– privat	37 %	42 %
– öffentliche	60 %	54 %
– unbekannt	3 %	5 %
Massive Bausubstanz	64 %	50 %
Befestigte Straßen	78 %	57 %
Häuser		
– ohne Elektroanschluss	1 %	7 %
– ohne Latrinen	10 %	20 %
Unterirdische Abwasserleitung	33 %	19 %
Ohne Abwaserleitung	10 %	23 %
Müllabfuhr	75 %	55 %

M4: Slums in Indien (2008/9)

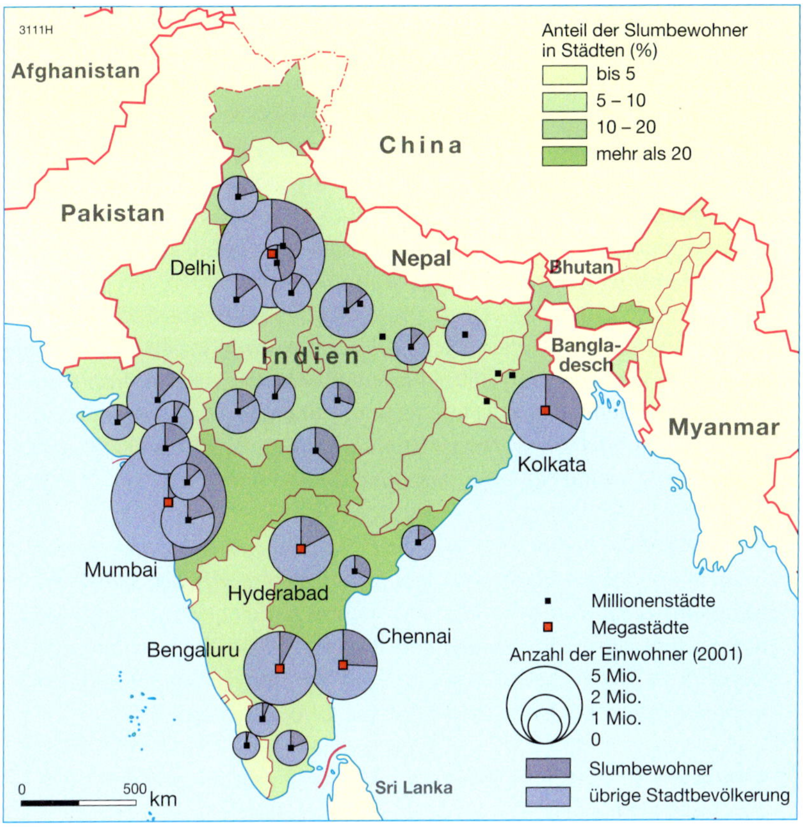

M5: Slumbevölkerung in Indien

Beschäftigungsverhältnis	Anteil
Selbstständig	30 %
Privater Arbeitgeber	44 %
Öffentlicher Arbeitgeber	9 %
Gelegenheitsarbeit	17 %

M6: Einkommensquellen von Slumhaushalten in Mumbai (2002)

Durchschnittliches Haushaltseinkommen: 2 978 Rs. (~66 €)
Tätigkeiten: Wachpersonal, Mechaniker, Arbeiter, Fahrer, Lehrer, Büroangestellte, Regierungsangestellte, Industriearbeiter, Heimindustrie, Kleinhandel, Hausangestellte, Bauarbeiter

	Slumbevölkerung
Bangladesch	70,8 %
Bhutan	44,0 %
Nepal	60,7 %
Pakistan	47,5 %

M7: Anteil der Slum- an der Stadtbevölkerung

»

Das überraschendste für mich war die Größe und die Verschiedenartigkeit der Gewerbe im Slum. Circa 650 Mio. US-$ werden pro Jahr erwirtschaftet mit dem Recycling von Plastik, in der Aluminium-, Leder- und Textilindustrie und in Bäckereien. Aber dabei gibt es auch eine sehr dunkle Seite: Tausende Männer arbeiten in kleinen Räumen, schmelzen Aluminiumdosen und verarbeiten sie zu Behältern oder Maschinenteilen. Diese Männer tragen keinen Schutz vor giftigen Dämpfen oder Handschuhe zum Schutz vor den Flammen. Unser Führer sagte, das sei, weil Schutzkleidung die Produktivität drosseln würde, aber das ist schwer zu glauben (...) Die Kinder haben wenige Bildungsmöglichkeiten außerhalb der öffentlichen Schulen, die von geringer Qualität sind, und einer Handvoll von NGOs, die weniger als ein Prozent der potenziellen Schüler versorgen, die Englisch oder Computerfertigkeiten erlernen wollen. Und doch lächelten diese Kinder und winkten uns zu, als wir durch ihr Viertel gingen.

«

M8: Quellentext zum Dharavi-Slum in Mumbai
Lee, R.: Organized Chaos – A Walk through the Dharavi Slum in Mumbai (2012)

Die britische Schülerin Regina Lee besuchte Dharavi auf einer Studienreise.

Chawls	zwischen 1920 und 1956 durch Fabrikbesitzer und Landeigentümer, bzw. einige öffentliche Stellen errichtete einfache Einraum-Mietquartiere für zuwandernde Arbeitskräfte; durch Familiennachzug überbelegt
Patra Chawls	autorisiert oder nicht autorisiert errichtete Quartiere aus nicht-dauerhaften Materialien
Zopadpattis	verbreitete schon zur Kolonialzeit existente Squatter-Siedlungen; hoher Anteil an Mietverhältnissen, je nach Lokalität 10 – 40 US-$ pro Raum
Gehweg-Unterkünfte	mobile Unterkünfte (Hütten, Zelte) meist in der Nähe des Arbeitsplatzes. Oftmals verlangen lokale „Größen" informelle Mieten

M9: Slum-Typen in Mumbai
Chawls und Gehweg-Unterkünfte sind keine Slums im rechtlichen Sinne.

Ursprünglich lag Dharavi am Rande der Stadt. Das schnelle Wachstum der Stadt hat den Slum eingeschlossen und so befindet er sich heute direkt neben dem Geschäftszentrum Mumbais in bester Innenstadtlage. Die Regierung will die Stadt bis 2015 zu einem „Finanzzentrum der Weltklasse" entwickeln. Seit Jahren wird daher versucht, den Slum „abzureißen" und das teure Land für andere Zwecke zu nutzen. Das auf Inititiative des indischen Architekten Mukesh Mehta 2004 von der Stadtregierung auf den Weg gebrachte „Slum Redevelopment Project" will internationale und indische Investoren dafür gewinnen, auf dem Areal für die Slumbewohner mehrgeschossige Wohnhäuser zu bauen, um die übrige Fläche für andere Zwecke zu nutzen. Die Konsortien sollen aber nicht nur neue Wohnblocks errichten, sondern auch Infrastruktur sowie sozial und kulturelle Einrichtungen zur Verfügung stellen (integrierter Ansatz). Für die Produktionsstätten Dharavis ist allerdings kein Platz vorgesehen. Von den Bewohnern und den verschiedenen Interessenorganistionen (SPARC, NSDF, Mahila Milan) der Slumbewohner erntete das Sanierungs- und Umsiedlungsprojekt heftige Kritik.

Mukesh Mehta, *indischer Architekt und Geschäftsmann*

» *Wer in Mumbai lebt, lebt sowieso in einem Slum oder gleich daneben. Selbst wenn man eine wunderschöne Wohnung hat, steht man neben dem nächsten Slum, sobald man sie verlässt. Also muss es zuerst darum gehen, die Lebensqualität in den Slums etwas anzuheben, damit diese Durchmischung der Gesellschaft besser stattfinden kann. Damit gibt man den Slumbewohnern nicht nur Würde, sondern auch die Chance, sozial aufzusteigen.*

D.M. Sukthanker, *Politiker im Bundesstaat Maharashtra*

» *Mehtas Ziel ist Profit, nicht Sanierung. Der Plan ist weit davon entfernt, was die Gemeinschaft will.*

Lutz Konermann, *deutscher Filmemacher, der den Film „Slum for sale" über Dharabi produzierte*

» *Ich denke, es ist so ironisch, wenn die Regierungsbeamten sagen, dass es einer Sanierung bedarf, um aus Dharavi eine integrierte Stadt zu machen. Dharavi ist in meinen Augen selbst das beste Beispiel einer integrierten Stadt. Es ist eine perfekt integrierte Stadt, es gibt ein perfektes soziales Netz, es funktioniert, die Leute verdienen ihren Lebensunterhalt, was kann man mehr von einer Stadt erwarten? Dharavi funktioniert, auf einem sehr niedrigen Standard, soweit es hygienische Standards betrifft, soweit es den für die Menschen verfügbaren Raum betrifft. (...) Warum Dharavi sanieren? Entwickelt Dharavi oder helft ihm, sich selbst zu entwickeln.*

M1: Dharavi in Mumbai

M2: Patra Chawls in Mumbai

»

Der Kampf, die von oben projektierte Sanierung von Dharavi (...) zu verhindern, geht weiter. (...) Seit der Plan 2004 eingeleitet wurde, haben Aktivisten der Vereinigungen der Bewohner Dharavis, gemeinschaftsbasierte Organisationen und andere zivilgesellschaftliche Gruppen versucht, die Behörden in einen Dialog zu verwickeln um die vielen kritischen Mängel anzusprechen. In gewissem Umfang war dies erfolgreich. So wurde (...) ein Expertenkommittee unter Einschluss von Repräsentanten der Zivilgesellschaft eingerichtet, der Bedarf nach einer umfassenden Haushaltsbefragung akzeptiert und über dezentralisiertere, von der Gemeinschaft betriebene Verbesserungen diskutiert. (...) Sogar nach machtvollen Demonstrationen der Einwohner spricht die Staatsregierung noch immer nicht direkt mit den Bewohnern Dharabis. (...) Ein von den Einwohnern entwickelter, dem Expertenkommittee vorgelegter und von diesem der Regierung empfohlener Plan wurde zurückgewiesen."

«

M3: Quellentexte zu Organisationen der Slumbewohner
Arputham, J., Patel, S.: Recent Developments in plans for Dharavi and for the airport slums of Mumbai. Environment & Urbanization 2/2010

Jockin Arputham gründete die National Slum Dwellers Federation und ist Präsident von SDI (Slum/Shack Dwellers International). Sheela Patel ist Gründungsmitglied von SPARC (Society for the Promotion of Area Resource Centers).

ab 1954	Umsiedlungsprogramm: Slums sollen geräumt und die Bevölkerung in feste Gebäude zur Miete umgesiedelt werden. Der Bau neuer Wohneinheiten kann mit dem Zuzug in Slums nicht Schritt halten und die Mieten sind für die meisten zu hoch.
ab 1969	Sanierung von Chawls mit öffentlichen Mitteln
ab 1972	Verbesserung der Infrastruktur in Slumgebieten: Bau von Gemeinschaftswasserleitungen und -latrinen, Wegen, Abwasserkanälen, Straßenbeleuchtung. Einwohner erhalten unter bestimmten Bedingungen Sicherheiten für ihre Wohnraumnutzung.
1981	Operation zur Vertreibung der „Bürgersteigbewohner". Bürgerrechtsbewegungen gehen bis zum obersten Gericht dagegen vor.
1985	Slum-Verbesserungs-Projekt in Zusammenarbeit zwischen der Stadtverwaltung und der Weltbank. Bildung von Slum-Entwicklungskooperativen. Slum-Haushalte, die in ihre Wohnstätten investieren, sollen sichere langfristige Belegungsrechte erhalten; nur zehn bis zwölf Prozent der Haushalte sind zu solchen Investitionen finanziell in der Lage. Opposition durch nichtprofitierende Slumbewohner und Bauunternehmer, die gegen Übertragung von Landrechten an Slumbewohner arbeiten.
1991	Neues Slum-Entwicklungs-Projekt: Bildung von „Öffentlich-privaten Partnerschaften" zwischen Verwaltung, und Investoren zur Slum-Entwicklung. Bauunternehmer sollen Wohnraum für Slumbewohner (Einheit: 15 m^2) schaffen und erhalten im Gegenzug die Erlaubnis, zusätzliche Wohneinheiten zu errichten und zu verkaufen. Nur wer vor 1985 im Slum wohnt und 1/3 der Kosten selbst beisteuert, kann Zuteilung erhalten.
1995	Veränderung der Bedingungen: Vergrößerung der Wohneinheiten auf ca. 20 m^2, Vergabe an im Wählerverzeichnis verzeichnete Slumbewohner ohne deren Kostenbeteiligung,
1997	Zerstörung des Ambedkar Nagar Slums und gewaltsame Vertreibung der Bewohner auf Betreiben einer Baugesellschaft, die sich des Landes bemächtigt.
ab 2000	Umsiedlung von Bewohnern von Slums entlang Eisenbahnlinien wegen Streckenausbau in mehrstöckige Häuser mit Hilfe von NGOs
2004 – 2005	Innerhalb weniger Wochen macht die Stadtverwaltung in Gebieten mit hohen Bodenpreisen „illegale" Slums auf circa 120 ha dem Boden gleich. Die Einwohner verlieren alle Habseligkeiten; das Wahlrecht soll ihnen aberkannt werden, da sie nun wohnsitzlos sind. Das Vorgehen erhält zum Teil Unterstützung aus der Mittelklasse, die sich durch Slums belästigt fühlt, aber auf die dort erzeugten preisgünstigen Produkte und ihre dort lebenden billigen Haushaltshilfen nicht verzichten möchte.
2004	Slum-Entwicklungsprojekt Dharavi: schätzungsweise 57 000 Familien (300 000 Menschen) sollen in neue, siebenstöckige Wohnblocks umgesiedelt werden (Wohnungsgröße 21 m^2). Projektkosten werden mit 2,3 Mrd. US-$ veranschlagt. Das Projekt wird weltweit ausgeschrieben.
seit 2008	Nach Protesten der Einwohner Revision der Planung, Wohnfläche der Ersatzwohnungen 27,9 m^2, beträchtlicher Anteil des Wohnungsbaus für mittlere und höhere Einkommensgruppen vorgesehen, Bauträgerschaft (öffentlich od. privat) unklar – die Hälfte bis Zweidrittel der Einwohner ohne Anspruch auf Ersatzwohnungen

M4: Slumsanierung in Mumbai

1 **Erläutern Sie die Differenzierungen von Slums in Südasien.**
2 **Kennzeichnen Sie die verschiedenen Maßnahmen und Politiken, mit dem Slumproblem umzugehen.**
3 **Bewerten Sie die Aussage von Lutz Konermann.**

6.4.2 Infrastruktur und öffentliche Dienste

Südasiatische Städte mit ihrer begrenzten Infrastruktur sind mit dem Problem der Überfüllung und einem zu großen Druck auf die öffentlichen Dienste konfrontiert, dem große Aufmerksamkeit entgegengebracht wird.

In den meisten südasiatischen Städten kann die städtische Infrastruktur, die über Jahrzehnte langsam aufgebaut wurde, mit dem rapiden Wachstum nicht Schritt halten. Hierzu zählen Wasser- und Energieversorgung, Abwasser- und Müllentsorgung, die Verkehrsinfrastruktur einschließlich des öffentlichen Personennahverkehrs. Die Konsequenz hieraus sind nicht nur Stromausfälle und tote Wasserleitungen, sondern auch eine Verschmutzung der Umwelt, des Wassers, der städtischen Flächen und der Luft.

So kommt zu einer grundsätzlichen Wasserknappheit auch noch die Verschmutzung des verfügbaren Wassers, seien es Flüsse und Seen, die durch Abwässer und Abfälle verunreinigt werden, seien es Grundwasservorkommen, in die giftige Industrieabwässer etwa aus den Gerbereien und Textilfärbereien gelangen. Die Megacity Delhi leitete laut einem Bericht der zentralen Behörde zur Kontrolle der Umweltverschmutzung 2007 pro Tag etwa 3,167 Millionen Liter Abwasser in den Yamuna und ist damit größter Verschmutzer des Flusses, gefolgt von Agra. Durch Lecks im Leitungssystem gehen schätzungsweise 20 bis 35 Prozent des verfügbaren Trinkwassers verloren. Zudem mischen sich nicht selten Brauchwasser mit Abwässern. Hepatitis, Gastroenteritis und andere Krankheiten können die Folge sein.

Versorgt wird Delhi zum überwiegenden Teil aus dem Oberflächenwasser der Flüsse Yamuna, Beas und Ganges. Aufgrund indischen Wasserrechts hat Delhi aber keinen eigenen Anspruch auf dieses Flusswasser. Die Stadt ist abhängig davon, dass die Nachbarstaaten Haryana (Yamuna), Uttar Pradesh (Ganges) und Punjab (Beas) ihr über Kanäle das Wasser zukommen lassen. Diese Mischversorgung dient Delhier Politikern oft als Argument, die schlechte Trinkwasserversorgung der Stadt zu begründen.

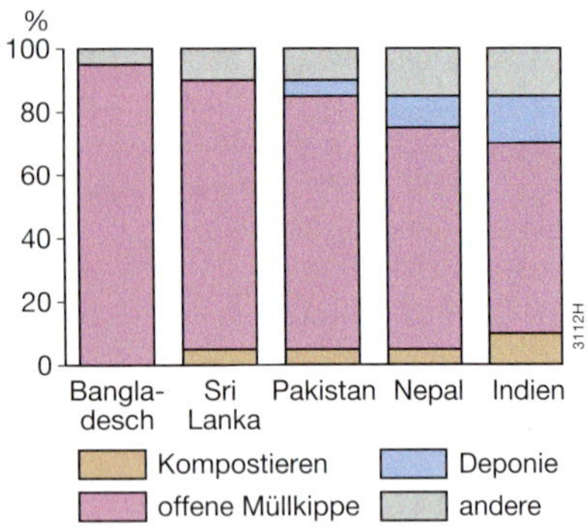

M1: Wege der Müllentsorgung in Südasien (in %)

M2: Quellentext zu Versorgungskrisen in Delhi
Mehdudia, S.: Acute power crisis hits Delhi. The Hindu 14.4.2006

Sujay Mehdudia ist indischer Journalist.

»

Sogar noch vor Beginn des Hochsommers leidet die Hauptstadt unter einer schweren Energie- und Wasserkrise, ohne dass die Lage Zeichen einer Besserung erkennen ließe. Nicht nur, dass die Wasserleitungen in vielen Teilen der Stadt trockenfallen, die Bürger haben auch unter nicht angekündigten Stromausfällen und Abschaltung zu leiden, auch wenn in zwei Monaten sich die Privatisierung der Stromverteilung in Delhi zum vierten Mal jährt. Das große Versprechen eines von Stromausfällen freien Delhi ist in sich zusammengefallen und dieselbe alte Geschichte wiederholt sich auch nachdem die Delhier Regierung während der vergangenen vier Jahre den privaten Stromversorgern Milliarden von Rupien als Beihilfen hat zukommen lassen. Bei mit jedem Tag steigenden Temperaturen verlängern sich die Stromausfälle und quälen Hunderttausende von Verbrauchern. Die Beschwerden der Wasserkonsumenten sind sogar noch schlimmer. Unabhängig davon, ob Wasser ihre Wasserhähne erreicht oder nicht, erhalten die Verbraucher Rechnungen präsentiert, denn seit vergangenem Jahr verlangt das Delhier Wasseramt feste Beträge, ob nun Wasser verbraucht wird oder nicht. Viele Verbraucher gehen gegen Stromausfälle an, die vier bis acht Stunden am Tagandauern.

«

M3: Provisorische Versorgung durch Tankwagen

Das andauernde Wachstum stellt die Großstädte auch vor immer größere Probleme, den Müll zu entsorgen. Offene Container auf öffentlichen Plätzen verurachen erhebliche hygienische Probleme. Eine Wiederverwertung von Wertstoffen findet lediglich ungeregelt durch die Müllsammler statt. Die indische Zentralregierung hat daher beschlossen, von einem Bring- auf ein Abholsystem umzustellen und Mülltrennung einzuführen.

»

Anfang 2005 begann die PMC [Pune Municipal Corporation] *damit, die Hausmüllentsorgung auf ein Abholsystem umzustellen, bei dem der Abfall mittels Handwagen und Fahrradrikschas direkt bei den Haushalten abgeholt wird, um dadurch eine Mülltrennung in organische und anorganische Stoffe nach dem Nass-Trocken-Prinzip zu institutionalisieren und die Stadthygiene zu verbessern. Diese Form der aktiven Haus-zu-Haus-Sammlung wird als primäre Sammlung bezeichnet, während bei der sekundären Sammlung an Sammelstellen und verbelibenden Containern zusammengetragende Abfälle eingesammelt und zur Deponie befördert werden.. Für die primäre Sammlung wurden etwa 1450 Müllsammlerinnen aus dem informellen Sektor autorisiert, an die Haushalte direkt heranzutreten, was ca. 60 Prozent aller Privathaushalte in Pune abdeckt. Vorgesehen ist, dass die Müllsammlerinnen den nach trockenen (Verpackungsmaterialien) und nassem Abfall (Bioabfälle) getrennten Müll entgegennehmen und in verschiedenen Behältnissen auf ihren Wagen verstauen sollen. (...) Später sortieren diesen den trockenen Abfall nach recyclebaren und nicht mehr verwertbaren Stoffen, um erstere gewinnbringend an Kleinhändler zu verkaufen. (...) Den trockenen Restmüll und die nassen Abfälle geben die Müllsammlerinnen an ausgewiesenen Sammelstellen an Arbeiter der PMS in der sekundären Sammlung weiter.*

«

M4: Quellentext zur Einführung eines neuen Abfallentsorgungskonzept in Pune
Kraas, F., Kroll, M.: Steuerungsprobleme aufsteigender Megastädte - Zur Reorganisation der Abfallwirtschaft von Pune/Indien

Frauke Kraas und Mareike Kroll sind deutsche Geographinnen.

M5: Müllsammlerinnen in Pune

Die Luftqualität in den Städten leidet durch die Zunahme des Verkehrs. Vor allem in den Millionenstädten konzentrieren sich die Fahrzeuge. Zwei Drittel aller in Südasien produzierten Fahrzeuge sind Motorräder und -roller. Diese sowie die Autorikschas tragen durch die Abgase ihrer Zweitaktmotoren besonders zur Luftverschmutzung und zum Verkehrslärm bei. Die Umstellung von Bussen und Taxen auf Gas (CNG: Compressed Natural Gas) als Treibstoff hat in den letzten Jahren in verschiedenen Städten zu einer Qualitätsverbesserung der Luft geführt.

Ein weiterer Aspekt beeinträchtigt die Lebensqualität in den städtischen Zentren: das hohe Ausmaß von Kriminalität und Gewalt. Nicht selten ist die Gewalt politisch motiviert. In Städten wie Karachi werden seit Jahren Anschläge verübt, die auf parteipolitische Auseinandersetzungen aber auch auf Aktivitäten von Terrorgruppen zurückgehen. Zum Teil gehen kriminelle Banden und politische Gruppierungen eine Verbindung ein. Aber auch die „einfache" Kriminalität führt zu großer Unsicherheit. 2011 sollen in einem halben Jahr in Karachi 1500 Menschen ermordet worden sein. Die Sicherheitslage kann dazu führen, dass ganze Wohngebiete zu „No-Go-Areas" werden. In vielen südasiatischen Großstädten entstehen ummauerte und bewachte Wohnanlagen (Gated Communities), die der Mittelklasse ein höheres Maß an Sicherheit versprechen.

1 Beschreiben Sie die infrastrukturellen Probleme südasiatischer Megacities.
2 Erörtern Sie die Maßnahmen, infrastrukturelle Probleme zu beheben.

6.4.3 Fallstudie: Delhi – Gurgaon – Noida

Im Zuge des ökonomischen Aufschwungs nach 1991 expandierten in Indien zahlreiche städtische Zentren und neue entstanden. Oftmals verschmolzen mehrere Zentren zu Konurbationen, so im Fall von Delhi – Gurgaon – Noida. Schnellstraßen und ein Metro-Bahnnetz ermöglichen hier das Zusammenwachsen.

In den letzten Jahrzehnten ist das alte, traditionsreiche Delhi explosionsartig gewachsen. Mit 16,7 Millionen Einwohnern (2011) gehört die Hauptstadt Indiens heute zu den größten Megacities der Welt. Da die städtische Infrastruktur nicht in entsprechendem Umfang wuchs, resultieren daraus viele Probleme. Dies hat einen Teil des Wachstums in Nachbarstädte wie Gurgaon oder Noida gelenkt und zum Entstehen der Delhi-Gurgaon-Noida-**Konurbation** geführt. Die Entlastungsstädte, die in unterschiedlichen Bundesstaaten liegen, sind Neugründungen wie Noida in Uttar Pradesh oder entwickelten sich aus Dörfern wie Gurgaon in Haryana. Die Infrastruktur in und zwischen den Städten der Konurbation wird mit großer Geschwindigkeit ausgebaut, um ausländische Investitionen anzuziehen. So entsteht ein neuer Wachstumspol, der eine enorme Wirtschaftskraft in sich bündelt.

Konurbation
Ballungsraum mit mehreren Stadtkernen

M1: Quellentext über die Bedeutung von Schnellstraßen
Jain, S.S. / Parida, M.: Expressway – The Road to Economic Growth

S.S. Jain und M. Parida sind Wissenschaftler am Indian Institute of Technology, Roorkee.

»

Glücklicherweise hat die Gegend um Delhi das physische Potenzial zur Urbanisierung, sofern eine passende technische Infrastruktur geschaffen wird. Die Zentralregierung erließ 1985 das Gesetz (...) zur Entwicklung der Hauptstadtregion [National Capital Region (NCR)], *die eine Fläche von 33 578 km² umfasst. Sie schließt Gebiete von Delhi ein (1483 km²), Haryana (13 413 km²), Uttar Pradesh (10 853 km²) und Rajasthan (7829 km²). (...)*
Es hat sich herausgestellt, dass die Dezentralisation der Urbanisierung durch Satellitenstädte nicht effektiv darin war, das Wachstum Delhis zu kontrollieren. Aber die Entwicklung von neuen Schnellstraßen-Korridoren in der Region hat neue Perspektiven eröffnet. Diese Korridore können als Transportachsen genutzt werden, um eine lineare Urbanisierung in die Wege zu leiten. (...)
Die Ziele des Transportplans sind, die ökonomische Entwicklung der Region zu fördern und die Hauptstadt von Verkehrsstaus zu entlasten. Er muss die Zugänglichkeit aller Teile der Region gewährleisten und den Durchgangsverkehr von Personen und Gütern durch das Zentrum verhindern (...) Der Plan sieht u.a. vor, Schnellstraßen auf neuen/parallelen Streckenführungen zu schaffen, die bestehenden National Highways zu verbessern, innere und äußeres Netze zu entwickeln sowie ein Netz von Nebenstraßen.

«

NCR	1991 Stadt	2001 Stadt	2001 Agglomeration	2011 Agglomeration
Delhi	7 206 704	9 879 172	13 850 507	16 753 235
Gurgaon, Haryana	121 486	172 955	228 810	876 824
Faridabad, Haryana	617 717	1 055 938	1 055 938	1 404 653
Noida, UP	146 516	305 058	305 058	642 381
Ghaziabad, UP	454 156	968 256	968 256	1 636 068

M2: Bevölkerungsentwicklung im Ballungsraum Delhi-Gurgaon-Noida (NCR)

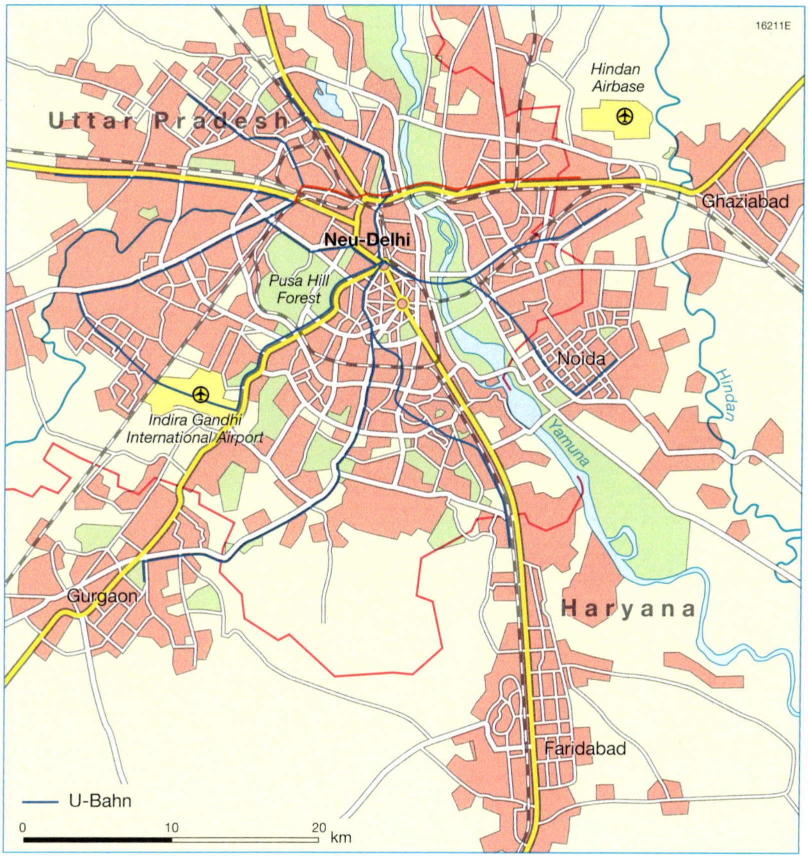

M3: Ballungsraum Delhi-Gurgaon-Noida

M4: Delhi Metro: Nachdem 2002 die erste Linie in Betrieb genommen wurde, wurde das Metrosystem auf fünf Linien mit 138 ober- und unterirdischen Stationen von insgesamt 182 km Länge erweitert.

Delhis Dienstleistungssektor expandierte nach 1991. Die Verfügbarkeit gut ausgebildeter, englischsprachiger Arbeitskräfte in der Hauptstadt zog zahlreiche multinationale Unternehmen an, so im IT- und Telekommunikationssektor sowie im Hotel-, Banken-, Medien- und Tourismusgewerbe. Auch der sekundäre Sektor wuchs stark. Die Stadt reagierte auf die mit dem Wachstum verbundenen Verkehrsprobleme mit dem Bau eines Metro-Systems.

Noida (New Okhla Industrial Development Authority) wurde 1976 gegründet, um den Wachstumsdruck von Delhi zu nehmen. In der Nachbarschaft von Delhi gelegen und gut mit neuen Schnellstraßen angeschlossen, entstand hier eine Exportproduktionszone, die später in eine Sonderwirtschaftszone umgewandelt wurde (vgl. 8.1.2). Noida zog multinationale Unternehmen an, die ihre IT-Dienstleistungen auslagerten. Auch haben zahlreiche große Software-Unternehmen ihren Sitz in der Stadt. Viele andere Unternehmen haben sich in Noida mit ihrer Indien-Zentrale niedergelassen. Die Sonderwirtschaftszone, die städtische Atmosphäre und die Nähe zu Delhi sprechen für diesen Standort. Allerdings hat die hohe Nachfrage inzwischen zu kräftig steigenden Bodenpreisen geführt. Um große Fabriken und Bürokomplexe zu errichten, ist zwar immer noch Land verfügbar, aber sehr teuer. In Noida wurde 2006 ein Grundstück zu einem Preis von 650 000 Rupien pro m² verkauft (ca. 11 000 Euro), ein Preis, der vergleichbar ist mit Grundstückpreisen in New York, Tokio oder Singapur.

Gurgaon wächst seit Mitte der 1990er-Jahre als Satellitenstadt Delhis. Steueranreize des Staates Haryana und die Verbesserung der Infrastruktur ziehen indische und ausländische Unternehmen an. Gurgaon entwickelte sich schnell zu einem boomenden Produktions- und Dienstleistungszentrum und zum

6.4 Probleme wachsender Städte

M1: Shopping Mall in Gurgaon

Finanzzentrum der Konurbation. Hypermoderne Einkaufszentren und Luxushotels entstehen. Immobilienunternehmen haben große Landflächen von Bauern aufgekauft und errichten Luxusappartements. Dies alles entspricht dem Lebensstil einer modernen, gebildeten, kosmopolitischen Bevölkerungsschicht, die hier Arbeitsplätze findet und bei steigenden Löhnen auch beträchtliche finanzielle Mittel besitzt. Der Boom vergrößert aber die wirtschaftliche und soziale Kluft zwischen den einkommensstarken Neubürgern und der vergleichsweise armen, alteingesessenen Bevölkerung.

M2: Quellentext zur Standortvermarktung in Gurgaon
Jha, P.: IT corridors in Panchkula, Manesar on the anvil. Business Standard 12.8.2005

Prakash Jha ist indischer Journalist.

»

In dem Versuch, mehr IT-Firmen anzuziehen, hat die Haryana State Industrial Development Corporation (HSIDC) entschieden, Informationstechnologie-Entwicklungskorridore in Panchkula und Manesar nahe Gurgaon einzurichten. (...) Die HSIDC hat auch einen Plan ausgearbeitet, die IT-Korridore aggressiv zu vermarkten. Hierzu werden Geschäftstreffen und Marketingveranstaltungen an IT-Zentren wie Bangalore, Delhi, Mumbai, Hyderabad und Chennai durchgeführt. Laut einem höheren Staatsbeamten wurden in Panchkula bereits 90 Acres (36,4 ha) Land erworben. Der Informationstechnologiekorridor in Manesar, der auf einer Fläche von 40 Acres (16,2 ha) entwickelt werden soll, würde den Bedürfnissen der multinationalen Unternehmen entgegenkommen, die schon wegen Landzuweisungen mit der Gesellschaft in Kontakt getreten sind. Der Entschluss, Informationstechnologiekorridore zu entwickeln, wurde heute auf einem Treffen des Vorsitzenden des HSIDC mit Vertretern der Stadt und der Landesplanungsabteilung, der Haryana Urban Development Authority (HUDA) und des Industrieamtes von Chandigarh getroffen.

«

1. **Kennzeichnen Sie das Konzept der Konurbation.**
2. **Erläutern Sie die Entwicklungen in der Konurbation Delhi-Gurgaon-Noida.**
3. **Vergleichen Sie die Konurbation Delhi-Gurgaon-Noida mit Bengaluru (Atlas).**

D1-166
www.diercke.de

7

Herausforderungen für die Entwicklung Südasiens

Südasien erzeugt magere vier Prozent des Weltbruttoinlandprodukts. Es beherbergt etwa ein Viertel der Weltbevölkerung, aber die Hälfte der Armen der Erde. Wenn sie ihre Entwicklung vorantreiben will, steht die Region vor gewaltigen Herausforderungen. Naturkatastrophen oder auch hausgemachte Probleme wie Korruption werfen die Länder immer wieder zurück. Um die Lebenschancen der Bevölkerung zu verbessern, gab es in den vergangenen Jahrzehnten nicht nur Anstrengungen von Regierungsseite, sondern auch - unterstützt durch zahlreiche Nichtregierungsorganisationen - starke Impulse aus den Reihen der Betroffenen selbst.

7.1 Wirtschaftliche Entwicklung und Naturkatastrophen

Naturkatastrophen können in kurzer Zeit die Entwicklungsbemühungen. langer Jahre zunichte machen. Schadensbeseitigung und Prävention binden umfangreiche Mittel.

M1: Quellentext zur Überflutung in Pakistan 2010
Kron, W.: Juli bis September: Überschwemmungen in Pakistan. Munic Re: Topics Geo (2011)

Munic Re ist eine Rückversicherungsgesellschaft.

» *Es kam zu schweren Schäden an der Infrastruktur. Hunderte Brücken wurden weggeschwemmt, Straßen zerstört, die Strom- und Wasserversorgung unterbrochen. Produktionsstätten für Textilien, Lederwaren sowie fur Nahrungsmittel wurden vernichtet, landwirtschaftliche Flächen, von denen 80 Prozent in der Indusebene liegen, überschwemmt. (...) Die direkten wirtschaftlichen Schäden werden auf rund zehn Milliarden US-Dollar geschätzt. Das ist viel für ein Land wie Pakistan, und doch dominierten die humanitären Auswirkungen bei Weitem. Mindestens 1760 Menschen starben, Tausende wurden verletzt, unzählige Dörfer standen teils mehrere Meter tief unter Wasser. Ganze Regionen waren tagelang von jeder Hilfe abgeschnitten. Inmitten der Fluten erwies sich vielfach der Mangel an sauberem Wasser als das größte Problem für die Bevölkerung. Durch verseuchtes Trinkwasser breiteten sich schnell Durchfall- und Infektionskrankheiten aus (...) Besonders gravierend war, dass Millionen Menschen neben ihrer Wohnung und ihren Habseligkeiten ihre wirtschaftliche Grundlage verloren – Nutztiere, Werkstätten oder die komplette Jahresernte. Da auch Vorräte weggeschwemmt wurden oder verdarben, herrschte verbreitet Nahrungsmittelmangel.* «

M2: Hilfe aus der Luft für Flutopfer in der Sindh-Provinz im September 2010

42 000 Menschen starben in Indien, auf den Malediven und Sri Lanka infolge des Tsunamis vom Dezember 2004. 615 000 Menschen wurden obachtlos und 1,2 Mio. mussten umgesiedelt werden. Die Schäden, die der Tsunami bei Gebäuden, in der Fischerei und dem Tourismus in den drei Ländern verursachte, wird auf 2,5 Mrd. US-$ geschätzt.

Südasien ist eine Region mit hohen Naturrisiken. Fast in jedem Jahr sind Zyklone, Trockenheit, Überschwemmungen, Erdbeben oder Bergstürze zu verzeichnen. Die Folgen der Erdbeben von Gujarat 2001 (20 000 Tote) und Kaschmir 2005 (85 000 Tote) sind bis heute zu spüren. Seit dem Tsunami von 2004 ist auch hierzulande die immense Gefahr dieser durch Erdbeben ausgelösten Flutwellen ins Bewusstsein gelangt. Naturkatastrophen berühren infolge des menschlichen Leides, dass sie hervorrufen. Ihr häufiges Auftreten hat jedoch Folgen, die über den humanitären Aspekt hinausgehen. Sie bremsen den Entwicklungsprozess.

Kommt es zu einer Katastrophe, besitzen die Rettung von Menschenleben und die Wiedereingliederung der oft traumatisierten Opfer Priorität. Es gilt Infektionskrankheiten wie Cholera und Typhus zu verhindern, die in Folge der Katastrophen auftreten. Solche Rettungsmaßnahmen sind kostspielig, ebenso die Beseitigung der Schäden an Infrastruktur, Wohn- und Produktionsstätten und die damit ver-

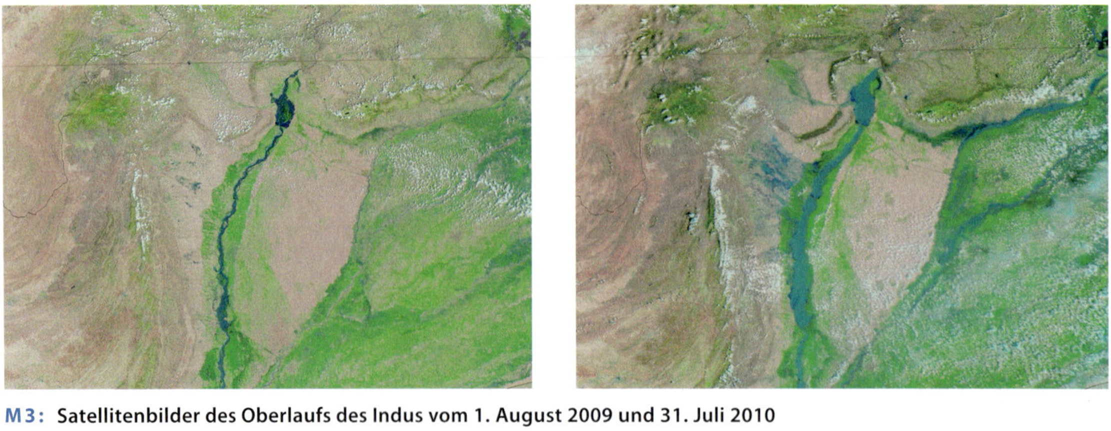

M3: Satellitenbilder des Oberlaufs des Indus vom 1. August 2009 und 31. Juli 2010

Datum	Ereignis	Gebiet	Tote	Schäden	Erläuterungen; Schadensbeschreibung
Mai 2009	Zyklon Aila	Bangladesch, Bhutan, Indien	320	500 Mio US-$	Sturmflut; > 1,5 Mio Häuser beschädigt/zerstört; 1400 km Deichanlagen zerstört; > 58 000 Nutztiere getötet
Juli – Sept. 2009	Überschwemmungen	Indien	>300	220 Mio US-$	Monsunregen; > 55 000 Häuser beschädigt/zerstört; Schäden an Infrastruktur und in Landwirtschaft; 500 000 Obdachlose
Aug. – Sept. 2009	Überschwemmungen	Indien	223	23 Mio US-$	> 3000 überschwemmte Dörfer; schwere landwirtschaftliche Schäden; Nutztiere verendet; 500 000 Obdachlose
Sept. – Okt. 2009	Überschwemm.; Erdrutsche	Indien	321	500 Mio US-$	> 7 000 000 Häuser zerstört; > 400 Bewässerungstanks zerstört; 35 000 Nutztiere verendet
Juni 2010	Zyklon Phet; Sturmflut	Indien, Oman, Pakistan	39	1100 Mio US-$	Windgeschwindigkeiten bis 230 km/h; Sturmflut; >1 000 Häuser und Fahrzeuge beschädigt/zerstört. Entsalzungsanlagen; Strom- und Wasserleitungen zerstört. Öl- und Gasproduktion unterbrochen. Evakuierte: > 68 000
Juni 2010	Sturzflut; Erdrutsche	Bangladesch, Myanmar	128	k. A.	Starke Monsunniederschläge. Tausende Gebäude beschädigt/zerstört. Infrastruktur- und Ernteschäden
Juli – Sept. 2010	Überschwemmungen; Sturzfluten	Pakistan	1 760	9500 Mio US-$	Heftige Monsunniederschläge. 10 000 Dörfer betroffen. 1,24 Millionen Häuser beschädigt/zerstört; schwere Schäden an Stromversorgung und Infrastruktur; > 69 000 km² Ackerland beschädigt/vernichtet; >15 Millionen Betroffene
Aug. 2010	Überschwemm.; Schlammfluten	Indien	200	k. A.	10 000 Häuser beschädigt. Schwere Schäden in der Infrastruktur. Anbauflächen vernichtet.
Feb. 2011	Überschwemmungen	Sri Lanka	18	300 Mio US-$	Starker Monsunregen. 45 000 Häuser beschädigt/zerstört. Schäden in Land- und Fischereiwirtschaft
Aug. – Okt. 2011	Überschwemmungen	Pakistan	520	5200 Mio US-$	Deiche gebrochen; 6000 Dörfer überflutet; Brücken weggespült. Hohe Schäden in der Land- und Viehwirtschaft.
Sept. – Okt. 2011	Überschwemmungen	Indien	90	930 Mio US-$	Starker Monsunregen. 130 000 Häuser beschädigt/zerstört. Hohe Schäden an Infrastruktur; Land- und Viehwirtschaft.
Sept. 2011	Erdbeben	Süd- und Ostasien	34	1500 Mio US-$	M = 6.9; Epizentrum Sikkim. Hunderte Erdrutsche. Zehntausende Gebäude zerstört/beschädigt; Straßen und Brücken beschädigt. Elektrizitäts- und Kommunikationsleitungen unterbrochen. Über Hunderttausend Obdachlose.

M4: Naturkatastrophen in Südasien (2009 – 2011)

Die Tabelle verzeichnet die Südasien betreffenden Ereignisse aus der Liste der jeweils 50 bedeutendsten Naturkatastrophen der Jahre 2009 bis 2011.

bundenen Produktionsausfälle. Einzelne Sektoren der Wirtschaft in den Katastrophengebieten können allerdings von den Wiederaufbaumaßnahmen profitieren.

Auch die Katastrophenprävention bindet Mittel, sowohl für die Bereithaltung von Hilfsgütern und Einsatzkräften, als auch für Maßnahmen, die die Auswirkungen von Naturbedrohungen begrenzen sollen: Schutzbauten, erdbebensichere Architektur, Dämme und anderes. Obwohl internationale Soforthilfe zur Verfügung gestellt wird – die allerdings manchmal an den Bedürfnissen der Betroffenen vorbeigeht –, haben in erster Linie die betroffenen Menschen und Staaten den überwiegenden Teil des Wiederaufbaus zu schultern. Kredite für langfristige Schutzmaßnahmen, zum Beispiel durch die Weltbank, vergrößern zudem die Schuldenlast der stark gefährdeten Länder.

Kinder stellen in vielen Fällen einen großen Anteil der Opfer. Während verschiedener Erdbeben in jüngerer Zeit starben Kinder, während sie in der Schule waren. Die Schulgebäude waren nicht erdbebensicher und hatten den Erschütterungen nicht standgehalten. In Ländern wie Indien oder Sri Lanka soll „Katastrophenerziehung" Wissen über die Gefahren und Verhaltensweisen bei Katastrophen vermitteln, in der Hoffnung, auf diese Weise die Opferzahlen zukünftig reduzieren zu können.

Char
Flussinseln aus feinem Schwemmmaterial im Mündungsbereich von Ganges und Meghna (Brahmaputra). Aufgrund der hohen Fruchtbarkeit und infolge des hohen Bevölkerungsdrucks werden die Inseln trotz der hohen Gefährdung besiedelt. Die Verwundbarkeit der Bevölkerung durch Hochwasser und Zyklone ist jedoch nicht das Ergebnis der Naturrisiken selbst, sondern der Marginalität der betroffenen Bevölkerungsgruppen.

1 **Kennzeichnen Sie die wirtschaftlichen Auswirkungen von Naturkatastrophen.**
2 **Analysieren Sie die Bedingungen, unter denen Naturrisiken zu Katastrophen werden.**

7.2 Bürokratie, Korruption und Amtsmissbrauch

In Südasien sind Bürokratie, Korruption und Amtsmissbrauch weit verbreitet. Erst allmählich beginnen die Länder gegen bürokratische Überregulierung und Bestechung energisch vorzugehen.

Die aufgeblähte Bürokratie ist in Südasien noch immer ein Problem, das nicht zuletzt die wirtschaftliche Entwicklung behindert. In den Anfangsjahren nach Erreichen der Unabhängigkeit schien staatliche Einflussnahme auf wichtige Wirtschaftsbereiche notwendig. Der öffentliche Sektor entwickelte sich so zu einem der größten Arbeitgeber. Auf 1 000 Menschen kommen in Sri Lanka 50 zivile Staatsbedienstete, in Pakistan 22 und in Bangladesch zehn. So entstehen für den Staat hohe Lohnkosten, was Ressourcen von anderen entwicklungsrelevanten Bereichen wie Erziehung oder Infrastruktur abzieht. Dennoch ist die Entlohnung der Regierungsangestellten aufgrund hoher Inflationsraten eher mager.

In Indien sind laut einer Umfrage lediglich 15 Prozent der Bevölkerung mit den öffentlichen Leistungen zufrieden. Hierzu beitragen mag die Politisierung der indischen Verwaltung, die die Unabhängigkeit der Beamten und Verwaltungsangestellten in Frage stellt. Während die politischen Entscheidungsträger direkt dem Parlament verantwortlich sind, wird die Verwaltung durch politische Kommissionen kontrolliert. Immer wieder setzen Politiker den Verwaltungsapparat für ihre eigenen Ziele ein. Sie üben Druck auf Beamte aus und versuchen Mitglieder ihrer Familie, Partei, Kaste oder Religionsgruppe in entsprechenden Positionen unterzubringen (Nepotismus, Klientilismus). Politische Kriterien spielen bei Einstellungen und Beförderungen eine wichtige Rolle und die Beamten müssen immer mit Versetzungen rechnen. Politische Anpassungsfähigkeit ist daher für sie überlebenswichtig.

In den Apparaten der Verwaltung und öffentlichen Dienstleistungen der Länder wuchs mit den ausufernden bürokratischen Strukturen die Korruption.

Rang	Land	Korruptionsindex
1	Neuseeland	9,5
14	Deutschland	8,0
38	Bhutan	5,7
75	China	3,6
86	Sri Lanka	3,3
95	Indien	3,3
120	Bangladesch	3,2
134	Pakistan, Malediven	2,5
154	Nepal	2,4
182	Somalia, Nordkorea	2,0

M1: Korruptionsindex 2011
Der Korruptionsindex bezieht sich auf die Wahrnehmung des Ausmaßes an Korruption durch Geschäftsleute und Analysten. Er kann Werte zwischen 10 (korruptionsfrei) und 0 (hoch korrupt) annehmen.

M2: Quellentext zur Korruption in Privatschulen in Bangladesch
UNDP: Asia-Pacific Human Development Report -Tackling Corruption – Transforming Lives. UNDP (2008)

»

Bangladesch besitzt eine große Zahl von Privatschulen, die von der Regierung unterstützt werden. (...) Um finanzielle Hilfe für eine Besoldung der Lehrer zu bekommen, muss eine Privatschule jedes Jahr ihre Registrierung erneuern, was bedeutet, die betreffenden Beamten zu bestechen. Sie mögen dafür einen Beitrag der Lehrer einfordern, diese schlechter bezahlen oder nicht existierende Lehrer registrieren und die entsprechende Summe an die Beamten zurückgeben. Eine Schule, die diese Zahlungen nicht leistet, muss damit rechnen, dass ihr Antrag verloren geht oder verlegt wird. Im Laufe des Schuljahres muss die Schule Schulinspektoren bestechen und dafür zahlen, dass ihre Schüler zu Prüfungen zugelassen werden. Auch die Lehrer müssen dafür zahlen, dass sie eine Stelle bekommen, (...) auch dafür, dass sie ihr monatliches Gehalt bekommen, ebenso für Beförderungen. Auch die Schüler werden in den Korruptionskreis einbezogen. Da die Lehrer die Kosten für all die Zahlungen aufbringen müssen, werden sie die Schüler oft zu bezahlten Nachhilfestunden verpflichten.

«

Auch das Rechtswesen bleibt davon nicht ausgespart. Der Volksmund sagt, die Macher der Gesetze seien in den meisten Ländern Südasiens die ersten Gesetzesbrecher. Eine Erhebung hat ergeben, dass in Indien circa 80 Prozent der Bevölkerung der Auffassung ist, dass man Einfluss oder Beziehungen besitzen muss, um Recht zu erhalten, oder aber Bestechungsgelder zahlen muss.

»

Es gibt vor allem zwei Formen der Bestechung. Bei einer zahlt man Schmiergeld, um zu beschleunigen, was ein Beamter nach seinen Dienstvorschriften tun soll. Bei der anderen erhält der Beamte dagegen Geld, damit er etwas tut, was er nicht tun soll – zum Beispiel wegschauen, wenn Waren geschmuggelt und Steuern hinterzogen werden oder Personen, die dazu nicht berechtigt sind, einen Führerschein oder eine Lebensmittelkarte erhalten. Diese Fälle erfordern eine Übereinkunft zwischen dem Schmiergeldzahler und dem Bestochenen, dass sie die Gesetze umgehen wollen. Wenn sie ehrlich sind, können viele Angehörige der städtischen Mittelschicht in Indien kaum behaupten, dass sie sich noch nie auf solche Absprachen eingelassen haben.

«

M3: Quellentext zur alltäglichen Korruption in Indien
Bardhan, P.: Ein Ombudsmann wird wenig helfen. Welt-Sichten 10/2011,

Pranab Bardhan ist Wirtschaftswissenschaftler an der Universität von Kalifornien in Berkeley.

Nach einer Reihe schwerer Korruptionsskandale hat der Sozialaktivist Anna Hazare im Jahr 2011 in Indien eine Massenbewegung gegen Korruption ins Leben gerufen, die über politische Grenzen hinweg reicht. Mit Hungerstreiks und Massendemonstrationen wurden Regierung und Parlament unter Druck gesetzt, ein Gesetz auf den Weg zu bringen, dass eine wirksame Verfolgung und Bestrafung von Korruption in Politik und Verwaltung ermöglicht. Die Anti-Korruptionsbewegung hat weltweit, auch in den Nachbarstaaten, Aufmerksamkeit hervorgerufen.

»

Das Anti-Korruptions-Gericht hat am Mittwoch die Antikorruptionspolizei angewiesen, in einem Fall von Landraub Ermittlungen gegen den Parlamentarier [M.] *einzuleiten (...). In den letzten vierzehn Tagen hat die Polizei Ermittlungen aufgenommen gegen den Innenminister* [A.] *und den Industrieminister* [N.], *die auch des Landraubs beschuldigt werden. Verschiedene andere Parteiführer (...) einschließlich des ehemaligen Ministerpräsidenten* [Y.] *und des ehem. Ministers* [S.] *werden wegen ähnlicher Verbrechen angeklagt.*

«

M4: Quellentext zur Korruptionsbekämpfung in Indien
Zeitungsmeldung: Lokayukta police told to file FIR against Muniraju. The Hindu 3.11.2011

»

Die Auseinandersetzungen am Institut für Medizin [der Universität in Kathmandu] *begannen, als der Chef des Campus und die Studentenunion den Dean der Universität (...) beschuldigten, Bestechungsgelder im Wert von 150 000 US$ angenommen und die Fragen für die Graduierten-Eingangsprüfung herausgegeben zu haben. (...)* [Dieser] *hat jedoch alle Anschuldigungen gegen ihn zurückgewiesen und sie als gänzlich politisch motiviert bezeichnet. (...) Die wichtigsten politischen Parteien, die in Nepal um die Macht wetteifern, haben ihre Vertreter in den Institutionen. Der Dean ist von der Kommunistischen Partei Nepals ernannt und der Campuschef wurde von den Maoisten bestellt. Die protestierende Studentenunion, die Vereinigung der Universitätslehrer Nepals und die Vereinigung der niedergelassenen Ärzte stehen der Kongresspartei Nepals nahe."*

«

M5: Quellentext über Korruption in der politischen Auseinandersetzung
Sharma, S. P.: Politics and corruption mar health care in Nepal. The Lancet (2010)

Sharan Prakash Sharma ist Mediziner in Nepal.

1 **Beschreiben Sie Korruption auf unterschiedlichen Ebenen.**
2 **Analysieren Sie die gesellschaftlichen Folgen von Korruption.**
3 **Beurteilen Sie die Korruptionsbekämpfung in ihrem politischen Zusammenhang (M4, 5).**

7.3 Bildung in Südasien

Das Erziehungswesen in Südasien fällt auf durch seine Kontraste zwischen Bildungseinrichtungen von Weltrang und dem Mangel an bildungsbezogener Infrastruktur. In den meisten Ländern hat die Religion einen wichtigen Einfluss auf das Bildungssystem.

Südasien kann auf eine lange Bildungsgeschichte zurückblicken. Schon 450 n. Chr. wurde die Nalanda-Universität im heutigen indischen Bundesstaat Bihar gegründet, an der zu ihrer Blütezeit 10 000 Studenten und 2000 Lehrkräfte tätig gewesen sein sollen. Auch unter islamischen Herrschern gab es Bildungseinrichtungen mit ausgezeichnetem Ruf. Die Lehrinhalte der Maktabs (Grundschulen) und Madrasas (höher Bildungsanstalten) richteten sich allerdings nach den Anforderungen islamischer Bildung in Religion, Sprachen und Recht. Die Bildungselite des muslimischen Staates erhielt so ihre Ausbildung.

Die Kolonialmacht benötigte zahllose untere Verwaltungskräfte mit zumindest rudimentärer westlicher Bildung und führte daher Schulen nach westlichem Vorbild ein. Da die muslimische Intelligenz hieran weitgehend nicht interessiert war, wurden diese vor allem von Hindus und Christen besucht, die so einen Bildungsvorteil erwarben und in administrativen Positionen im Gegensatz zu früher dominierten – einer der Hintergründe für die Teilung Britisch-Indiens und Ausgangspunkt auch heutiger Bildungsdisparitäten.

M1: Neben Schulbussen kommen manchmal auch Schul-Rikschas zum Einsatz wie hier bei einer Privatschule in Patna, Indien.

Heute findet man in den meisten Ländern Südasiens drei verschiedene Formen von Bildungseinrichtungen: staatliche Schulen und Universitäten, solche religiöser Träger und private Einrichtungen. Das staatliche System ist nicht in der Lage, allen Schülern eine gute Ausbildung anzubieten. Meist gibt es einen beträchtlichen Gegensatz zwischen Stadt und Land, und in abgelegenen Gebieten sind die Versorgung und die Qualität des Unterrichtes oftmals nur unzureichend.

Die Lücken der staatlichen Einrichtungen werden zum einen von Maktabs und Madrasas der muslimischen Gemeinden gefüllt. Diese sind aus westlicher Sicht unter heftige Kritik geraten als Hort radikalen Islamismus und sogar Terrorismus. Aber auch wenn die Zahl der von radikalen Islamisten betriebenen Schulen in Pakistan in den letzten Jahren zugenommen hat, ist die Ausrichtung der Madrasas äußerst vielfältig, wie auch die Richtungen im Islam selbst. Diese Schulen bieten zum Teil einen traditionellen, auf „islamische“ Themen beschränkten Unterricht an und können vor allem religiöse Funktionsträger wie Vorbeter (Imame) ausbilden. Ein Teil der Madrasas folgt allerdings reformierten Programmen und deckt auch moderne Fächer ab. Wo diese Schulen wie in Kerala in Südindien vorherrschen, stärken sie das Bildungsniveau. Sie haben dazu beigetragen, dass in diesem Staat die niedrigste Analphabetenrate Indiens zu finden ist.

M2: Quellentext zu Madrasas in Indien
Sikand, Y.: Bastions of the Believers. Madrasas and Islamic Education in India (2005)

Yoginder Sikand ist indischer Soziologe und Historiker in Bangaluru.

»

Die Unterrichtsmethoden sind in den „traditionellen“ Madrasas seit Jahrhunderten nahezu unverändert. (...) Der Lehrer liest aus dem Text vor oder fordert die Schüler auf, reihum zu lesen und erklärt dann den Inhalt des vorgelesenen Teils. Der Text ist meist in Arabisch. Der Lehrer erläutert und kommentiert in Urdu. Fragen sind zwar nicht verboten, die Schüler fragen aber dennoch selten nach und sie werden nicht zu Diskussionen und Gegenmeinungen ermutigt. (...) Die traditionellen pädagogischen Methoden, das Fehlen einer Kultur von Kritik und Fragen und die arabische Sprache fast aller in den Madrasas genutzten Bücher bedeutet, dass die wenigsten Schüler den Stoff fließend beherrschen. (...) Auswendiglernen ist in den meisten Madrasas die Regel.

«

	Anteil der Schüler der entsprechenden Altersgruppe, die eine Bildungsstätte besuchen (Nettoeinschulungsrate, in %)			Schüler-Lehrer-Verhältnis (Primarschule)	Anteil der Schüler, die Klasse 5 erreichen (in %)	Öffentliche Ausgaben für den Bildungsbereich (Anteil in % des BIP)
	Primarstufe	Sekundarstufe	Tertiärausbidung			
Bangladesch	103	49	11	46	67	2,4
Bhutan	110	61	8 (2008)*	28	96	4,8
Indien	118 (2008)*	k.A.	16	40	69 (2006)	3,1 (2006)
Malediven	110	k.A.	k.A.	13	k.A.	11,5
Nepal	k.A.	k.A.	k.A.	33	62 (2007)	4,7
Pakistan	95 (2010)*	34 (2010)	5 (2008)	40	62	2,7
Sri Lanka	95	k.A.	k.A.	23	99 (2006)	3,1

M3: Kennzahlen zum Erziehungssystem, 2009 *Schätzung

Während die Madrasas überwiegend von Kindern ärmerer Bevölkerungsteile besucht werden, nutzen höhere Schichten in großem Umfang private Schulen, Colleges und Universitäten, die Schulgeld verlangen und dafür zum Teil eine hervorragende Ausbildung bieten. Private Bildungseinrichtungen, die landesweit von 27 Prozent der indischen Schüler besucht werden, gibt es nicht nur im städtischen Bereich (z.B. Hyderabad: 61%). Vor allem, wo staatliche Schulen fehlen, wurden auch auf dem Lande Privatschulen gegründet.

Besonders auch in der nachschulischen Ausbildung haben private Institutionen inzwischen einen sehr hohen Stellenwert. In Indien standen 2011 329 staatlichen 106 private Universitäten und 130 mit Universitätsstatus ausgestattete Institute gegenüber. Die meisten der speziellen Bildungsstätten (Pharmazie, Medizin, Ingenieurswesen, Lehrerausbildung) sind im privaten Sektor angesiedelt.

Nettoeinschulungsrate
Zahl der Schüler im offiziellen Schulalter einer Stufe bezogen auf die Gesamtzahl der Bevölkerung im offiziellen Schulalter dieser Stufe

Bruttoeinschulungsrate
Zahl der Schüler einer Schulstufe ohne Berücksichtigung deren Alters

»

Nicht nur Unterstützung von außen, besonders lokale Anstrengungen und ein weitreichendes Interesse der Mehrzahl der Haushalte sind entscheidende Faktoren bei der Ausbildung eines Netzes von Bildungsinstitutionen. Ihr Hauptmotiv ist es, Bildung als Mittel zu nutzen, zusätzliche Einkommensmöglichkeiten zu erschließen.
In Gulmit, im oberen Hunza-Tal, hat die „Al-Amyn Model School" im September 2001 ihr zehnjähriges Bestehen gefeiert. Die Gründung dieser englischsprachigen Mittelschule war nur möglich durch die gemeinsamen Anstrengungen der Dorfgemeinschaft bei der Bereitstellung von Land, dem Bau der Schulgebäude und durch finanzielle Beiträge aus unterschiedlichen Quellen. Ehrenamtliche Arbeit und ausländische Spenden sowie professionelle Unterstützung durch Lehrer [der britischen Organisation Voluntary Service Overseas] *und Unterricht, den Studenten aus Gulmit während ihrer Ferienzeit geben, haben den Standard von Lehre und Lernen verbessert. (...) 140 Mädchen und 236 Jungen lernen hier.*

«

M4: Quellentext über eine Privatschule im pakistanischen Hochgebirge
Felmy, S.: Transfer of education to the mountains (2006)

Sabine Felmy ist Autorin mit umfangreicher Pakistan-Erfahrung und lebt in Berlin.

1 **Vergleichen Sie die Aussagekraft der einzelnen Bildungsindikatoren unter Berücksichtigung der Analphabetenrate (vgl. 2.2).**
2 **Diskutieren Sie Chancen und Probleme staatlicher, religiöser und privater Schulen in Südasien.**

7.4 Armut und Entwicklung

7.4.1 Armut in Südasien

In Südasien leben etwa ein Drittel der Menschen unterhalb der Armutsgrenze. Armut verschärft sozio-politische Spannungen, die Diskriminierung von Frauen und Gewalt.

M1: Quellentext über Pavement Dwellers in Lahore, Pakistan
Scholz, F: Entwicklungsländer (2006)

Fred Scholz ist Geograph an der FU Berlin mit dem Schwerpunkt Entwicklungsländerforschung und Globalisierung.

»

Auf dem Bürgersteig unweit der Lohari Gate, Lahore, lebt auf einer Fläche von ca. 10 m² eine Familie mit sieben Kindern und drei Erwachsenen. Daneben hausen in gleicher Weise zahlreiche andere Familien. Die Wohn-/Lagerplätze sind mit ein paar Ziegelsteinbrocken markiert. Während des Tages ist die wenige Habe in Bündeln an der Hausmauer verwahrt. Der herumliegende Hausrat besteht aus je zwei Metall- und Tongefäßen, einem groben Steinmörser und einem Ofen aus gebranntem Lehm. Alle zehn Personen der Familie – im Alter von sieben bis ca. fünfzig Jahren – essen aus der Vertiefung in einer Steinplatte des Bürgersteiges.
Sie arbeiten für einen Hungerlohn an diesem Ort für einen Blumenhändler, für den sie Jasminblüten und Rosenblätter zu Ketten auffädeln. (...) Der Eigentümer des Hauses, vor dem sie lagern, hat ihnen Bleiberecht zugesichert. Dafür müssen die Männer nachts Wache halten und die Frauen und Mädchen täglich das Haus und den Innenhof säubern. Gelegentlich fallen ihnen von den Hausbewohnern Essensreste zu. Die bunten Kleider (bei näherer Betrachtung geflickt und abgenutzt), die die Familienmitglieder tragen, stellen ihre einzigen Bekleidungsstücke dar. Um ihr Verbleiben auch „offiziell" zu sichern, müssen sie den Streifenpolizisten wöchentlich mit ein paar Rupees schmieren.

«

In ganz Südasien ist die Schere zwischen Menschen mit hohem und niedrigem Einkommen weit geöffnet. Reichtum und Macht liegen in den Händen weniger, und Steinreiche leben neben den Ärmsten der Armen. Drei der 20 reichsten Menschen der Erde sind Inder – und knapp ein Drittel der (Einkommens-)Armen der Welt lebt in Indien. Aber was ist Armut? Es gibt unterschiedliche Konzepte, Armut zu fassen. Am häufigsten bezieht man sie auf das Einkommen und misst sie, indem man das individuelle Einkommen oder den individuellen Konsum mit einem definierten Grenzwert vergleicht, unterhalb dessen ein Individuum als arm gilt (**absolute Armut**). Als Bezugsgröße kann aber auch das durchschnitt-

Land	Anteil der Bevölkerung (in %)			
	unterhalb der Armutsgrenze, gemessen nach			ohne Zugang zu Trinkwasser
	PPP 1,25 / 2 US-$ pro Tag	nationalem Grenzwert	MPI	
Bangladesch	49,6 / 81,3	40,0	57,8	2,5
Bhutan	26,3 / 49,5	23,2	27,2	2,6
Indien	41,6 / 75,6	27,5	53,7	11,9
Malediven	1,5 / 12,2	k. A.	5,2	0,2
Nepal	55,1 / 77,6	30,9	64,7	14,4
Pakistan	22,6 / 61,0	22,3	49,4	6,9
Sri Lanka	7,0 / 29,1	15,2	5,3	3,0
China	15,9 / 36,0	2,8	12,5	3,0

M2: Armut in Südasien (Werte auf Grundlage von Erhebungen aus den Jahren 2003 – 2010)

liche Einkommen der Gesamtbevölkerung dienen (**relative Armut**). Die Weltbank verwendet für internationale Vergleiche zum Beispiel eine Armutsgrenze von 1,25 US-Dollar paritätischer Kaufkraft pro Tag und Person. Diese Armutsgrenze bezieht sich auf konsumptive (für den Verbrauch bestimmte) Ausgaben. Unabhängig von diesem im internationalen Vergleich verwendeten Grenzwert haben die südasiatischen Staaten auch nationale Armutsgrenzen definiert.

»

Indien will eine Armutsgrenze einführen, die deutlich unterhalb der international anerkannten Hürde und den bisher gültigen Maßstäben liegt. Indien könnte so über Nacht Millionen von Menschen „aus der Armut befreien" und die Staatskasse entlasten. Denn es droht, dass viele Inder die Berechtigung verlieren, von der staatlichen Wohlfahrt unterstützt zu werden und Lebensmittelrationen oder auch billigeren Brennspiritus zu erhalten. Die Planungen treffen Indiens Arme in Zeiten stark steigender Lebensmittelpreise. Nun aber macht sich Protest gegen das Vorhaben der einflussreichen Planungskommission breit.

Die Kommission, die die Wirtschaftspläne der drittgrößten Volkswirtschaft Asiens aufstellt, arbeitet an einem Gesetz zur Sicherung der Lebensmittelversorgung. Dies wurde dem Obersten Gerichtshof in Delhi vorgelegt. Darin heißt es, jeder Städter, der mehr als 32 Rupien (47 Eurocent) täglich zur Verfügung habe, gelte nicht mehr als arm. Auf dem Lande soll die Obergrenze bei 26 Rupien liegen. Die genannten Ausgaben gelten für Lebensmittel, Gesundheit und Bildung. Ursprünglich wollte die Kommission die Grenze bei 20 und 15 Rupien ziehen – diese aber wies das Oberste Gericht Mitte Mai zurück.

«

M3: Quellentext über eine neue Festlegung der Armutsgrenze in Indien
Hein, C.: Die Armut mit einem Federstrich abbauen. Frankfurter Allgemeine Zeitung, 2.10.2011

Christoph Hein ist deutscher Journalist und Asienkorrespondent für Wirtschaft der FAZ.

Auf Sri Lanka wurden im Jahr 2002 vier Armutsgrenzen unterschieden: die Nahrungsmittelgrenze als unterste, die untere und die obere Armutsgrenze sowie die offizielle Armutsgrenze, die das Mittel der unteren und oberen Grenze bildet und etwa 50 Prozent über der Nahrungsmittelgrenze liegt. Diese offizielle Armutsgrenze variiert auf Distriktebene zwischen 1 338 Rupien (für Hambantota) und 1 537 Rupien (für Colombo) im Monat; im nationalen Mittel beträgt sie 1 423 Rupien, was etwa zehn Euro entspricht.

Das Amt für Statistik in Bangladesch schließlich legt die Nahrungsaufnahme von täglich 2 122 kcal als „absolute Armutsgrenze" fest und definiert mittels eines Warenkorbs von Nahrungsmitteln und weiteren Grundbedürfnissen eine regional variable untere (2000: 510 – 702 Taka /Monat; 1 € ~ 106 Taka) und eine obere Armutsgrenze (582 – 971 Taka / Monat).

Doch Armut kann auch umfassender verstanden werden als reine Einkommensarmut. Ein solcher Ansatz ist der Index für multidimensionale Armut (Multidimensional Poverty Index, MPI), der seit 2010 im Human Development Report der UN ausgewiesen wird und den Human Poverty Index ablöste. Hierbei wird ermittelt, in wievielen Haushalten eines Landes es an einer bestimmten Basisversorgung mangelt. Der MPI misst Armut mittels zehn gleich gewichteter Indikatoren aus den Dimensionen Bildung (Einschulungsquote, Schulbesuchsdauer), Gesundheit (Kindersterblichkeit, Ernährung) und Lebensstandard (Zugang zu Strom, Wasser, Sanitäreinrichtungen, Brennstoff, materielle Güter (Auto, Fahrrad, TV etc.), Art der Fußböden). Familien gelten dann als arm, wenn sie bei mehr als 30 Prozent der zehn untersuchten Kriterien benachteiligt sind. Nach dieser neuen Methode lebt die Hälfte aller armen Menschen weltweit in Südasien.

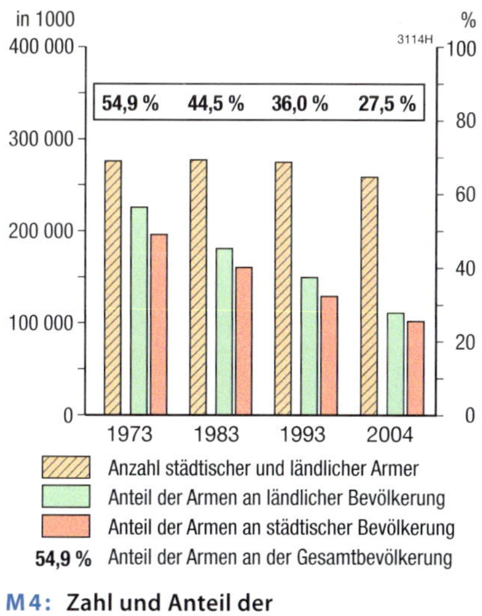

M4: Zahl und Anteil der Menschen unterhalb der nationalen Armutsgrenze in Indien, 1973 / 74 – 2004 / 05

7.4 Armut und Entwicklung

Gründe für Armut sind zahlreich. Man kann sie auf einer individuellen oder auf einer strukturellen Ebene suchen. Menschen können beispielsweise durch Krankheit, Unglück oder den Verlust ihres Arbeitsplatzes in Armut abgleiten. Davon ist dann meist nicht nur einer betroffen, sondern die ganze Familie.

M1: **Anteil der Armen in vom Erdbeben betroffenen Gebieten Kaschmirs (Pakistan, Oktober 2006)**

Gebiet	Vor dem Erdbeben	Nach dem Erdbeben	Nach dem Erdbeben, ohne Nahrungsmittelhilfe
Muzaffarabad	19,2	33,0	53,6
Bagh	19,2	34,4	58,0
Balakot	17,0	49,5	75,3

Verarmung auf individueller Ebene hat in der Regel einen strukturellen Hintergrund. Naturrisiken oder die Verwundbarkeit aufgrund einer Marktintegration, die einen Bauern beispielsweise nicht nur unter Dürre, sondern auch unter steigenden Preisen für Saatgut, Dünger oder fallenden Erzeugerpreisen leiden lässt, kann in eine Verschuldungsfalle führen (vgl. 3.3.2). Gesellschaftliche und wirtschaftliche Strukturveränderungen verschärfen das Armutsrisiko für Teile der Bevölkerung, eröffnen anderen Chancen. Chancen und Risiken sind aber nicht gleichmäßig verteilt. Eine Handelsliberalisierung kann Arbeitsplätze im traditionellen, arbeitsintensiven Gewerbe vernichten. Wachstumsbranchen, die neue qualifizierte Arbeitsplätze schaffen, bieten vor allem gebildeten mittelständischen Gruppen eine Chance. Ungebildete Arme profitieren vielleicht sekundär, indem sie etwa als Haushaltshilfen eingestellt werden.

Für die Staaten Südasiens ist die hohe Zahl der Armen eine Herausforderung. Schon 1970 hatte Indien unter dem populistischen Schlagwort „Beseitigung der Armut" ein Programm aufgelegt, das vergeblich versuchte, durch Erhöhung der Kaufkraft armer Bevölkerungsteile Entwickelung in Gang zu setzen, und stattdessen zu Inflation und Haushaltsdefizit führte. Später (1975–1977) ersetzten Zwangsmaßnahmen wie Slum-Beseitigung und Sterilisation Programme, die die Armen in die Armutsbekämpfung einzubinden suchten. Während es zum Beispiel China zwischen 1981 und 2001 gelang, den Anteil der Armen an der Bevölkerung von 53 auf acht Prozent zu reduzieren, schaffte Indien nur eine

Kinderarbeit
Als Kinderarbeiter gelten Kinder unter 15 Jahren, die gezwungen sind oder gezwungen werden, außerhalb der Familie ganztags und häufig sechs bis sieben Tage pro Woche zu arbeiten, um das eigene oder das Überleben der Familienmitglieder zu sichern.

M2: **Kinderarbeiter in Varanasi bei der Reinigung von Maschinenteilen**

	außerhalb des Haushalts		im Haus < 28h/Woche	im Familiengeschäft	Total
	bezahlt	unbezahlt			
Gesamt	2,5	1,0	2,3	7,5	12,8
Jungen	3,7	1,1	0,9	12,4	17,5
Mädchen	1,2	0,8	3,8	2,5	8,1
Stadt	2,1	1,0	2,1	8,7	13,4
Land	3,3	1,0	2,9	4,4	11,2

M3: Anteil der arbeitenden Kinder in Bangladesch (in %, 2006)

Reduktion um 17 Prozent. In Südasien hat auch das wirtschaftliche Wachstum seit den 1990er-Jahren trotz relativen Rückgangs der Armut die absolute Zahl der Armen nicht verringern können. Zudem konnten auch Programme wie „Bildung für alle" eine schulische Grundausbildung bislang nicht sicherstellen.

Ist der Start ins Leben bereits von Armut geprägt, ist es schwer, sich davon zu befreien. Frauen, Alte und Kinder sind besonders verwundbar. Den Armen fehlt vieles für eine gesunde Lebensführung. Mangelernährung, Krankheit, fehlende Bildung verbauen den Weg aus der Armut, der einer gesunden, gut ausgebildeten Person vielleicht offen stünde. Einkommensschwache Familien sind oftmals auf den Beitrag ihrer Kinder zum Familieneinkommen angewiesen, die dann kaum Zeit für einen Schulbesuch haben. In Indien arbeiten nach offiziellen Angaben 12,6 Mio. Kinder, obwohl seit 2006 Kinderarbeit in diesem Alter gesetzlich verboten ist. NGO sprechen sogar von 60 Mio. Kinderarbeitern. Sie werden vor allem in der Landwirtschaft, im hauswirtschaftlichen Bereich und im Straßenverkauf eingesetzt. Nicht wenige müssen aber auch gefährliche Arbeiten verrichten.

Land	Kinderarbeit 5 - 14 Jahre (in %)		
	Gesamt	Jungen	Mädchen
Bangladesch	13	18	8
Bhutan	12	12	12
Indien	19	16	22
Nepal	34	30	38
Sri Lanka	8	9	7

M4: Kinderarbeit in Südasien (für Pakistan und die Malediven keine Daten vorhanden)

»

Tätigkeiten von Kindern in fremden Haushalten sind in Südasien kulturell akzeptiert und weit verbreitet. Kinder, vor allem Mädchen, aus armen ländlichen Gebieten arbeiten dabei oft in Haushalten von reicheren Familien in den städtischen Regionen. Die Kinder haben häufig keine Rechte und sind wegen ihrer Isolation und „Unsichtbarkeit" gegenüber Gewalt besonders anfällig. Ihr Wohlergehen hängt von der Gnade ihrer „Herren" ab, die sie nicht selten sexuell ausbeuten und körperlich schwer züchtigen. In Bangladesch, Indien, Nepal, Pakistan und Sri Lanka sind etwa 800 000 Kinder in diesem Bereich tätig. 20 % der Kinder unter 14 Jahren, die außerhalb des elterlichen Wohnhauses arbeiten, sind in Indien in fremden Haushalten beschäftigt.(...) Die Schuldknechtschaft von Kindern ist für sehr arme Familien in Südasien eine gängige Praxis, um Schulden abzubezahlen. Sie stellt eine moderne Form der Sklaverei da, die auf traditionellen Werten und Normen basiert. Die betroffenen Kinder werden häufig gezwungen, unter unwürdigen und ausbeuterischen Bedingungen zu arbeiten, vor allern in der Landwirtschaft, an Ziegelöfen, in Reisfabriken, in Steinbrüchen, im Bergbau, in der Edelsteinindustrie, in der Teppichherstellung und in der Zündholzindustrie.

«

M5: Quellentext über Kinderarbeit in Südasien
Gesellschaft für Technische Zusammenarbeit: Kinder und Jugendliche in Südasien (2008)

1 **Analysieren Sie den Anteil der Armen an der Gesamtbevölkerung in den südasiatischen Ländern und den indischen Bundesstaaten (M 2, S. 102, Atlas).**
2 **Diskutieren Sie die Aussagekraft der unterschiedlichen Armutsindikatoren (M 2, S. 102).**
3 **Bewerten Sie die Arbeit von Kindern vor dem Hintergrund der wirtschaftlichen Situation Südasiens.**

D1-166
www.diercke.de

7.4.2 Entwicklung von Unten

Um die gewaltige Armut und die damit verbundenen Probleme in Südasien zu bekämpfen, gibt es zahlreiche staatliche Programme. Emanzipation, Unternehmertum und Entwicklung werden aber gegenwärtig vor allem durch Projekte aus der Basis der Bevölkerung vorangetrieben.

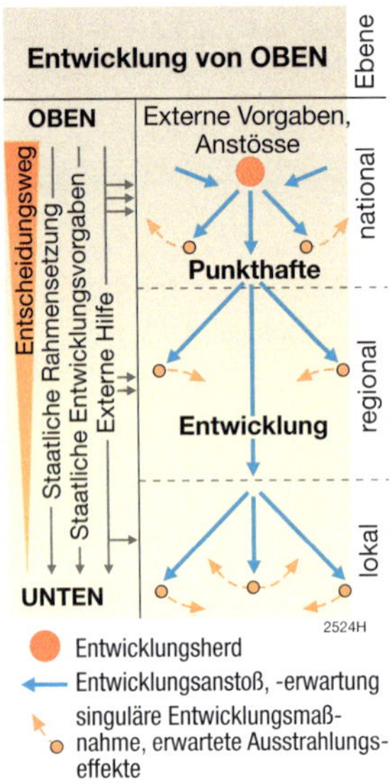

M 1: Modell der Entwicklung von oben (nach Scholz)

Alle Staaten versuchen, oft in Großprojekten von oben auf den Entwicklungsprozess Einfluss zu nehmen (M 1). Entwicklung wird meist in globalen wirtschaftlichen Kategorien gedacht. In der Regel sind nicht die Armen die Nutznießer. Entwicklung von unten verfolgt ein anderes Entwicklungskonzept (M 3). Hier sind es die Betroffenen selbst, die meist in lokalem Rahmen ihre Situation verbessern, auf eigene Initiative hin und mit eigener Kraft oder auch unterstützt und motiviert durch nationale oder internationale Organisationen.

Auf dieser „Graswurzelebene“ können auch Bewegungen in Opposition zu staatlichen Maßnahmen entstehen. So entstand in Indien 1973 die Chipko-Bewegung als lokale Bewegung gegen ein Gesetz, das das unterschiedslose Fällen von Bäumen erlaubte. Die Bedeutung von chipko ist „umarmen“: die Dorfbewohner, vor allem Frauen, umarmten die Bäume, um sie vor dem Abholzen durch Holzunternehmer zu retten und so ihren Lebensraum zu bewahren.

Eine andere Initiative, die 1970 von dem Soziologen Bindeshwar Pathak gegründete Sulabh Shauchalaya Sansthan (später Sulabh International), hat sich der gravierenden sanitären Probleme Indiens angenommen. In den dicht besiedelten Stadtbezirken und Slums aber auch auf dem Lande wurden unhygienische Latrinen verwendet, die von Dalits, die die Straßen- und Latrinenreinigung durchführten, mit der Hand geputzt werden mussten. Der Initiative ist es zu verdanken, dass bis 2003 1,2 Mio. dieser Latrinen durch kostengünstige Toilettensysteme mit sparsamer Wasserspülung ersetzt wurden. Zehntausende von Reinigungskräften wurden von ihrer erniedrigenden Tätigkeit befreit. Die Organisation setzte sich für ihre soziale Rehabilitierung ein und bietet ihnen Bildungsmöglichkeiten. Seit einigen Jahren arbeitet die UN mit Sulabh International zusammen, um die Sanitärtechnologie zum Beispiel auch in Afghanistan einzusetzen.

AMUL im indischen Bundesstaat Gujarat ist eine Initiative von Milchproduzenten, die schon 1946 ihren Anfang nahm. Eine Gruppe von Bauern versuchte damals, Zwischenhändler auszuschalten, selbst Zugang zu den Märkten zu erlangen und so ihre Einkünfte zu vergrößern. Heute ist die AMUL-Genossenschaft der größte indische Produzent von Milchprodukten; AMUL-Milchprodukte gelangen selbst auf Exportmärkte.

M 2: Quellentext über die Self Employed Women's Association
IFC, SEWA promotes Energy-Efficient Cook Stoves, Solar Lantern for Rural Women in India. India Infoline News Service, 22.11.2011

Das IFC (Internationale Finance Corporation) ist ein Mitglied der Weltbankgruppe.

»

Das IFC (...) hilft Indiens Self Employed Women's Association, mehr als 200 000 ihrer Mitglieder in Rajastan und Gujarat mit energieeffizienten Herden und Solarlampen zu versorgen. Das IFC wird für einen Kredit von lokalen Banken an SEWA-Mitglieder bürgen. (...) SEWA, eine 1972 registrierte Gewerkschaft, ist eine Organisation armer, selbständiger Arbeiterinnen. Diese Frauen verdienen ihren Lebensunterhalt durch eigene Arbeit oder Kleingewerbe. (...) Die SEWA hat 1,3 Mio. Mitglieder in neun indischen Bundesstaaten. Es wird erwartet, dass das Projekt Treibhausgas-Emissionen reduziert und auf diese Weise CO_2-Emissionstrechte generiert. Diese sollen unter den SEWA-Mitgliedern aufgeteilt werden und auch auf diese Weise Einkommen erzeugen."

«

»
Mansukh Prajapati erfand einen neuartigen Kühlschrank, der aus Terrakotta hergestellt wird, ohne Strom arbeitet, 53 US-$ kostet und zu Tausenden verkauft wird. Dieser ist ein Beispiel einer Innovationswelle aus dem ländlichen und kleinstädtischen Indien, die die Welt mit Produkten bereichert, die dem gesunden Menschenverstand entspringen. Anil Gupta, Professor an Indiens führender Business School, dem Indian Institute of Management in Ahmedabad, führt eine Gruppe von Technokraten an, die (...) daran arbeitet, das reiche Wissen der wirtschaftlich schwächeren Teile der Gesellschaft verfügbar zu machen. (...) Um unter Beweis zu stellen, dass Weisheit nicht von Universitätsabschlüssen abhängig ist, hat Guptas 21 Jahre altes Honey-Bee-Netzwerk eine beispiellose Datenbank zusammengestellt, die 140 000 Innovationen von Bauern, dörflichen und kleinstädtischen Erfindern umfasst. (...) Teams von Honey-Bee-Freiwilligen halten in ganz Indien Ausschau nach lokalen Innovationen, Erfindungen und traditionellem Wissen. (...)
„Die meisten der Innovationen in unserer Datenbank sind frei zugänglich, sagt Gupta. „Aber wenn Bedarf besteht, helfen wir auch Innovatoren, Patente anzumelden, die sich wirtschaftlich realisieren lassen." (...) Das Honey-Bee-Netzwerk, das in 75 Ländern vertreten ist, ist darauf ausgerichtet, die Ausbeutung traditionellen Wissens zu verhindern. Multinationale Biotechnologie-Konzerne beispielsweise werden beschuldigt, sich traditionelles indisches medizinisches Wissen patentieren zu lassen wie Neem und Gelbwurz.
«

M3: Quellentext über das Honey-Bee-Network
Murthy, R.: India's rural inventors drive change. Asia Times 29.1.2010

Raja Murthy ist indischer Journalist.

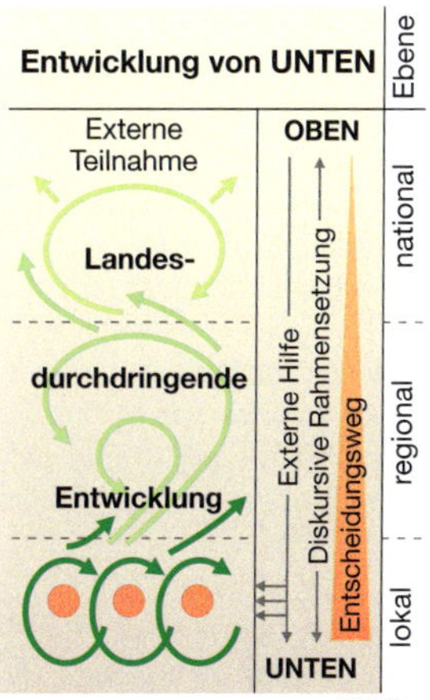

Entwicklungsherd
Entwicklungsinitiative, -kreislauf

M4: Modell der Entwicklung von unten (nach Scholz)

Ein gemeinschaftsbasiertes, frauenorientiertes Programm zur Reduktion von Armut ist „Kudumbashree", dass 1995 in Kerala als Kleinsparbank für arme Frauen gegründet wurde. Die Spar- und Kreditgesellschaft hat über Sparprogramme 100 Mio. Rupien (rund 1,82 Mio. Euro) mobilisiert. Solche Gesellschaften werden in Asien als informelle Banken bezeichnet.

Andere Formen der Organisation von Gemeinschaften und Selbsthilfegruppen gehen auf Initiativen von außen zurück und werden von nationalen oder internationalen Nichtregierungsorganisationen (NRO, NGO) unterstützt. In Nordpakistan versucht beispielsweise das Aga Khan Rural Support Programme (AKRSP) seit 1983, die Dorfbevölkerung und in speziellen Gruppen auch die Frauen zu organisieren, zu mobilisieren und zu Selbsthilfeprojekten anzuregen. Das Programm fördert zum Beispiel lokale Infrastrukturmaßnahmen, landwirtschaftliche Verbesserungen, die Vergabe von Kleinkrediten.

Ähnliche Beispiele finden sich zahlreich in Indien, Sri Lanka, Bangladesch und Pakistan. In Bangladesch begann der Ökonom Muhammad Junus 1976 mit der Vergabe von Mikrokrediten, in erster Linie an Frauen, die von normale Geschäftsbanken aufgrund fehlender Sicherheiten kein Darlehen bekommen würden. Er wollte so auf Graswurzelebene Hilfe zur Selbsthilfe leisten, um über einfache Anschaffungen Existenzgründungen zu ermöglichen. So konnte von den Kreditnehmerinnen etwa Saatgut, eine Milchkuh oder Materialien für ein Handwerk erworben werden. 1983 wurde aus dem Projekt die Grameen Bank („Dorfbank"). Ihre Filialen versorgen inzwischen 99 Prozent der Dörfer Bangladeschs, sind aber auch in den Städten zu finden. Muhammad Junus erhielt für seine Idee 2006 den Friedensnobelpreis. Diese Mikrokredite (etwa fünf bis fünfzig Euro) werden ohne Sicherheiten zu Bedingungen vergeben, die in der Regel eine Rückzahlung möglich machen. Die Rückzahlungsquote liegt nach Angaben der Grameen Bank bei 98 Prozent.

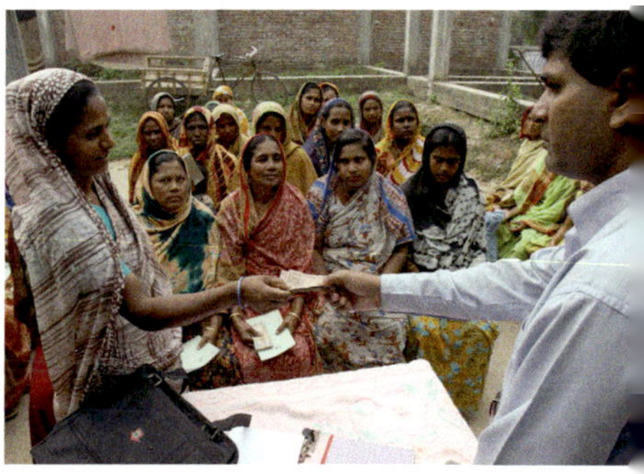

M5: Teilrückzahlung eines Mikrokredits an einen Bankworker der Grameen Bank.
Die in Kleingruppen organisierten Darlehensnehmerinnen treffen sich wöchentlich und werden vor Ort von Agenten der Grameen-Bank betreut und beraten. Sie bürgen füreinander, das heißt wenn eine Frau nicht zurückzahlt, erhalten die anderen in der Gruppe keinen Kredit.

Eine der Geschäftsideen ist die Investition in ein Mobiltelefon und die Eröffnung eines Telefonladens auf dem infarstrukturell unterversorgten Land. Bangladesch ist mit einem ganzen Netz solcher „Grameen-Telephone" überzogen: Etwa 350 000 Frauen sollen auf diese Weise ihren Lebensunterhalt verdienen. Solcherart Initiativen sind allerdings nicht überall anzutreffen. In Nepal, bis 2008 Monarchie, oder in Bhutan ließ das Königshaus Emanzipationsbestrebungen des „gemeinen Volkes" nicht zu.

M1: Quellentext zu problematischen Aspekten von Mikrokrediten
Ritz, I., Dietzel, P.: Und wenn die Milchkuh stirbt? Frankfurter Rundschau 5.12.2006

Ingo Ritz und Peter Dietzel sind Geschäftsführer von NETZ, einer NGO spezialisiert auf die Entwicklungszusammenarbeit mit Bangladesch.

» *Kleinkredite haben die Situation von hunderttausenden Frauen verbessert: Neben Reis steht jetzt öfter Gemüse und sogar Fisch oder Ei auf dem Speiseplan der Familie. (...) Viele Frauen haben deutlich an Selbstwertgefühl gewonnen. (...) Doch Unterdrückung lässt sich nicht ohne weiteres durch Zugang zu Kapital aufbrechen. Oft erhält die Frau den Kredit. Der Ehemann investiert ihn. Und die Frau haftet. Auch dann, wenn der Mann das Einkommen für sich behält. Nicht selten erhöhen Männer den psychischen Druck auf ihre Frau, größere Kredite heranzuschaffen. Sogar Fälle von Polygamie sind bekannt: denn zwei Frauen bringen mehr Kredite ins Haus als eine. Lokal begrenzte Studien zeigen auf, dass die Höhe der Mitgift-Forderungen mit Einführung der Kleinkredite anstieg. (...) Der Erfolg hat seine Schattenseite. Kritik an der Grameen Bank ist die Folge. Viele Frauen profitieren von den Programmen. Andere verzeichnen kaum Einkommenssteigerungen. Kaum erwähnt werden jedoch die Verliererinnen. Was passiert, wenn die Milchkuh stirbt? Versichert ist sie nicht. Zurück bleibt eine verschuldete Familie, die immer höhere Kredite aufnehmen muss, um die vorherigen zurückzuzahlen.* «

In den südasiatischen Ländern stehen den Aktivitäten „von unten", unterstützt durch NGO, vielerorts staatliche Maßnahmen und Programme „von oben" gegenüber und zur Seite, die auf eine Reduzierung der Armut abzielen. In Bhutan wurde beispielsweise der Straßenbau besonders gefördert und mit hoher Priorität bedacht, um der Landbevölkerung einen einfacheren Zugang zu Märkten und sozialen Dienstleistungen zu ermöglichen und so die ländliche Armut zu reduzieren. Auf den Malediven initiierte die Regierung zu Beginn der 1970er-Jahre ein Bootsmechanisierungsprogramm. Die windgetriebenen Fischerboote, die bei schlechtem Wetter nicht ausfahren konnten, wodurch die Fischer oftmals Hunger litten, wurden motorisiert. Hierdurch erhöhten sich nicht nur die Fänge. Die Fischer waren auch in der Lage, diese auf entfernteren Märkten anzubieten.

Viele dieser Programme werden finanziert durch internationale Organisationen oder bilateral durch staatliche Geber, um die Situation in Südasien zu verbessern. Hierzu gehören beispielsweise die Schaffung von Beschäftigungsmöglichkeiten, vorzugsweise in arbeitsintensiven Bereichen, eine Verbesserung der Informationssituation im ländlichen Bereich, Aus- und Weiterbildungsprogramme, aber auch die Entwicklung von Institutionen, die eine Partizipation der Betroffenen, vor allem auch der Frauen, ermöglichen sollen. Ohne eine solche Partizipation sind Projekte in der Regel nicht sehr erfolgreich.

1. **„Entwicklung von unten" oder „für unten"? Beurteilen Sie die Chancen der verschiedenen Ansätze im südasiatischen Kontext (vgl. 5.2).**
2. **Diskutieren Sie das Potenzial der Mikrokredite, zur Entwicklung beizutragen.**

Globalisierung – Chance für Südasien?

8

Nicht nur als Exporteure landwirtschaftlicher Produkte, sondern nach der Liberalisierung ihrer Märkte auch mit ihrer Industrieproduktion, ihrem Kapital und ihren Dienstleistungen sind die südasiatischen Länder in den Weltmarkt integriert. Die westlichen Industrieländer investieren zunehmend in den „Milliardenmarkt", der ähnlich attraktiv wie der chinesische erscheint. So steigt auch das politische Gewicht, vor allem Indiens, das als Kandidat für einen ständigen Sitz im UN-Sicherheitsrat gilt. Menschen südasiatischer Herkunft, die heute im Ausland leben, sind ein Bindeglied zwischen Gast- und Mutterland und tragen zur weltweiten Verflechtung bei.

8.1 Südasien in der Weltwirtschaft

8.1.1 Globaler und regionaler Handel

Die Wirtschaften Südasiens öffneten sich im Zuge der ökonomischen Reformen der 1990er-Jahre und entwickelten exportorientierte Wachstumsstrategien. Die hieraus entstandenen Marktverflechtungen sind ganz überwiegend weltmarktorientiert und für die Region nicht ohne Problematik.

M1: Mit der Eröffnung des Nathu La (‚La' in Tibetisch = Pass) im Juli 2006 wurde eine alte Handelsroute zwischen dem Ganges-Brahmaputra-Tiefland (Indien) und dem Hochland von Tibet (China) wiederbelebt.

Der indische Subkontinent ist seit Jahrtausenden über Handelsbeziehungen mit der Außenwelt verbunden. Gehandelt wurden vor allem Luxusgüter wie Textilien oder Gewürze. Auch als Portugiesen, später die holländische, französische und britische Ostindien-Kompanien in den Indienhandel einstiegen, waren sie an diesen Waren interessiert. Dies änderte sich, als im Zuge der Industrialisierung Europas dort ein Markt für Rohprodukte entstand, die in den Fabriken des Mutterlandes verarbeitet wurden. Fertigwaren fanden den Weg in die Kolonien und verdrängten dortige Handwerks- und Manufakturprodukte (vgl. 5.1).

Nach der Unabhängigkeit versuchten die neuen Staaten Südasiens, diese kolonialen Handelsstrukturen zu durchbrechen. Dennoch ist dies bis heute nur teilweise gelungen, wobei sich die Strukturen der einzelnen Länder durchaus unterscheiden (M 2). Der Handel mit südasiatischen Partnern machte nur einen äußerst geringen Anteil des Außenhandels aus (M 2, 4). Hier erweisen sich auch

M2: Handel der südasiatischen Länder (Mio. US-$)

	Importe			Exporte		
aus / nach	**1995**	**2005**	**2010**	**1995**	**2005**	**2010**
Welt	61847	190271	423432	47609	133195	289004
Industrieländer	31153	80715	122706	28625	67077	115250
Entwicklungsländer	28787	103848	293270	16803	64167	169858
SAARC-Länder	2791	8153	14893	2409	8941	17236
ASEAN-Länder	7138	23858	42513	3325	11022	26465
Arabische Länder	8275	27822	114550	3966	16915	52157
China	2403	18270	51881	498	7717	20586
Deutschland	4513	9068	13219	3365	5942	10865

	Export von Waren und Dienstleistungen (in % des BIP)		Export von Dienstleistungen (in % des Gesamtexports)		Export von agrarischen Rohstoffen (in % des Warenexports)		Export von Nahrungsmitteln (in % des Warenexports)		Export von verarbeiteten Produkten (in % des Warenexports)		Export von IKT-Waren (in % des Warenexports)
	1990	**2010**	**1990**	**2010**	**1990**	**2010**	**1990**	**2010**	**1990**	**2010**	**2009**
Bangladesch	6	18	19	11	7	3**	14	k.A	77	88**	k.A.
Bhutan	29	65*	29	10*	k.A.	0	k.A	7	42	70	3
Indien	7	22	20	36	4	2	16	8	71	64	3
Malediven	85	50	56	79	k.A.	k.A.	k.A.	96	k.A.	0	k.A.
Nepal	11	10	54	44	3	4	13	19	83	72	0
Pakistan	16	14	20	23	10	2	9	17	79	74	0
Sri Lanka	30	22	13	23	6	4	34	27	54	67	0
China	16	30	9	10	3	0	13	3	72	94	30
Deutschland	24	47	13	16	1	1	5	5	45	71	5

M3: Struktur des Exports der Länder Südasiens (*2009, **2007; IKT: Informations- und Kommunikationstechnolgie)

	Exportland						
Importland	Bangladesch	Bhutan	Indien	Malediven	Nepal	Pakistan	Sri Lanka
Bangladesch	–	38	3 256	–	46	637	36
Bhutan	5	–	172	–	21	–	–
Indien	422	548	–	4	546	275	467
Malediven	–	–	108	–	–	4	39
Nepal	13	6	2 004	–	–	1	1
Pakistan	89	0	2 428	2	1	–	60
Sri Lanka	15	–	3 573	18	1	283	–
Welt	20 304	641	237 306	200	834	21 413	8304

M4: Innerregionaler Handel südasiatischer Länder (Export, in Mio- US-$, 2010)

politische Faktoren als hemmend. Zum Beispiel importiert Pakistan, das selbst keinen Tee anbaut, diesen aus Kenia, nicht aber vom Nachbarn Indien.

Im Rahmen der immerhin seit 1985 bestehenden SAARC (vgl. 1.4) sollte auch die wirtschaftliche Integration der Region vorangetrieben werden. Ein erster Schritt dabei war das 1995 in Kraft getretene Südasiatische Präferenzhandelsabkommen (SAPTA). Da aber viele relevante Exportprodukte aus dem Vorzugsabkommen ausgeklammert wurden, hatte es so gut wie keinen Effekt auf den regionalen Außenhandel. In Folge wurde 2006 das Südasiatische Freihandelsabkommen (SAFTA) ins Leben gerufen.

SAPTA
South Asia Preferential Trade Agreement

SAFTA
South Asian Free Trade Agreement

»

[Im Südasiatische Freihandelsabkommen] *verpflichteten sich die Regierungen der Einzelstaaten u. a. zu einem konkreten Fahrplan in Richtung Zollerleichterungen (bis 2015 gar Abschaffung der Zölle), zu einer Harmonisierung von Produkttestverfahren (bis heute eine der größten Hürden im Handel zwischen den SAARC-Staaten) und zu einer verstärkten Zusammenarbeit in Fragen der zwischenstaatlichen Transportinfrastruktur. (...) Bangladesch, Bhutan, die Malediven und Nepal erhielten Sonderkonditionen und Konzessionen bei den zeitlichen Fristen der Umsetzung der Bestimmungen von SAFTA. Was aber bleibt nach nun bereits vier Jahren des Freihandelsabkommens? Laut Kritikern ist es zu wenig. Ein strafferer Zeitplan, ein Entwicklungsfond für die weniger entwickelten Mitglieder, ein konkreter Plan für die Abschaffung der für den Handel hochproblematischen nicht tariflichen Handelsbarrieren sowie eine klar definierte Kooperation im Bereich des Infrastrukturausbaus hätten dem Abkommen zu mehr Erfolg verhelfen können. So aber halten sich die de facto für den SAARC-internen Handel wirksamen Resultate in Grenzen. Nach wie vor liegt der Warenaustausch zwischen den meisten SAARC-Mitgliedern im Rahmen vernachlässigbarer Zahlen, nach wie vor bestimmen nicht-tarifliche Barrieren, Transportprobleme und Visa-Komplikationen den Alltag der südasiatischen Unternehmer. Und es ist nicht verwunderlich, dass viele dieser lokalen Händler sich eher für Projekte mit Südostasien, Amerika und Europa entscheiden anstatt Investitionen und Handel in den benachbarten Ländern zu fördern.*

«

M5: Quellentext über regionale Zusammenarbeit in Südasien
Delinić, T.: SAARC – 25 Jahre regionale Integra tion in Südas ien. Kas Auslandsinformationen 2 /2011

Tomislav Delinić ist Leiter des Regionalprojekts SAARC der Konrad-Adenauer-Stiftung in Neu-Delhi.

Nichttarifliche Handelshemmnisse
Handelspolitsche Maßnahmen wie zum Beispiel Ein- und Ausfuhrverbote bzw. -quoten, rechtliche und technische Vorschriften, Umwelt-, Sozial-, Qualitäts- und Verpackungsstandards; in Abgrenzung zu tariflichen Hemmnissen (Zölle, Exportsubventionen)

1 **Analysieren Sie die Handelsbeziehungen der südasiatischen Länder (M 2, 3, 4).**
2 **Erörtern Sie die Probleme der wirtschaftlichen Integration Südasiens (M 5).**

8.1.2 Ausländische Investitionen

Ein großer Markt, billige Facharbeiter, verschiedenste natürliche Ressourcen, die Einrichtung von Exportproduktions- und Sonderwirtschaftszonen oder auch fähiges IT-Personal ziehen Direktinvestitionen multinationaler Gesellschaften aus der ganzen Welt an. Dies bleibt nicht ohne Auswirkungen auf kleine, für den einheimischen Markt produzierende Betriebe.

Ausländische Direktinvestitionen (ADI)
Nach der WTO (Welthandeslorganisation) finden ausländische Direktinvestitionen statt, wenn ein Investor aus einem Land, dem Heimatland, Vermögen in einem anderen Land, dem Gastland, erwirbt mit der Absicht, dieses Vermögen zu bewirtschaften. Diese Bewirtschaftung unterscheidet sie von Portfolio-Investitionen in ausländische Aktien, Obligationen und von anderen finanziellen Instrumenten.

Die wirtschaftliche Öffnung und der freie Zustrom ausländischer Direktinvestitionen (ADI) führten zu einem Aufschwung der Wirtschaften Südasiens, da sie dringend benötigtes Kapital verfügbar machten. Wegen der hohen Anfangsinvestitionen und längerfristigen Bindungen der Firmen wird diese Art des Kapitalzuflusses in den Zielländern als relativ sicher angesehen. 95 Prozent der ausländischen Direktinvestitionen in Südasien stammen von multinationalen Unternehmen aus Industrieländern: den USA, Japan, Großbritannien, aber auch Deutschland, die zum Teil über Mauritius abgewickelt werden, um Steuervorteile wahrnehmen zu können. Deutsche Direktinvestitionen in Indien (2009/10 600 Mio. US-$) machen zwar nur 1,3 Prozent deutscher Direktinvestitionen im Ausland aus. In Indien stammen aber etwa 2,5 Prozent der ADI aus Deutschland, das damit von 1991 und 2009 allerdings vom vierten auf den achten Platz der ADI-Herkunftsländer zurückgefallen ist.

	1990		2000		2005		2010	
	A	B	A	B	A	B	A	B
Bangladesch	3	0,0	578	1,3	845	1,5	913	0,9
Bhutan	2	0,6	0	0,0	9	1,1	11	0,8
Indien	237	0,1	3587	0,8	7621	0,9	24 640	1,5
Malediven	6	2,8	22	3,6	52	7,1	164	11,9
Nepal	6	0,2	0	0,0	2	0,0	39	0,2
Pakistan	278	0,6	309	0,4	2201	2,0	2016	1,1
Sri Lanka	43	0,5	172	1,0	272	1,1	477	0,9
Südasien	575	0,1	4670	0,8	11 005	1,1	28 261	1,4
Asien	22 628	1,0	148 747	3,5	215 834	3,0	357 846	2,6
Ostasien	8791	0,9	116 641	5,2	116 189	3,1	188 291	2,5
Südostasien	12 820	3,6	23 656	3,9	40 737	4,5	79 408	4,3
Welt	207 455	0,9	1 402 680	4,4	982 593	2,1	1 243 671	1,9

A: Ausländische Direktinvestitionen (Nettozuflüsse, in Mio. US-$)
B: Anteil ausländischer Direktinvestitionen am Bruttoinlandsprodukt (in %)

M1: Ausländische Direktinvestitionen in Südasien

M2: Quellentext zu Auslandsinvestitionen in der indischen Automobilindustrie
Wamser, J.: Wirtschaftsstandort Indien. Geographische Rundschau 4/2008

Johannes Wamser ist deutscher Wirtschaftsgeograph und Unternehmensberater.

»

Nicht nur ist Indiens Außenhandel stark gestiegen, sondern auch die ausländischen Investitionen nehmen rasant zu. Spielten letztere bis Ende der 1980er-Jahre (...) nur eine minimale Rolle, haben sie nach dem Beginn der Wirtschaftsreformen stark zugenommen, um dann insbesondere im Laufe der letzten Jahre gleichsam zu explodieren. Die Auswirkungen dieser Entwicklung auf die indische Wirtschaft sind enorm. So zeigt die sektorale Zusammensetzung der indischen Volkswirtschaft, dass sich das Land immer stärker hin zu einer industrie- und dienstleistungsorientierten Nation entwickelt. Zwar sehen sich indische Unternehmen sowohl einer wachsenden und hochqua-

lifizierten globalen Konkurrenz ausgesetzt. Aber es ergeben sich auch neue Möglichkeiten für Kooperationen mit ausländischen Partnern bzw. Know-How-Trägern. (...)
Ein Beispiel sind die Automobilindustrie Indiens und deren Zulieferer. Sie konnten in den vergangenen Jahren nicht nur überdurchschnittliche Wachstumszahlen aufweisen, sondern profitieren auch im besonderen Maße von der wachsenden Einbindung in den Weltmarkt. (...) In die Lage hierfür versetzt worden ist die indische Automobil- bzw. Zulieferindustrie insbesondere durch den „globalen" Einfluss. Der Zwang zur Modernisierung und Expansion war überlebenswichtig für die gesamte Industrie. Um nicht völlig in der Bedeutungslosigkeit zu versinken, galt es innerhalb weniger Jahre sowohl den lokalen als auch den Bedürfnissen der Exportmärkte zu entsprechen. Die indische Automobilindustrie realisierte schnell, dass Kollaborationen mit globalen Partnern ein wichtiger Schlüssel zum Erfolg sind. Konsequenterweise existieren heute zahlreiche technische oder finanzielle Kooperationen zwischen indischen und ausländischen Produzenten, wie z.B. die sehr erfolgreiche Zusammenarbeit zwischen Suzuki und dem indischen Produzenten Maruti. Mittlerweile haben sich die wichtigen „Global Players" der Branche in Indien niedergelassen.
«

M3: Auto-Produktion bei Maruti in Gurgaon

In arbeitsintensiven Branchen wie der Textilindustrie sind Investoren an niedrigen Lohnkosten bei qualifizierten Arbeitskräften interessiert. In anderen Fällen spielt der Zugang zum riesigen südasiatischen Markt eine Rolle, besonders in unterversorgten Bereichen wie dem Gesundheitswesen, dem Verkehr, der Energieversorgung oder dem Tourismus, die hohe Umsätze versprechen. Aber auch geringere Auflagen zum Schutz von Umwelt und Arbeitskräften ziehen einige Investoren an. Dass hiermit für das Gastland beträchtliche Gefahren verbunden sein können, hat der Giftgasunfall der Union Carbide 1984 in Bhopal demonstriert. Im Werk, das das Pestizid Sevin herstellte, waren etwa 40 t giftiger Gase freigesetzt worden und hatten bis zu 10 000 Menschen in den ersten Tagen danach getötet. 25 Jahre später litten noch immer 120 000 Menschen unter den Folgen, 20 000 weitere waren in der Zwischenzeit daran verstorben. Mit der indischen Regierung einigte sich Union Carbide 1989 auf eine Zahlung von 470 Mio. US-$ zur Abgeltung alle indischen Ansprüche. Dow Chemical, die Union Carbide 2001 übernahm, lehnt es ab, für Folgemaßnahmen wie Dekontaminierung oder weitere Entschädigungsleistungen aufzukommen.

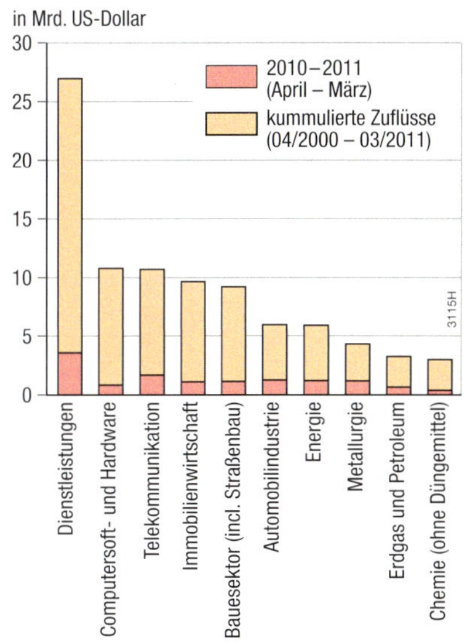

M4: Realisierte ADI ausgewählter Sektoren in Indien

»
Das Fehlen einer vernünftigen Infrastruktur ist ein großes Problem in den Ländern Südasiens. Ausländische Investoren interessieren sich zunehmend für Investitionen in Infrastruktur wie Elektrizität, Treibstoff, Straßen- Luft- und Seeverbindungen und Seehäfen. (…) Aber neben diesen Chancen gibt es in Asien auch Probleme, vor allem in Südasien. Es gibt eine weit verbreitete Unzufriedenheit über die Kluft zwischen der Politik als solcher und ihrer Umsetzung. Korruption und bürokratische Flaschenhälse sind die wichtigsten Gründe. Politische Unsicherheit und Gesetz und Ordnung werden als Hürden für ausländische Investitionen angesehen, da sie die Kosten für Geschäfte vergrößern. Verständlicherweise treffen diese Gründe nicht in gleicher Weise auf alle Länder zu.
«

M5: Quellentext zu den Problemen ausländischer Investoren
Bhuiyan, W.: A foreign investor's experience with Administrative barriers in South Asia (2003)

Wali Bhuiyan ist Präsident der Foreign Investors' Chamber of Commerce and Industry in Bangladesch.

Südasien in der Weltwirtschaft

Ausländische Direktinvestitionen ermöglichen den Transfer von technischem und Management-Know-how, steigern Forschung und Entwicklung, erleichtern den Zugang zu internationalen Märkten für Exportprodukte und Dienstleistungen. Mit der Einrichtung von Exportproduktionszonen (EPZ) und Sonderwirtschaftszonen (SWZ) versuchten die Regierungen von Indien, Sri Lanka, Pakistan und Bangladesch besonders günstige Voraussetzungen für Investitionen zu schaffen und Investoren anzuziehen.

M1: Exportproduktionszonen (EPZ) und Sonderwirtschaftszonen (SWZ) in Südasien

	Einrichtung der ersten Zone	Entwicklung	Zahl der Zonen
Bangladesch	1983	1983 – 1998 1998 – 2008 – 2013	2 EPZ + 6 EPZ + 7 SWZ (im Aufbau)
Indien	1965	1965 – 2000 2000 – 2008 2011	8 EPZ + 7 EPZ > 500 SWZ genehmigt
Pakistan	Frühe 1980er-Jahre	1980 – 2000 2000 – 2008 2011	1 EPZ + 5 EPZ + 9 EPZ
Sri Lanka	1978	1978 – 1997 1998 – 2011	3 EPZ + 9 EPZ

In Sri Lanka war die Schaffung von Exportproduktionszonen v.a. im Textil- und Bekleidungssektor mit zahlreichen negativen Folgen für die Beschäftigten verbunden. Die Fabriken in diesen Industriegebieten respektieren grundlegende Arbeitsrechte nicht und haben zur Verschlechterung der Arbeitssicherheit und Arbeitsbedingungen sowie zu einem Lohndumping geführt.

Exportproduktions- und Sonderwirtschaftszonen sind speziell ausgewiesene Gebiete – anfänglich vor allem bei Seehäfen –, in denen spezifische Teile der Gesetzgebung des jeweiligen Landes nicht zur Anwendung kommen. Zölle werden nicht erhoben und in- wie ausländischen Investoren werden günstige Bedingungen (Land, Energie zu günstigen Preisen) zur Einrichtung neuer Betriebe angeboten. In Südasien wurden EPZ vor allem für arbeitsintensive Betriebe eingerichtet, die Rohmaterial importieren und Fertigprodukte exportieren. EPZ können in Südasien als erster Schritt einer wirtschaftlichen Öffnung aufgefasst werden. Durch sie werden globale Produktionsketten ausgebaut und die Ländern an die Dynamik globaler Investitionen und globalen Handels angebunden. Nach 1990 wurden in den meisten Ländern Südasiens (Bangladesch, Pakistan, Indien und Sri Lanka) SWZ eingerichtet, die im Gegensatz zur EPZ nicht notwendigerweise nur für den Export produzieren. In diese

M2: Tidel-Technologie-Park in Chennai

wurden arbeitsintensive Aktivitäten verlagert, um so von dem Lohngefälle zwischen Hoch- und Niedriglohnländern zu profitieren (Outsourcing). Die indische Regierung hofft, mit Hilfe von über 500 neuer SWZ die Exporte um das Fünffache zu steigern, das BIP um zwei Prozent. Zudem sollen drei Millionen neue Arbeitsplätze geschaffen werden. Die SWZ sollen Produktionstechnologien und Fachkräfte sowie ADI anziehen, um die Industrie zu unterstützen und auf diesem Wege die existierende Infrastruktur zu verbessern.

»

SWZ führen voraussichtlich dazu, dass der Finanzminister Einnahmen in Höhe von jährlich 1000 Mrd. Rs. verlieren wird, sobald die Zonen eingerichtet sind und arbeiten. (...) Das erste Problem ist die verbreitete Ansicht, dass die SWZ von Bauunternehmern gekapert werden, die mit Regierungshilfe riesige Landstriche reichen Ackerlandes an sich bringen, mit armseligen Entschädigungen für die Bauern, die nicht in den Genuss von Umsiedlungs- und Wiedereingliederungsmaßnahmen kommen. (...) Eindeutig besteht die Möglichkeit, dass viele existierende Hersteller ihre Basis in eine SWZ verlagern, nur um der Besteuerung zu entgehen. (...)
Die Regierung preist die SWZ als zukünftige Inseln von Exzellenz an. Aber zu welchen Kosten wird das erreicht? Das ist eine hypothetische Frage. Wenn Tausende von Morgen landwirtschaftlicher Flächen in Betonwälder verwandelt werden, wie wird das die Nahrungsmittelsicherheit beeinflussen? Werden die Bauern, die bereit sind, ihr Land abzutreten, einen fairen Preis erhalten? Die meisten befürchten, dass sie nur „peanuts" bekommen werden im Vergleich zu dem, was die Bauunternehmer an Gewinn machen.

«

M3: Quellentext zu problematischen Aspekten der SWZ
Ramesh Menon, R.: Special Economic Zones Boon or Disaster? 3.3.2010 www.boloji.com

Ramesh Menon ist indischer Journalist.

Die wirtschaftliche Öffnung besitzt verschiedene Auswirkungen auf den Arbeitsmarkt. In den exportorientierten Sektoren ist eine Steigerung des Arbeitsaufkommens zu verzeichnen, so bei der Herstellung von Konfektionskleidung in Bangladesch oder im Software- und IT-Bereich in Indien. Zum Teil verlangen diese Bereiche nach hohen Qualifikationen: Die Beschäftigungsmöglichkeiten konzentrieren sich auf englischsprachig erzogene Angehörige der gebildeten städtischen Mittelschicht.

Zahlreiche eingesessene Betriebe mit älterer Technologie oder kleinerem Produktionsvolumen, die vor allem für den einheimischen Markt produzieren, halten jedoch dem Wettbewerb nicht stand. Arbeitsintensive einheimische Produktion wird durch kapitalintensivere ersetzt. Diese profitiert auch davon, dass bei einer Erhöhung der Produktionsmenge die Durchschnittskosten pro Stück sinken (Economies of Scale). Handelsliberalisierung erleichtert zudem den Import, so dass Importwaren eigene Produkte verdrängen. Beides kostet Arbeitsplätze. Mit dem Wachstum und der zunehmenden Wettbewerbsfähigkeit indischer Unternehmen treten diese auch als Investoren im Ausland auf. 2007 wurden mehr als elf Mrd. US-$ angelegt, vor allem beim Aufkauf ausländischer Unternehmen. Auch in den Nachbarstaaten finden wir indische Investitionen, etwa im Gesundheitsbereich Bangladeschs, Nepals oder Bhutans, wo mit indischem Kapital private Krankenhäuser betrieben werden.

1 Analysieren Sie die Entwicklung sowie Zielländer und -branchen der ADI (M 1, S. 112, M 4, S. 113)
2 Erläutern Sie die Chancen und Risiken von EPZ und SWZ für die wirtschaftliche Entwicklung.

8.1.3 Bollywood und Globalisierung

Als indirekte Auswirkung der Globalisierung hat das indische Kino die globalen Zuschauer erreicht und besitzt in vielen Teilen der Welt eine hohe Popularität. Von einem Kulturphänomen wurde Bollywood so auch zu einem Wirtschaftsfaktor.

Kino in Südasien begann 1894 mit sechs in Indien gedrehten Kurzfilmen. In den frühen Jahren des 20. Jahrhunderts, als in Indien um soziale und politische Reformen gerungen wurde, hielt dann das Kino als neue Form der Unterhaltung Einzug. Der erste indische Tonfilm „Alam Ara" wurde in Bombay produziert und erschien 1931. Musical-Filme, meist mit Happyend, die eine Mischung von Familiendrama, Dreiecksliebesgeschichten, Aktion, Tanz und Musik bieten, wurden ab den 1970er-Jahren als Bollywood-Kino populär. Diese meist zweieinhalb bis vier Stunden langen Filme bieten Unterhaltung und zeigen eine Welt weit entfernt vom Alltag der Zuschauer.

Der etwas abschätzige Begriff Bollywood ist eine Wortkreuzung aus Bombay und Hollywood, und spielt auf den Standort der Filmstudios und den kommerziellen Charakter der Produktionen an. Etwa 200 Filme werden in Mumbai jährlich produziert, vor allem auf Hindi. Insgesamt wurden 2010 1288 Spielfilme in Indien in verschiedenen Sprachen gedreht, also tatsächlich mehr als in Hollywood. Auch beim finanziellen Aufwand stehen die indischen Filmproduktionen amerikanischen Filmen in nichts nach. Die indische Filmindustrie erwirtschaftete 2010 1,7 Mrd. US-$ (Hollywood: 10,5 Mrd. US-$) und verkauft weltweit jährlich etwa 3,6 Mrd. Tickets (Hollywood: 1,3 Mrd.). Allerdings hat auch in Indien das Fernsehen dem Kino mittlerweile den Rang abgelaufen (6 Mrd. US-$ Umsatz) und moderne Multiplexkinos (ca. 1000) verdrängen die alten unkomfortablen Ein-Saal-Theater.

Neben kommerziellen Bollywood-Streifen werden in Indien aber auch seriöse Filme gedreht („Parallelkino"). Sie stammen aus Mumbai, Kolkata oder Chennai und gewannen auf zahlreichen internationalen Filmfestivals Preise. Der bengalische Regisseur Satyajit Ray, der 1992 einen Lebenswerk-Oskar erhielt, ist für seine Filme, die die wirklichen sozialen Probleme Indiens ansprechen, weltweit geachtet. In letzter Zeit entstanden aber auch in Mumbais Filmindustrie alternative, sozialkritische Spielfilme junger indischer Filmemacher.

Sprache	Filme
Hindi	215
Tamil	202
Telugu	181
Kannada	177
Malayalam	99
Marathi	94
Bengali	84
Bhojpuri	64
Gujarati	62
Oriya	17
Punjabi	15
Englisch	9
12 weitere Sprachen	24

M1: 2010 in Indien produzierte Spielfilme

M2: „Himalaya Palace"-Kino in Southall Middlesex im Westen von London

Die kommerziellen Bollywoodfilme sind längst ein Exportschlager. In den Vereinigten Staaten und Großbritannien, wo der Anteil von Menschen mit südasiatischer Herkunft hoch ist, werden 55 Prozent aller internationalen Tickets von Bollywoodfilmen verkauft. Darüber hinaus hat das Bollywoodkino Millionen nichtindischer Fans im Mittleren Osten, Afrika, Südostasien und Osteuropa. Auch in Deutschland laufen die indischen Produktionen seit einigen Jahren im Kino und im Fernsehen. Etwa ein Zehntel der Einnahmen (2010: 170 Mio. US-$) spielen indische Filme inzwischen im Ausland ein.

Aber auch internationale Filmemacher interessieren sich mittlerweile für Indien. Der britische Film „Slumdog Millionaire" von Danny Boyle ist die Verfilmung eines indischen Romans, wurde in Mumbai gedreht und gewann u.a. 2009 neun Oskars.

»

In diesen Tagen bedeutet Bollywood großes Geld. Die Wahrnehmung des Hindi-Films durch die westliche Welt hat sich in den vergangenen zehn Jahren vollständig gewandelt. Der Wert dieser 100-Mrd. Rupien (2,5 Mrd. $)-Industrie, die auf schnelles Wachstum setzt, wird heute anerkannt. Jeden zweiten Tag ersuchen Vertreter von Filminstitutionen oder Regierungsstellen um Treffen mit Handelsorganisationen Bollywoods. Sie kommen nach Mumbai, um entweder Co-Produktionsvereinbarungen mit Bollywood-Produzenten zu unterzeichnen oder um sie einzuladen, ihre Filme in ihren Ländern zu drehen. Von solchen Verträgen profitieren beide Seiten. Auf der einen Seite finden Produzenten in Bollywood Gelegenheit, neue Drehorte zu subventionierten Preisen zu erkunden. Auf der anderen Seite erhält der Tourismussektor der Länder durch dort gedrehte Bollywood-Filme eine große Bühne, um sich darzustellen. Australiens Kampagnen des letzten Jahrzehnts in Indien haben verschiedene Bollywood-Produzenten in das „Land von Oz" gelockt.
Dank der Verlockungen, die Bollywood den Ländern in Aussicht stellt, werden Hindi-Filme jetzt an Orten im Ausland gedreht, von denen man früher nie gehört hatte, abgesehen von populären Orten in Australien, Großbritannien, der Schweiz, Südafrika und den Niederlanden. Hindi-Filme hatten schon immer eine große Auswirkung auf den Tourismus. Die Orte, an denen Filme gedreht wurden, entwickeln sich allmählich zu populären Touristenzielen, da es für Inder in aller Welt einfach ist, sich gedanklich mit ihnen verbunden zu fühlen.

«

M3: Quellentext über das Werben des Westen in Bollywood
Burman, J.: West wooing Bollywood like never before. Nerve 18.3.2008

Jivraj Burman ist indischer Filmjournalist.

»

Die neue Epoche begann mit einem grandiosen Flop. Zum ersten Mal hatte ein großes Hollywood-Unternehmen einen Hindifilm produziert. „Saawariya" hieß der Streifen, und Geldgeber war kein geringerer als Sony Pictures, der umsatzstärkste Filmkonzern der Welt. (...) „Sie mögen das Vermarktungsnetzwerk haben und unerschöpfliche Geldquellen", lästerte Hindifilm-Produzent und Regisseur Mahesh Bhatt anschließend in einem Interview. „Aber ein Gespür für den Geschmack der Bollywood-Fans müssen sie erst noch entwickeln." Tatsächlich lassen sich die US-Investoren von Sonys Misserfolg nicht beeindrucken. Gleich zwei große Hollywood-Studios bereiten derzeit ihren Einstieg in das indische Filmgeschäft vor. (...) Der Grund für die Anstrengung liegt auf der Hand: In Indien winkt ein Riesengeschäft. Während der milliardenschwere Unterhaltungsmarkt in den USA allmählich an seine Grenzen stößt, wächst Bollywoods Filmindustrie.

«

M4: Quellentext über das Interesse von Hollywood an Bollywood
Zastural, S.: Hollywood drängt nach Bollywood. Der Spiegel, 6.2.2008

Sascha Zistaral ist deutscher Journalist.

1 Kennzeichnen Sie die Entwicklung des Bollywoodfilms als Globalisierungsphänomen.

Weltpolitische Rolle Südasiens

Seit dem Ende der Kolonialzeit symbolisierte das Indien Gandhis weltweit Gewaltfreiheit beim Kampf um politische Ziele. Heute finden sich bei der Beschreibung der politischen Rolle der Region hingegen Schlagworte wie Atommächte und Terrorismus.

International drückte Gandhi Ideale aus, die kaum zurückzuweisen sind: er könnte die UN-Charta verfasst haben. Die Jahrzehnte nach seinem Tod haben aber gezeigt, dass es von dem Widerstreit souveräner Staaten kein Entrinnen gibt. (...) Der allgemeine Friede, den Gandhi für so zentral für die Wahrheit angesehen hat, scheint heute so illusionär wie immer.

Shashi Tharoor,
indischer Schriftsteller

M1: Gandhi auf dem Salzmarsch 1930

Seit historischen Zeiten spielt Südasien in der Weltpolitik eine Rolle. Gandhis Bewegung war beispielgebend für den gewaltfreien Widerstand gegen Unrecht und Kolonialismus. Während des Kalten Krieges gehörte Indien zu den Mitbegründern der Blockfreienbewegung, die sich als dritte Kraft gegen die Konfrontation der Machtblöcke stellte. Doch spätestens seitdem Indien und Pakistan erklärte Nuklearmächte sind und vor allem Pakistan in den internationalen Terrorismus verstrickt ist, gehen eher negative Signale von der Region aus.

Die meisten Länder Südasiens müssen, zum Teil seit ihrer Unabhängigkeit, mit Gewalt und Flüchtlingsproblemen kämpfen. Hinweis auf die politische Lage ist die hohe Zahl politisch motivierter Morde an südasiatischen Staatsoberhäuptern und politischen Führungspersönlichkeiten – von Gandhi 1947 bis Benazir Bhutto 2007. Über diese Morde hinaus wird in einigen Konflikten terroristische Gewalt als Mittel eingesetzt und greift manchmal auch auf internationale Arenen über. Besonders der Konflikt zwischen der Regierung Sri Lankas und den Tamil Tigers (LTTE) und der Konflikt um Kaschmir sind heute eng mit Terrorismus verbunden. Gerade im Falle des Kaschmir-Konflikts ist der Terrorismus ein internationales Phänomen (vgl. 1.4).

Solche Konflikte schwächen einerseits den inneren Zusammenhalt der Staaten. Andererseits erhielt Pakistan aufgrund seiner Nachbarschaft zu dem immer noch im weltpolitischen Fokus stehenden Krisengebiet Afghanistan nach dem 11. September 2001 eine strategische Rolle als Bündnispartner der USA in ihrem „Krieg gegen den Terror". Zudem ist das politische Gewicht Indiens und Pakistans dadurch gewachsen, dass beide Länder in ihrer Konfrontation eine nukleare Aufrüstung betrieben haben und nun als Atommächte gelten. Indien nimmt in Südasien die Rolle einer regionalen Hegemonialmacht ein.

M2: Quellentext: Atomwaffen in Südasien
Sagan, S. D.: Nuclear Dangers and South Asia. 2004

Scott D. Sagan ist amerikanischer Politikwissenschaftler.

»

Am 11. und 13. Mai 1998 testete Indien fünf Nuklearwaffen in der Wüste Rajastans. Am Ende des Monats war Pakistan gefolgt und behauptete, sechs nukleare Sprengköpfe unterirdisch in den Chagai Hills zur Detonation gebracht zu haben. Mit diesen Tests verkündeten die Regierungen in Islamabad und New Delhi der Weltgemeinschaft und ganz besonders sich gegenseitig, dass beide im Falle eines Angriffs die Fähigkeit zur Vergeltung mit nuklearen Waffen besitzen. Was sind die strategischen Effekte dieser Entwicklung nuklearer Waffen? Viele Wissenschaftler und Verteidigungsanalysten argumentieren, dass die Ausbreitung nuklearer Waffen nach Südasien das Risiko zukünftiger Kriege zwischen Indien und Pakistan reduzieren oder gar eliminieren würde. (...) Andere Wissenschaftler und Verteidigungsanalysten wenden ein, dass die Verbreitung von Nuklearwaffen in Indien und Pakistan die Wahrscheinlichkeit von Krisen, Unfällen, Terrorismus und nuklearem Krieg erhöht.

«

Die südasiatischen Nachbarn bringen ihre Armeen aber nicht nur gegeneinander in Stellung. Die Region trägt beträchtlich zu den Friedensmissionen der UN bei. Im Jahre 2002 beispielsweise stand Bangladesch an der Spitze aller Länder, die Friedensmissionen mit Soldaten unterstützten, gefolgt von Pakistan. Indien und

Nepal teilten sich den 11. Platz. In der Diskussion um eine Reorganisation der UNO wird zudem ein ständiger Platz Indiens im Weltsicherheitsrat ins Gespräch gebracht – ein Zeichen für eine gewachsene weltpolitische Rolle des Landes.

»

Die größten Bedrohungswahrnehmungen Indiens entspringen aus Chinas wachsender Präsenz in Südasien. Chinesische Unternehmen sind dort vor allem beim Bau von Häfen und anderen Infrastrukturprojekten aktiv. Indien befürchtet zusätzlich auch eine militärische Präsenz Chinas in seiner traditionellen Einflusssphäre. Indien versucht durch ein wachsendes Engagement in Südost-, Ost- und Zentralasien den chinesischen Einfluss einzudämmen. Die indischen Initiativen konzentrieren sich auf die Stärkung der Handelsbeziehungen, beinhalten aber auch sicherheitspolitische Maßnahmen. Indien und China kooperieren dennoch – bei gemeinsamen Interessen – auf der multilateralen Ebene in einer Vielzahl von Foren. Diese zielgerichteten Formen der Kooperation (...) sind Ausdruck einer äußerst pragmatischen Politik beider asiatischer Großmächte. Die kleinen Staaten Süd- und Südostasiens scheinen von der indisch-chinesischen Konkurrenz zu profitieren. Seitdem China eine aggressivere Politik in Südost- und Ostasien verfolgt, gilt Indien dort als zunehmend attraktiver Partner.

«

M3: Quellentext zur indisch-chinesischen Konkurrenz
Mokry, S. und Destradi, S.: Feindliche Freunde? Die indisch-chinesische Konkurrenz und Kooperation in Asien. GIGA Focus 7/2011

Sabine Mokry und Sandra Destradi sind deutsche Politikwissenschaftlerinnen.

»

Der Aufstieg von China und Indien verschiebt das globale Machtgleichgewicht von West nach Ost und von Europa sowie Nordamerika nach Asien. Die USA billigen Indien eine über den Subkontinent hinausreichende und sogar aufgrund zahlreicher Gemeinsamkeiten in wichtigen internationalen Fragen partiell globale Rolle zu. Washington dürfte damit auch Indiens strategische Interessen, die u.a. vom Suez-Kanal bis zur Straße von Malakka reichen, verstärkt anerkennen. (...) Das demokratische Indien, eine wenn auch noch auf etwas tönernen Füßen stehende künftige Weltmacht des 21. Jahrhunderts und zugleich eine bemerkenswert offene Gesellschaft, sollte für Deutsche und Europäer zum dauerhaften Projekt mit hoher Priorität werden. (...) [Es] wird zunehmend deutlich, dass Indien weit mehr als nur südasiatischer Akteur ist. Seine gezielte Außen- und Sicherheits-Politik, gestützt auf seine starke Wirtschaft und militärische Macht mit Nuklearwaffen, macht es bereits heute (...) zu einem der wichtigsten Akteure der internationalen Politik des 21. Jahrhunderts.

«

M4: Quellentext zu Indien als globalem Akteur
Voll, K. J.: Mehr als südasiatischer Akteur? Indische Außenpolitik. Politische Bildung 1/2008

Klaus Julian Voll ist Spezialist für indische Außen-, Sicherheits- und Innenpolitik in New Delhi.

Zwar ist die Diskriminierung von Frauen in Südasien weiterhin ein ernstes Problem, trotzdem gab es hier mit Sirimavo Bandaranaike in Sri Lanka 1960 die erste Premierministerin weltweit (z. Vgl.: 1979 Margaret Thatcher). Es folgte eine lange Liste weiblicher Staatschefs, Präsidentinnen (Chandrima Kumaratunga in Sri Lanka, Pratibha Patil in Indien) und Premierministerinnen (Indira Gandhi in Indien, Benazir Bhutto in Pakistan, Sheikh Hasina Wajed und Begum Khaleda Jia in Bangladesch). Abgesehen von den Spitzenpositionen spielen in Südasien heute Hunderte Frauen als politische Führerinnen eine wichtige Rolle.

M5: Sirimavo Bandaranaike, Premierministerin Ceylons / Sri Lankas (1960 – 1965, 1970 – 1977 und 1994 – 2000)

1 Kennzeichnen Sie Faktoren, die für das weltpolitische Gewicht südasiatischer Staaten eine Rolle spielen.
2 Erläutern Sie das Verhältnis von Indien und China (M 3, 4).

8.3 Südasiaten in der Diaspora

Menschen südasiatischer Herkunft leben in großer Zahl in vielen Ländern der Erde. Als dauerhafte oder zeitweise Migranten nehmen sie Einfluss auf die wirtschaftliche und politische Entwicklung in ihren Herkunftsländern.

Herkunftsland	Haushaltseinkommen	Bachelor-Abschluss
Bangladesch	45 953 US-$	47 %
Indien	86 660 US-$	68 %
Pakistan	62 744 US-$	55 %
Sri Lanka	73 927 US-$	56 %
US- Durchs.	51 369 US-$	28 %

M1: Südasiaten in den USA (2007 – 9)

	Rücküberweisungen	
	(in Mio. US-$)	(in % BIP)
Bangladesch	10 523	11,8
Bhutan	5	0,4
Indien	49 468	3,8
Malediven	4	0,3
Nepal	2 986	23,4
Pakistan	8 717	5,4
Sri Lanka	3 363	7,9
China	48 729	1,0

M2: Rücküberweisungen von Migranten (2009)

Auf der Suche nach Einkommensmöglichkeiten oder aus politischen Gründen haben Südasiaten ihre Heimat – zum Teil schon vor mehreren Generationen – verlassen und sich in anderen Ländern zeitweise oder auf Dauer niedergelassen. Klassische Gastländer südasiatischer Auswanderer sind Großbritannien (ca. 3,6 Mio., 2010) und die USA (3,9 Mio.), aber auch Malaysia (2,4 Mio.).
Menschen, die zeitweise ihr Einkommen in der Fremde verdienen, senden in der Regel einen großen Teil davon zu ihrer Familie, die hiervon ihren Lebensunterhalt bestreitet. Aber auch Familien, die sich langfristig im Ausland niedergelassen haben, unterstützen oft die daheim gebliebenen Verwandten. Dies kann für die Heimatländer von großer Bedeutung sein (M 2). Indien, Bangladesch, Pakistan und Sri Lanka gehören zu den 20 Ländern, die die meisten solcher Rücküberweisungen erhalten. Ein Teil der Überweisungen wird in Land, Immobilien, Firmen oder Geldanlagen investiert, um nach der Rückkehr eine Einkommensquelle zu haben. Auch ausländische Direktinvestitionen wurden und werden durch Beziehungen von Führungskräften südasiatischer Abstammung beispielsweise in den indischen IT-Sektor gelenkt.

Seit den 1970er-Jahren streben viele Südasiaten in die prosperierenden Golfstaaten, um dort zeitweise als Arbeiter und Hausangestellte zu arbeiten. Von den 4,8 Mio. Einwohnern der Vereinigten Arabischen Emirate waren im Jahr 2008 nach Schätzungen 1,1 Mio. indische und 0,8 Mio. pakistanische „Gastarbeiter". Angelockt von Arbeitsvermittlungsagenturen, die sehr hohe Gebühren verlangen, arbeiten sie auf den unzähligen Baustellen Dubais und Abu Dhabis. Wiederholt prangerten Menschenrechtsorganisationen die Arbeitsbedingungen an: Stundenlange harte Arbeit in großer Hitze, viele Arbeitsunfälle, schlechte Bezahlung und Zahlungsmoral, Massenunterkünfte, herabwürdigende Behandlung.

M3: Quellentext über Arbeitsmigrantinnen aus Sri Lanka in den Golfstaaten
Hellmann-Rajanayagam, D.; Zingel, W.-P: Friede, Flut und Ferienziel: Wirtschaft und Gesellschaft. Focus Asien (2005)

Dagmar Hellmann-Rajanayagam ist Wissenschaftlerin am Südostasieninstiutut der Universität Passau. Volkswirt Wolfgang-Peter Zingel arbeitet beim Südasieninstitut in Heidelberg.

»

83 Prozent der Arbeitsmigrantinnen sind Frauen. Sie verdienen in den Golfstaaten für Sri Lanka extrem hohe Löhne und fördern damit die ‚Überweisungswirtschaft', aber um einen hohen Preis. Die Arbeitsbedingungen in den Golfstaaten sind notorisch schlecht, und die Regierung prostestiert nur schwach gegen die schlechte Behandlung, weil sie auf die Überweisungen dieser Frauen angewiesen ist. Viele dieser Frauen müssen auf Jahre hinaus ihre Familie alleinlassen, was zu schwerwiegenden sozialen Problemen vor Ort führt. Zudem sind die Frauen in Berufen beschäftigt, genau gesagt als Dienstboten, was für sie zu Hause völlig inakzeptabel wäre. Trotz hoher Löhne konnten sie ihren Status nicht verbessern. Obwohl sie praktisch allein zum Unterhalt ganzer Familien beitrugen, galten sie oft nicht nur als schlechte Mütter, sondern auch als ‚leichte Mädchen' und damit moralisch verwerflich.

«

In der Fremde fühlen sich Menschen gleicher Herkunft zusammengehörig und bilden oftmals Gemeinschaften, die als Diaspora bezeichnet werden. Auch über Generationen hinweg pflegen die Migranten dabei – trotz häufig gelungener Integration – die Beziehungen zu ihrem Herkunftsland und seiner Kultur, dem sie sich oft weiterhin verbunden fühlen. Neben der ökonomischen Unterstützung nehmen Mitglieder der Diaspora auch als Lobbyisten Einfluss auf politische

Diaspora
Religiöse oder ethnische Gruppen, die verstreut über die Welt als Minderheiten fremder Herkunft in Mehrheitsgesellschaften leben

Entscheidungen zugunsten ihres Herkunftslandes oder engagieren sich dort sozial. So haben die ‚Vereinigung pakistanischer Ärzte in Nordamerika' und die ‚Bangladesh Medical Association in North America' erfolgreich Einrichtungen der Grundversorgung im Gesundheitswesen Pakistans und Bangladeschs aufgebaut. In Indien wurden zahlreiche Krankenhäuser, oft mit Weltklassestandard, von Auslandsindern nicht nur aus sozialen, sondern durchaus auch ökonomischen Beweggründen eröffnet und sind begehrte Ziele des Gesundheitstourismus geworden.

Im Gegenzug erwarten viele Diasporagemeinden von ihren Heimatländern Anerkennung und Unterstützung. Bangladesch führte für seine Diaspora eine Remitter Card ein, mit der Überweisungen und Geldanlagen in Bangladesch vereinfacht werden. Indien geht mit der Anerkennung vielleicht am weitesten. Es hat seinen ausgewanderten früheren Staatsbürgern unter der Kategorie NRI (Non-Resident Indians) außerordentliche Privilegien zuerkannt wie besondere Zinsraten auf ihre Fremdwährungskonten bei indischen Banken oder den Bau exklusiver Wohnkolonien. Seit jüngstem gibt es einen Status als OCI (Overseas Citizen of India), der fast alle Bürgerrechte beinhaltet außer dem Wahlrecht. Zahlreiche Diaspora-Angehörige streben jedoch eine doppelte Staatsbürgerschaft an, die es in Indien bislang nicht gibt, um sich an politischen Entscheidungsprozessen in ihrem Geburtsland beteiligen zu können.

M4: Brick Lane Festival 2006. Die Brick Lane im East End ist das Zentrum der bengalischen Gemeinschaft in London.

M5: Quellentext über die indische Diaspora in den Niederlanden
Kotin, I.: Double migrants, diversity and diasporas: A snapshot of the Hindustani and non-resident Indian community in the Netherlands. IIAS Newsletter 2008

Igor Kotin ist russischer Anthropologe an der St. Petersburg State University.

»

In den Niederlanden lebt die zweitgrößte PIO-Bevölkerung [People of Indian Origin, Menschen indischer Abstammung] *des Kontinents. Die Mehrzahl, etwa 160 000, sind Hindustanis (Inder aus Surinam), doppelte Migranten mit niederländischem Pass. Der Rest, etwa 15–20 000, sind NRIs, die direkt aus Indien kamen und einen indischen Pass besitzen. (...) Hollands „Hindustanis" stammen von Kontraktarbeitern ab, die aus dem historisch als „Hindustan" bekannten Gebiet, das heute die indischen Staaten Uttar Pradesh und Bihar bildet, nach Niederländisch-Guayana (Surinam) gebracht worden waren. (...) Nach der Unabhängigkeit Surinams, zwischen 1975 und 1980, kam es zu einer Massenauswanderung von Surinamesen (...) in die Niederlande. (...) Zahlreiche Hindustanis fanden Jobs als Regierungs- und städtische Angestellte, andere eröffneten ihr eigenes Unternehmen, vor allem als Ladenbesitzer. Während einige Hindustanis sich als Surinamesen verstehen, legen andere besonderen Wert auf ihre „indische" Identität. (...)*
Die ersten Neuankömmlinge aus Indien in den Niederlanden waren Diplomaten, Angehörige der freien Berufe und Unternehmer, die von unterschiedlichen Institutionen, Regierungsorganisationen oder multinationalen Unternehmen eingeladen worden waren. Sie brachten das Image des Inders als erfolgreichen Ingenieurs, Arztes, Professors, Anwalts oder Geschäftsmannes mit sich. Die zweite Gruppe der Ankömmlinge, nach 1980, waren meist Punjabis ländlicher Herkunft. Diejenigen NRIs, die als Akademiker oder Geschäftsleute in die Niederlande kamen, haben in der Regel engere Verbindungen mit Indien. Unter ihnen gibt es eine aktive Gruppe von Politikern, Volkswirtschaftlern, Anwälten und anderen Intellektuellen, die ihre Zeit dem Dienst Indiens von den Niederlanden aus widmen.

«

1 Erläutern Sie die Bedeutung von Rücküberweisungen in den südasiatischen Staaten.
2 Beurteilen Sie die Stellung von Diasporagemeinden in Bezug auf ihr Herkunfts- und „Gast"-Land.

Nützliche Internet-Adressen

Südasien

www.saarc-sec.org
Offizielle Seite der SAARC (South Asian Association for Regional Cooperation)

www.saarc.org
Informationen über SAARC-Länder

www.worldbank.org
Englischsprachige Themenseite der Weltbank zu Südasien (unter Reiter „Countries")

www.dsal.uchicago.edu
Englischsprachiges Portal: Digital South Asia Library

www.frontlineonnet.com
Wichtige englischsprachige Zeitschrift mit aktuelle Informationen zu Südasien

www.suedasien.info
Deutsches Informationsportal zu Südasien

Bangladesch

www.bangabhaban.gov.bd
Offizielle Website – Bangladesch

www.boi.gov.bd
Informationen zur Wirtschaft Bangladeschs

www.mincom.gov.bd
Handelsministerium von Bangladesch

www.bangladeshembassy.de
Botschaft von Bangladesch in Deutschland

Bhutan

www.bhutan.gov.bt
Offizielle Website von Bhutan

www.bhutancensus.gov.bt
Bevölkerungsinformationen über Bhutan

www.grossnationalhappiness.com
Website zum bhutanischen Konzept des Bruttonationalglücks

www.bhutan-gesellschaft.de
Deutsche Bhutan Himalaya Gesellschaft

Indien

www.india.gov.in
Offizielle Website von Indien

www.censusindia.net
Bevölkerungsinformationen über Indien

www.mospi.nic.in
Indisches Statistikministerium

www.dhi.nic.in
Website des indischen Ministeriums für Schwerindustrie

www.ncert.nic.in
Informationen zur Schulbildung in Indien

www.goidirectory.nic.in
Verzeichnis indischer Regierungsstellen

www.indischebotschaft.de
Indische Botschaft in Deutschland

www.mapsofindia.com
Thematische Karten zu Indien

www.hindu.com
englischsprachige indische Zeitung mit aktuellen Informationen

www.bpb.de
Dossier Indien de Bundeszentrale für politische Bildung

Malediven

www.presidencymaldives.gov.mv
Offizielle Seite des Präsidenten

www.tourism.gov.mv
Tourismusministerium

Nepal

www.cbs.gov.np
Offizielle Website – Nepal

www.nepalembassy-germany.com
Nepalesische Botschaft in Deutschland

www.nepalnews.com
englischsprachige Nachrichtenseite

Pakistan

www.pakistan.gov.pk
Offizielle Website von Pakistan

www.dawn.com
Englischsprachige pakistanische Zeitung mit aktuellen Informationen

Sri Lanka

www.gov.lk
Offizielle Website – Sri Lanka

www.srilanka-botschaft.de
Botschaft von Sri Lanka in Deutschland

www.statistics.gov.lk
Offizielle Website des Dept of Statistics – Sri Lanka

Ausgewählte Literatur

Zeitschriften

Praxis Geographie 6 / 2007. Themenheft: Indien

Geographische Rundschau 4 / 2008. Themenheft: Indien.

Geographische Rundschau 11 / 2007. Themenheft: Östliches Hochasien.

Geographische Rundschau 4 / 2005. Themenheft: Indischer Ozean.

Geographische Rundschau 4 / 2008. Themenheft: Indien.

Geographische Rundschau 11 / 2003. Themenheft: Pakistan und Bangladesch.

Informationen zur politischen Bildung 3 / 2007. Themenheft: Indien

Aus Politik und Zeitgeschichte Indien 22/2008.

Der Bürger im Staat 3,4/2009. Themenheft: Indien

Politik und Unterricht 4/2010. Themenheft: Indien

Bücher

Bronger, D.: Indien. Größte Demokratie zwischen Kastenwesen und Armut. Gotha: Klett-Perthes 1996

Glaser, R., Kremb, K.: Asien. Darmstadt: Wissenschaftliche Buchgesellschaft 2007

Hippler, J.: Das gefährlichste Land der Welt? Pakistan zwischen Militärherrschaft, Extremismus und Demokratie. Köln: Kiepenheuer & Witsch 2008

Müller, H.: Weltmacht Indien. Wie uns der rasante Aufstieg herausfordert. Frankfurt am Main: Fischer Taschenbuch Verlag 2006

Rothermund, D. (Hrsg): Indien. Kultur, Geschichte, Politik, Wirtschaft, Umwelt. Ein Handbuch. München: C.H. Beck 1995

Sen, A.: The Argumentative Indian. Writings on Indian History, Culture and Identity. London: Penguin Group 2005

Scholz, J.: Der Pakistan-Komplex. München: Pendo 2008

Stang, F.: Indien. Darmstadt: Wissenschaftliche Buchgesellschaft 2002

Wamser, Johannes: Standort Indien. Der Subkontinentalstaat als Markt und Investitionsziel ausländischer Unternehmen. Münster: LIT 2005

Register

fett – definierender oder erläuternder Text in Marginalspalte

Quellentextverzeichnis

6 E. Oehlmann: E. von Seydlitz Handbuch der Geographie. 25. Aufl. Breslau: Hirt 1908

7 M 2 Aitzaz Ahsan: The Indus Saga. From Pataliputra to Partition. New Delhi: Roli Books 2005 [Erstausgabe Karachi: OUP 1996], S. 12 – 13

12 M 2 Ian Talbot: Pakistan. A Modern History. London: Palgrave Macmillan 1998, S. 106 – 107, 108–110

14 M 1 Joachim Betz: Außenpolitik. Informationen zur Politischen Bildung 3 / 2007, S. 42

22 M 1 Amartya Sen: The Argumentative Indian: Writings on Indian History, Culture and Identity. London: Allen Lane 2005, S. 207

23 M 3 Amartya Sen: Development as Freedom. Neu Delhi: OUP, 12. Reprint 2006, S. 216, 222 f., 224

26 M 1 Ian Talbot: Pakistan. A Modern History. London: Palgrave Macmillan 1998, S. 25–26

26 M 2 21. Februar, Tag der Muttersprache: Tote und Verletzte vor 50 Jahren in Ostbengalen Bangla News. Übersetzung: Richard Schneider. www.banglanews.com

28 M 2 Niels Gutschow: Varanasi / Benares: The Centre of Hinduism? Erdkunde 48, 1994, S. 194 – 209

29 M 3 Hamza Alavi: Pakistan and Islam: Ethnicity and Ideology. In: Halliday, F. and Alavi, H. (eds.): State and Ideology in the Middle East and Pakistan. London, New York: Monthly Review Press 1988

29 M 4 John L Esposito.: Islam: Ideology and Politics. In: Banuazizi, A. & Weiner, M.: The State, Religion, and Politics. Pakistan, Iran and Afghanistan. Lahore 1987, S. 333 – 369 und S. 363 – 364

31 Hindustan Times, Matrimonium, 1.Juli 2007

31 M 2 Nirupama Dutt: Waiting for Spring. Himal 23 (2010) (4), S. 53 – 55

31 M 3 Amartya Sen: The Argumentative Indian. London: Allen Lane 2005, S. 205 – 207

32 M 1 David Mosse: The Rule of Water. New Delhi: OUP 2005, S. 210

33 M 3 S. Anand: Equalisation to annihilation – and beyond. In: The Future of Caste = Himal 23, (2010) (4), S. 26 – 29

34 M 1 Hamza Alavi: Authoritanism and legitimation of state power in Pakistan. In: Subrata Mitra (Hrsg.): The Post-Colonial State in South Asia. London, New York: Palgrave Macmillan 1990

35 M 2 Divya Vaid: Cast and Class in India – An analysis. CIQLE Workshop, 2007, S. 25

36 M 1 Sudhir & Katharina Kakar: Die Inder. Porträt einer Gesellschaft. München: Beck 2006, S. 13, 196

41 M 3 Jayati Ghosh: Is Contract Farming Really the solution for Indian agriculture? Macro Scan 15.5.2007 www.macroscan.com

43 M 5 S. Viswanathan: A land struggle. Frontline Volume 25 Ausgabe 17.8.2008 www.hinduonnet.com

45 Dharampal Singh: The Green revolution and the evolution of agricultural education and research in India. Genome 42 (1999) S. 557 – 561

45 M 4 Vandana Shiva: The Green Revolution in Punjab. The Ecologist 3 / 1991

45 M5 Gordon Conway: From the Green Revolution to the Biotechnology Revolution: Food for People in the 21st Century. Rede vor dem Directors Forum des Woodrow Wilson International Center für Scholars www.unc.edu

47 M 2 Georg Stöber: Zur Transformation bäuerlicher Landwirtschaft in Yasin (Northern Areas, Pakistan). Bonner Geographische Abhandlungen 105, 2001, S. 105

49 M 3 W. A. Sunil: Suicides highlight desparate conditions facing Sri Lankan farmers. World Socialist Web Site 10.6.2005, www.wsws.org

49 M 5 Deva Eswara Reddy: Impact of Globalisation on Small Farmers Worldwide World Library and Information Congress: 73rd IFLA General Conference and Council 18.6.2007 www.ifla.org

50 M 1 Maurice R. Landes: The Elephant Is Jogging: New Pressures for Agricultural Reform in India. Amber Waves 2 / 2004

50 M 1 Vandana Shiva: The Suicide Economy of Corporate Globalisation. 5.4.2004 www.countercurrents.org

50 M 2 Annika Trebbin: Gemüsebauern in Maharashtra. Geographische Rundschau 5/2011. S. 40

55 M 4 R. Krishnakumar: A Snake in Knots. Frontline 25, Nr. 19 26.09.2008 www.hinduonnet.com

56 Nehru-Zitat nach Arundhati Roy, The Cost of Living. London: Flamingo, 1999

56 Arundhati Roy: The algebra of infinite justice. New Delhi: Penguin Books 2002,S. 57

57 M 2 Christoph Dittrich: Widerstand gegen das Narmada-Staudammprojekt in Indien. Geographische Rundschau 12 / 2004, S. 13 – 14

59 John Briscoe, R.P.S. Malik: India's Water Economy. Bracing for a Turbulent Future. Oxford: OUP / World Bank 2006, S. 23

59 M 2 Hans-Georg Bohle: Vom Wasserkonflikt zur Wasserkrise. Geographische Rundschau 12 / 2004, S. 40 – 42

60 M 3 B. Muralidhar Reddy: Pakistan goes to World Bank. The Hindu 19.1.2005

61 M 4 Harun Ur Rashid: Teesta water issue: A few hard facts. The Daily Star 11.1.2012

62 M 2 Food and Agriculture Organization of the United Nations (FAO): Arsenic threat in Bangladesh.Agriculture 21 Spotlight, 2006, S. 1 – 3 www.fao.org

62 M 3 Bindu Sajan Perappadan: Delhi's groundwater status goes from bad to worse. The Hindu 22.6.2005

63 M 5 Krishnakumar, R.: Vigil continues. Frontline 23, Nr. 17, 21.04.2006 www.hinduonnet.com

64 M 1 Frank Kürschner-Pelkmann: Der Traum vom schnellen Wasser-Geld. Aus Politik und Zeitgeschichte 25 / 2006, S. 3, 6, 7

66 M 1 Francois Bernier: Travels in the Moghul Empire A D 1656 – 1668. Rev. Ed. Westminster 1841

66 M 2 Irfan Habib: Essays in Indian History: New Delhi: Tulika 2002, S.45 – 46

68 M 1 Johannes Wamser: Wirtschaftsstandort Indien. Geographische Rundschau 4/2008, S. 5

71 M 5 Malcolm Borthwick: Pakistan Steels Itself for Sell-offs. BBC News 1.6.2006

72 M 1 Neeta Deshpande: Looming Disaster. Frontline 29 3/2012

73 M 8 Daniel Baumann: Dreckige Wäsche. Frankfurter Rundschau 12.01.2012

74 Zitat Nirupam Bajpai, Jeffrey Sachs: India in the era of economic reforms, 2004 www.thehindubusinessline.com

74 Zitat Manmohan Singh: India converted ‚brain drain' into ‚brain gain'. The Times of India 2.10.2010

77 M 3 Geeta Seshu: Midnight, Coolies' in the Sunshine Sector. India Resource Centre 6.12.2003 www.indiaresource.org

78 M 1 Peter Gotsch, Susanne Kohte: Cyberabad – Landscape of Surprise. Archplus 185, November 2007, S. 62

81 M 6 Jürgen Bähr, Ulrich Jürgens: Stadtgeographie II. Braunschweig: Westermann 2009, S. 238

83 M 4 Heinz Nissel: Mumbai: Megacity im Spannungsfeld globaler, nationaler und lokaler Interessen. Geographische Rundschau 4 / 2004, S. 55 – 60

83 M 5 Markus Keck, Benjamin Etzold,Hans Georg Bohle, Wolfgang-Peter Zingel: Reis für die Megacity. Geographische Rundschau11/2008, S. 28

85 M 4 Muhammad Wasif Siddiqi: Rural-urban Migration (A Case Study of Lahore District) www.eprints.hec.gov.pk

85 M 5 Mazumdar Jaideep: Kolkata Korner. Outlook 28.3.2008 www.outlookindia.com

85 M 6 Refugees International: Refugee Voices: Nepalese in India 7.8.2005 www.refugeesinternational.org

87 M 8 Regina Lee: Organized Chaos – A Walk through the Dharavi Slum in Mumbai. http://cbschazenstudenttravel.worldpress.com

88 Oliver Prange: Slummanager Mukesh Mehta. persönlich 6 / 2007 www.persoenlich.com

88 Lindsay Clinton: Fast facts on the Dharavi redevelopment. The Global Urbanist, 02.07.2010 www.globalurbanist.com

88 Elvis D Silva: Why Dharavi should not be redeveloped www.cnngo.com/mumbai

89 M 3 Jockin Arputham,Sheela Patel: Recent Developments in plans for Dharavi and for the airport slums of Mumbai. Environment & Urbanization 2/2010, S. 501 – 504

90 M 2 Sujay Mehdudia: Acute power crisis hits Delhi. The Hindu 14.04.2006

90 M 4 Frauke Kraas und Mareike Kroll: Steuerungsprobleme aufsteigender Megastädte - Zur Reorganisation der Abfallwirtschaft von Pune/Indien. Geographische Rundschau 11/2008, S. 58 – 59

92 M 1 S. S. Jain, M. Parida: Expressway – The Road to Economic Growth www.dayafterindia.com

94 M 2 Prakash Jha: IT corridors in Panchkula, Manesar on the anvil. Business Standard 12.8.2005 www.business-standard.com

96 M 1 Wolfgang Kron: Juli bis September: Überschwemmungen in Pakistan. Munic Re: Topics Geo Naturkatastrophen 2010, 2011. S. 23 www.munichre.com

98 M 2 Asia-Pacific Human Development Report: Tackling Corruption – Transforming Lives. Accelerating Human Development in Asia and the Pacific. Colombo: UNDP 2008, S. 64

99 M 3 Pranab Bardhan: Ein Ombudsmann wird wenig helfen. Welt-Sichten 10/2011. www.welt-sichten.org

99 M 4 Lokayukta police told to file FIR against Muniraju, The Hindu 3.11.2011

99 M 5 Sharan Prakash Sharma: Politics and corruption mar health care in Nepal. The Lancet, 375, 2010 www.thelancet.com

100 M 2 Yoginder Sikand: Bastions of the Believers. Madrasas and Islamic Education in India. New Delhi: Penguin 2005, S. 114 f.

101 M 4 Sabine Felmy: Transfer of Education to the Mountains. In: Kreutzmann, H. (Hg.): Karakoram in Transition. Oxford 2006, S. 379

102 M 1 Fred Scholz: Entwicklungsländer Braunschweig: Westermann, 2006, S. 55 – 56

103 M 3 Christoph Hein: Armut mit einem Federstrich abbauen. Frankfurter Allgemeine Zeitung 2.10.2011

105 M 4 Gesellschaft für technische Zusammenarbeit: Kinder und Jugendliche in Südasien, 2008, S. 8 – 9 www.giz.de

106 M 2 Print News: IFC, SEWA promotes Energy-Efficient Cook Stoves, Solar Lantern for Rural Women in India. India Infoline News Service, 22.11. 2011

107 M3 Raja Murthy: India's rural inventors drive change. Asia Times 29.1.2010

108 M 1 Ingo Ritz, Peter Dietzel: Und wenn die Milchkuh stirbt? Frankfurter Rundschau 5.12.2006, S. 7

111 M 5 Tomislav Delinić, T.: SAARC – 25 Jahre regionale Integra tion in Südasien. Kas Auslandsinformationen 2 /2011 www.kas.de

112 M 2 Johannes Wamser: Wirtschaftsstandort Indien. Geographische Rundschau 4 / 2008, S. 6 – 7

113 M 5 Wali Bhuiyan: A foreign investors experience with Administrative barriers in South Asia, South Asia FDI Roundtable, Maldives 2003 www.ifc.org

115 M 3 Ramesh Menon: Special Economic Zones Boon or Disaster? 3.3.2010 www.boloji.com

117 M 3 Jivraj Burman: West wooing Bollywood like never before. www.nerve.in

117 M 4 Sascha Zastural: Hollywood drängt nach Bollywood. Der Spiegel, 6.2.2008

118 Zitat Tharoor, Shashi: India. From Midnight to the Millenium and Beyond. New York: Arcade Publ 2006, S. 21

118 M 2 Scott D. Sagan: Nuclear Dangers and South Asia. www.iis-db.stanford.edu

118 M 3 Sabine Mokry und Sandra Destradi: Feindliche Freunde? Die indisch-chinesische Konkurrenz und Kooperation in Asien. GIGA Focus 7, 2011

119 M 4 Klaus Julian Voll: Mehr als südasiatische Akteur? Indische Außenpolitik. Politische Bildung 2008, 1, S. 95 – 96

120 M 3 Dagmar Hellmann-Rajanayagam, Wolfgang-Peter Zingel: Wirtschaft und Gesellschaft. In: Friede, Flut und Ferienziel. Focus Asien 20, 2005, S. 9

121 M 5 Igor Kotin: Double migrants, diversity and diasporas: A snapshot of the Hindustani and non-resident Indian community in the Netherlands. IIAS Newsletter 47, Spring 2008, S. 18 – 19

Fremdsprachige Quellen übersetzt von Georg Stöber

Abbildungsverzeichnis

8 M 1 Westermann
8 M 2 Weltbank, UN
9 M 3 Internatioanl Monetary Fond (IMF), Human Development Report (HDR)2011
10 M 1 Westermann nach Weltatlas der alten Kulturen. Indien, 1995
12 M 1 www.populstat.info, Bhardwaj, P., Khwaja, A., Mian, A.: The Big March: Nature of the Migratory Flows after Partition of India. 2007
13 M 3 Westermann
14 M 3 SIPRI Military Expenditure Data Base
15 M 4, 5 Westermann
19 M 4 Westermann
19 M 5 Müller, M. J.: Handbuch ausgewählter Klimastationen der Erde. 1983
20 M 1 United Nations, Population Division
20 M 2 HDR 2011, Population reference Bureau, UN, Weltbank
21 M 3, 4 Census of India 2011
21 M 5 WHO
21 M 6 Census of India 2011
24 M 1 Westermann
25 M 2 Fischer Weltalmanach 2007
32 M 2 National Election Study 2004,Centre for the Study of Developing Societies, Delhi
33 M4 Mondal, C.: Die Kastenbewegung und sozialer Aufstieg in Bengalen im 19. Jahrhundert. 2006
38 M 3 Weltbank, FAO
39 M 4 Westermann
42 M 1 FAO – Asia and Pacific Commision on Agricultural Statistics: Characterisation of Small Farmers in Asia and the Pacific 2010
42 M 2, 3 Agricultural Census 2005-2006
43 M 4 nach Besley, T. und R. Burgess: Land Reform, Poverty Reduction and Growth: Evidence from India, London School of Economics 1998; Khan, F.K.: A Geography of Pakistan, 1991
44 M 1 Central Water Commission: Water and Related Statistics, 2010
44 M 2 FAO
44 M 3 Ministry of Agriculture India
47 M 3 Stöber, G.: Zur Transformation bäuerlicher Landwirtschaft in Yasin (Northern Areas, Pakistan). 2001
48 M 1 Agricultural Statistics at a Glance 2004
54 M1 Paeth, H.: Das Monsunklima in Asien. promet 32 (2006)
54 M 2 The Hindu
54 M 3 India Meteorological Department
56 M 1 ICOLD
57 M 3 Westermann
58 M 1 India 2007: A Reference Annual, Ministry of Information & Broadcasting, Govt. of India
60 M 1 Westermann
60 M 2 Indus Water Treaty
62 M 1 FAO
63 M 4 Bhushan, C.: Bottled loot. Frontline 21.04.2006
67 M 3 nach Kerr, I. J.: Railways in Modern India. 2001
70 M 1 Westermann
70 M 2 International Iron and Steel Institute, Steel Statistics Archives
71 M 3 UN Statistical Yearbooks
72 M 2 WTO
72 M 3 Stöber, G.
72 M 2 All Pakistan Textile Mills Association: Growth of Textile Industry in Pakistan
73 M 4, 5 All Pakistan Textile Mills Association: Growth of Textile Industry in Pakistan
74 M 1 Weltbank
75 M 2 UNCTAD
76 M 1 Weltbank, UN
77 M 2 NASSCOM 2011
80 M 1 Westermann
81 M 4 Westermann
82 M 1 UN Common Database
82 M 3 Census of India 1951-2011
84 M 1, 2, 3 Census of India 2001
86 M 1,2 nach Bhatt, M. R.: The Case Ahmedabad, India. Understanding Slums. Case Studies for the Global Report on Human Settlements 2003
86 M 4 Some characteristics of urban slums 2008-09, Government of India
87 M 5 UN 2004, Sivaramakrishnan 2005, Entwurf Bohle, H.- G. GR 4/2008
87 M 6 nach Bhatt, M. R.: The Case Ahmedabad, India. Understanding Slums. Case Studies for the Global Report on Human Settlements 200
87 M 7 UN-Habitat
90 M 1 Adeel, Z. / Piracha, A.: Critical links between environment and development in South Asia. In: Ramesh Thakur and Oddny Wiggen(eds): South Asia in the World: Problem Solving Perspectives on Security, Sustainable Development, and Good Governance. 2005
92 M 2 Registrar General and Census Commissioner, India
93 M 3 Westermann
97 M 4 Munic Re
98 M 1 Transparency International
101 M 3 UNESCO Institute for Statistics
102 M 2 HDR 2011, Weltbank
103 M 3 Ministry of Finance: Economic Survey
104 M 1 Oxfam
105 M 3 ILO
105 M 4 UNICEF
106 M 1 Scholz, F.: Entwicklungsländer, 2007
107 M 4 Scholz, F.: Entwicklungsländer, 2007
110 M 2 UNCTAD
110 M 3 Weltbank
111 M 4 UNCTAD
112 M 1 UNCTAD
113 M 4 Department of Industrial Policy & Promotion, Government of India
114 M 1 Aggarwal, A.: EPZs in South Asia
116 M 1 CBFC Annual Report
120 M 1 US Zensus 2010
120 M 2 UNCTAD

Bildnachweis

agenda, Hamburg: 49 M 4 (Jörg Boethling);
akg-images, Berlin: 11 M 2 (British Library);
alamy images, Abingdon/Oxfordshire: 48 M 2 (Richard Smith), 73 M 7 (Jiri Rezac), 116 M 2 (Jeremy Hoare);
Anulal V/wikipedia.org: 78 M 1;
Basabi Khan Banerjee, Braunschweig: 35 M 2, 94 M 1;
BluePlanetPicture, Wathlingen: 37, 65, 79, 82 M 2, 88 M 1, 88 M 2, 90 M 3, 100 M1, 104 M2;
Corbis, Düsseldorf: 17 (Jayanta Shaw/ Reuters), 107 M 5 (Phillip Lissac);
Demmrich, André, Berlin: 80 M 3;
dreamstime.com, Brentwood: 38 M 1 (Ruben Gutierrez), 40 M 1 (Pavel Svoboda), 46 M 1 (Samrat35), 50 M 3 (Samrat35), 81 M 5 (Cyberlot), 93 M 4 (Digitalfestival);
fotolia.com, New York: 18 M 2 (snaptitude);
Getty Images, München: 70 M 3 (AFP), 121 M 4 (Jeremy O'Donnell);
Kroll, Mareike, Köln: 91 M 5;
mediacolors Bildagentur & -Produktion, Zürich: 53 (Flueeler);
NASA, Houston/Texas: 7 M 1;
NASA/GSFC, Houston/Texas: 96 M 3 (Earth Obervatory);
Panos Pictures, London: 113 M 3 (Jacob Silberberg);
Picture-Alliance, Frankfurt/Main: Titel (Wildlife/M. Harvey), 55 M 5 (epa/ Piyal Adhikary);
Reuters, Berlin: 50 M 4 (Mukesh Gupta);
Shutterstock Images, New York: 16 M 1 (Paul McKinnon), 18 M 1 (Tim Hester Photography), 18 M 3 (R. McIntyre), 96 M 2 (Asianet-Pakistan);
sinopictures, Berlin: 86 M 3 (Brigitte Hiss);
Stöber, Georg, Braunschweig: 47 M 4, 57 M 4, 80 M 2;
Süddeutsche Zeitung Photo, München: 22 M 2 (Ratangari), 67 M 4 (Scherl), 118 M 1 (Scherl), 119 M 5 (SZ Photo);
Universität Bonn: 59 M 3 (Geographisches Institut/Hans-Georg Bohle);
Visum Foto GmbH, Hamburg: 77 M 2 (Panos Pictures), 95 (Panos Pictures), 109 (Serge Attal);
wikipedia.org: 114 M 2;
Wildlife Bildagentur, Hamburg: 28 M 1 (Martin Harvey);
www.10yearitch.com, USA-Santa Clara, CA: 110 M 1;
Xinhua, Berlin: 5